既/有/居/住/建/筑/宜/居/改/造/及/功/能/提/升/
关/键/技/术/系/列/丛/书

既有居住建筑宜居改造及功能提升标准概要

赵　力　主　编
王清勤　曾　捷　朱荣鑫　副主编

中国建筑工业出版社

图书在版编目（CIP）数据

既有居住建筑宜居改造及功能提升标准概要/赵力主编；王清勤，曾捷，朱荣鑫副主编. —北京：中国建筑工业出版社，2021.10

（既有居住建筑宜居改造及功能提升关键技术系列丛书）

ISBN 978-7-112-26578-7

Ⅰ. ①既… Ⅱ. ①赵… ②王… ③曾… ④朱… Ⅲ. ①居住建筑-旧房改造-标准-世界 Ⅳ. ①TU746.3-65

中国版本图书馆 CIP 数据核字（2021）第 188843 号

责任编辑：张幼平 费海玲

责任校对：芦欣甜

既有居住建筑宜居改造及功能提升关键技术系列丛书

既有居住建筑宜居改造及功能提升标准概要

赵 力 主 编

王清勤 曾 捷 朱荣鑫 副主编

*

中国建筑工业出版社出版、发行（北京海淀三里河路 9 号）

各地新华书店、建筑书店经销

霸州市顺浩图文科技发展有限公司制版

天津翔远印刷有限公司印刷

*

开本：787 毫米×1092 毫米 1/16 印张：13½ 字数：275 千字

2021 年 10 月第一版 2021 年 10 月第一次印刷

定价：**60.00** 元

ISBN 978-7-112-26578-7

（37871）

编委会成员

主　　编：赵　力

副 主 编：王清勤　曾　捷　朱荣鑫

编写委员：（以姓氏拼音排序）

陈　洋　陈明中　程晓青　邓　武　董　宏　杜秀媛
范　乐　范东叶　范敏超　范圣权　付素娟　付晓东
古小英　郭　睿　韩雪亮　郝雨杭　何春霞　洪远达
胡　悦　黄　维　黄子伊　贾巍杨　康井红　黎红兵
李海龙　李小阳　梁　爽　刘汉昆　刘群星　刘少瑜
卢湘蓉　马远力　Olivier BRANE　青苏琴　仇丽娉
申士元　沈文彬　疏志勇　宋易凡　苏　媛　王博雅
王　岗　王金强　王　羽　韦雅云　吴伟伟　吴志敏
徐　雯　杨　靖　杨　霞　于　蓓　喻　伟　曾雅薇
张　凯　张　蕊　张昭瑞　赵乃妮　赵士永　赵为民
周　宁　周雨嫣　朱子尚

编 委 会 单 位

中国建筑科学研究院有限公司
四川省建筑科学研究院有限公司
上海市房地产科学研究院
National University of Singapore
Aalborg University
三峡大学机械与动力学院
上海达人建设工程有限公司
University of Nottingham Ningbo China
大连理工大学
重庆大学土木工程学院
University of Hull
中国建筑设计研究院有限公司
German Gesellschaft fur Nachhaltiges Bauen
江苏省建筑科学研究院有限公司
河北省建筑科学研究院有限公司
清华大学建筑学院
Français des Experts Juridiques Internationaux
中国中建设计集团有限公司
北京市通州区审计局
中国城市科学研究会
北京住总集团有限责任公司
天津大学
上海维固工程实业有限公司

总　　序

新中国成立特别是改革开放以来，我国建筑业房屋建设能力大幅提高，住宅建设规模连年增加，住宅品质明显提升，我国住房发展向住有所居的目标大步迈进。据国家统计局发布的数据，1981 年全国竣工住宅面积 6.9 亿平方米，2017 年达到 15.5 亿平方米。1981 年至 2017 年，全国竣工住宅面积 473.5 亿多平方米。人民居住条件得到明显改善，有效地满足了人民群众日益增长的基本居住需求。

随着我国经济社会的快速发展和城镇化进程的不断加速，2019 年我国常住人口城镇化率达到 60.6%，已经步入城镇化较快发展的中后期，我国城镇化发展已由大规模增量建设转为存量提质改造和增量结构调整并重，进入了从“有没有”转向“好不好”的城市更新时期。党的十九大报告指出，我国社会主要矛盾已经转化为人民日益增长的美好生活需要和不平衡不充分的发展之间的矛盾。与新建建筑相比，既有居住建筑改造受条件限制，改造难度较大。相关政策、机制、标准、技术、产品等方面都还有待进一步完善，与人民群众日益增长的多样化美好居住需求尚有差距。解决好住房、城乡人居环境等人民群众的操心事、烦心事、揪心事，着力推动存量巨大的既有建筑从满足基本居住功能向绿色、健康、智慧、宜居的方向迈进，实现高质量、可持续发展是住房城乡建设领域的一项重要任务，是满足人民群众美好生活需要的重大民生工程和发展工程。

天下之大，民生为最。党的十八大以来，以习近平同志为核心的党中央坚持以人民为中心的发展思想，以不断改善民生为发展的根本目的。推进老旧小区改造，既是民生工程也是民心工程，事关城市长远发展和百姓福祉，国家高度重视。近年来，国家陆续出台了一系列政策推进老旧小区改造。2014 年 3 月，中共中央、国务院印发《国家新型城镇化规划（2014—2020 年）》提出，有序推进旧住宅小区综合整治、危旧住房和非成套住房改造，全面改善人居环境。2019 年 3 月，《政府工作报告》指出，城镇老旧小区量大面广，要大力进行改造提升，更新水电路气等配套设施，支持加装电梯和无障碍环境建设。2020 年 7 月，国务院办公厅印发的《关于全面推进城镇老旧小区改造工作的指导意见》要求，全面推进城镇老旧小区改造工作。2020 年 10 月，党的十九届五中全会通过的《中共中央关于制定国民经济和社会发展第十四个五年规划和二〇三五年远景目标的建议》指出，推进以人为核心的新型城镇化，实施城市更新行动，加强城镇老旧小区改造和社区建设，不断增强人民群众获得感、幸福感、安全感。这对既有居住建筑改造提出了更新、更高的要求，也为新时代我国既有居住建筑改造事业的发展指明了新方向。

我国经济社会发展和民生改善离不开科技解决方案，而科研是科技进步的源泉和动力。在既有居住建筑改造的科研领域，国家科学技术部早在“十一五”时期，立项了国家科技支撑计划项目“既有建筑综合改造关键技术研究与示范”；在“十二五”时期，立项了国家科技支撑计划项目“既有建筑绿色化改造关键技术研究与示范”；在“十三五”时期，立项了国家重点研发计划项目“既有居住建筑宜居改造及功能提升关键技术”“既有城市住区功能提升与改造技术”。从“十一五”至“十三五”期间，既有居住建筑改造逐步转变为基于更高目标为导向的功能、性能提升改造，这对满足人民群众美好生活需要，推进城市更新和开发建设方式转型，促进经济高质量发展起到了积极的促进作用。

2017年7月，中国建筑科学研究院有限公司作为项目牵头单位，承担了“十三五”国家重点研发计划项目“既有居住建筑宜居改造及功能提升关键技术”（项目编号：2017YFC0702900）。该项目基于“安全、宜居、适老、低能耗、功能提升”的改造目标，结合社会经济、设计新理念和技术水平发展新形势，依次按照“顶层设计与标准规范、关键技术与部品装备、技术体系与集成示范”三个递进层面进行研究。重点针对政策机制与标准规范、防灾改造与寿命提升、室内外环境宜居改善、低能耗改造、适老化宜居改造、设施功能提升与设备研发等方向进行攻关，形成了技术集成体系并进行推广应用。通过项目的实施，将形成关键技术、标准规范、部品装备等系列成果，为改善人民群众居住条件和生活环境提供科技引领和技术支撑。

“利民之事，丝发必兴”。在谋划“十四五”规划的关键之年，项目组特将攻关研究成果及其实施应用经验组织编撰成册，即《既有居住建筑宜居改造及功能提升关键技术系列丛书》。本系列丛书内容涵盖政策机制研究、标准规范对比、关键技术研发、工程案例汇编等，并根据项目的实施进度陆续出版。希望本系列丛书的出版能对相关从业人员的工作有所裨益，为进一步推动我国既有居住建筑改造事业的高质量、可持续发展发挥重要的积极作用，为不断增强人民群众的获得感、幸福感、安全感贡献力量。

中国建筑科学研究院有限公司　董事长

前　言

随着城镇化发展和人民生活水平的提高，我国居住建筑业已告别高速增长模式，迈向高品质、更舒适的新时代。在新的阶段，改善既有居住建筑质量，提升居住环境品质，增强建筑使用者的满意体验是我国既有居住建筑改造的新目标。2015 年中央城市工作会议强调，城市工作要把创造优良人居环境作为中心目标，加快老旧小区改造，推进城市绿色发展，提高建筑标准和工程质量，高度重视做好建筑节能，提高城市发展持续性、宜居性。要坚持以人为本，以完善人居环境为核心，更加注重规划引领、标准指导的综合管理模式。在国家政策的大力支持下，我国居住建筑业健康快速发展。

2017 年 3 月，住建部印发的《建筑节能与绿色建筑发展“十三五”规划》（以下简称《规划》），提出“十三五”时期是我国全面建成小康社会的决胜阶段，经济结构转型升级加快，人民群众改善居住生活条件需求强烈，在建筑总量持续增加以及人民群众对居住舒适度和用能需求不断增长的情况下，通过提高建筑节能标准，实施既有居住建筑节能改造，将对完成全社会节能目标做出重要贡献。《规划》同时指出，我国建筑节能标准要求与同等气候条件发达国家相比仍然偏低，标准执行质量参差不齐，要加快提高建筑节能标准及执行质量，稳步提升既有建筑节能水平。

秉持“加快生态文明体制改革，建设美丽中国”的理念，为进一步推动我国既有居住建筑向高质量、实效性和深层次发展，充分发挥标准化工作的指导、规范、引领和保障作用，在国家“十三五”科技支撑计划项目“既有居住建筑宜居改造及功能提升关键技术”和国家“十三五”科技支撑计划项目课题“既有居住建筑改造实施路线、标准体系与重点标准研究”的资助下，本书由中国建筑科学研究院有限公司组织业内有关专家编撰而成。

本书共包括 7 章。

第 1 章为国内外既有居住建筑存量和改造现状。英国、美国、德国等发达国家的既有居住建筑建成时间较早、占现有建筑的比例较高，为解决其存在的能耗高、结构不安全、居住环境差等问题，各国结合自身国情分别采取了颁布法律、出台激励政策、修制订技术标准等措施，积极推动该国既有居住建筑综合改造。我国城镇既有居住建筑超过 300 亿 m^2，基本解决了居住的问题，下一步的发展重点将是居住环境品质提升。虽然从 20 世纪 60 年代的抗震加固开始，我国居住建筑在不同时间段、不同地区开展了抗震加固、节能改造、性能综合提升等工作，也得到了国家和地方政府的大力支持，但不同地区的既有居住建筑改造程度和改造涉猎范围不同。为此，需要制定完善的顶层设计，确定既有居住建筑改造总体发展规划或发展目标，统筹我国既有居住建筑改造。

第2章～第7章分别按安全耐久、环境宜居、低能耗、适老化、功能提升和综合改造对国内外既有居住建筑改造相关标准进行了介绍，每部标准的介绍内容包括编制情况、标准简介、标准亮点等方面。第2章共收录了6部标准，包括国外3部、国内3部，重点介绍了既有居住建筑结构改造与加固相关的原结构处理、设计原则、耐久性计算、抗弯设计计算、纤维复合材料应用等设计、施工和验收措施和计算方法，为我国既有居住建筑安全耐久改造提供基础性参考。第3章共收录了7部标准，包括国外4部、国内3部，重点介绍了既有居住建筑环境宜居改造相关的照明质量和噪声、室内空气质量、废弃物管理、雨水管理、场地和生态质量、社会文化等室内外环境性能提升技术指标，推动我国既有居住建筑改造为绿色健康的宜居建筑。第4章共收录了12部标准，包括国外8部、国内4部，重点介绍了既有居住建筑低能耗改造相关的节能设备选型、加强通风、围护结构传热系数和遮阳改造、增加余热回收、改造方案制定等技术措施，促进我国既有居住建筑节能改造，降低能耗和碳排放水平。第5章共收录了9部标准，包括国外3部、国内6部，重点介绍了既有居住建筑适老化改造相关的设计策略、设备和建材选用、环境性能要求等方面技术措施，引导我国既有居住建筑改造过程中对适老化的关注，以应对社会老龄化中居家养老的不足。第6章共收录了5部标准，全部是国内标准，重点介绍了既有居住建筑功能提升和老旧小区规划更新相关的建筑本身功能空间优化，以及室外市政、环境、公共服务配套设施增设，公共管线更新，建设与运营等方面的技术措施。第7章共收录了11部标准，包括国外4部、国内7部，这些标准对既有居住建筑综合改造进行了规定，涵盖了安全耐久、环境宜居、低能耗、适老化、功能提升等多个方面。

由于本书涉及内容广、涵盖专业领域多，为保证书稿质量，编委会邀请了空军工程设计研究局罗继杰勘察设计大师、中冶建筑研究总院侯兆新勘察设计大师、中国中元国际工程有限公司黄晓家勘察设计大师、哈尔滨工业大学孙澄教授、天津大学王立雄教授、中国建筑标准设计研究院有限公司蔡成军教授级高级工程师、深圳大学袁磊教授等专家对书稿技术内容进行了研讨和把关。

全书由赵力、王清勤、曾捷、朱荣鑫负责统稿。

本书几经易稿，在大家的辛苦付出下才得以完成，凝聚了编写组的集体智慧，在此一并表示诚挚的谢意。由于各国情况不一、资料获取难度较大，对国外既有居住建筑改造情况和标准未能全面介绍之处，敬请广大读者予以理解。同时，由于时间仓促及编者水平所限，书中难免存在疏忽和不足之处，恳请广大读者批评指正。

目　　录

第 1 章　国内外概况

1.1　英国

1.1.1　存量

来自英国国家统计局的数据显示，截至 2017 年，英国既有居住建筑约为 2850 万栋（包括英格兰、苏格兰、威尔士、北爱尔兰）[1]。图 1.1 为 2017 年英国居住建筑占比图示。表 1.1 和表 1.2 为截至 2017 年，全英的居住建筑基本情况统计。图 1.2 反映了英国居住建筑数量的变化情况，在 1991～2017 年的 26 年间，净增加了约 500 万套住房，平均每年不到 20 万套。这也表明英国居住建筑拆除率不到 0.1%，由表 1.1、表 1.2、图 1.3 可知，英国近 50%以上的既有居住建筑是在 1980 年以前建造的，80%以上是在 1990 年以前完成建造的。

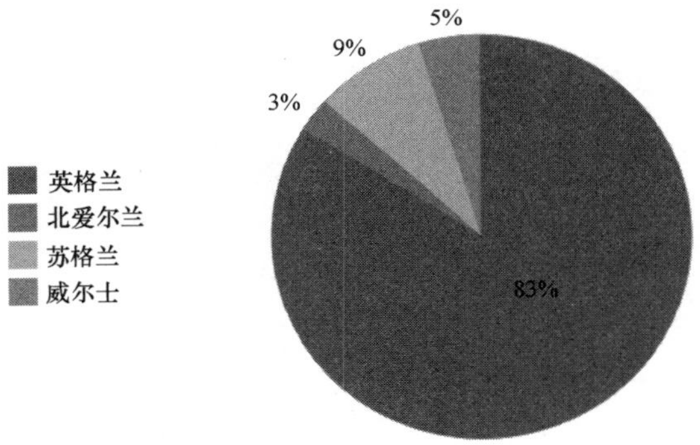

图 1.1　2017 年英国居住建筑比例

2017 年全英居住建筑数量详细统计情况（单位：千户）　　表 1.1

	英格兰	苏格兰	威尔士	北爱尔兰	全英总计
住宅建筑年份					
1919 年以前	4972	467	351	82	5872
1919～1944	3793	291	133	68	4285
1945～1964	4582	544	219	126	5471
1965～1980	4689	515	304	189	5697
1981～1990	1895	194	99	99	2287
1990 年以后	4019	452	235	216	4922

续表

	英格兰	苏格兰	威尔士	北爱尔兰	全英总计
住宅建筑类型					
联体别墅	6669	534	376	221	7800
双拼别墅	6100	481	369	180	7130
独栋别墅	4093	554	296	164	5107
平层独栋别墅	2195	—	154	164	2513
公寓	4864	895	147	52	5958
居住情况					
自有住房	15089	1491	924	512	18016
私人租赁房	4789	346	180	146	5461
社会出租房	4072	626	238	122	5058
位置					
城市	19796	2055	900	503	23254
乡村	4154	409	441	277	5281
居住建筑总存量	23950	2464	1342	780	28536
平均住宅面积	94m^2	98m^2	102m^2	105m^2	95m^2

2017 年全英居住建筑数量占比详细统计情况 **表 1.2**

	英格兰	苏格兰	威尔士	北爱尔兰	全英总计
住宅建筑年份					
1919 年以前	20.8%	19.0%	26.2%	10.5%	20.6%
1919～1944	15.8%	11.8%	9.9%	8.7%	15.0%
1945～1964	19.1%	22.1%	16.3%	16.2%	19.2%
1965～1980	19.6%	20.9%	22.7%	24.3%	20.0%
1981～1990	7.9%	7.9%	7.4%	12.8%	8.0%
1990 年以后	16.8%	18.3%	17.5%	27.5%	17.2%
住宅建筑类型					
联体别墅	28.0%	21.7%	28.0%	28.3%	27.4%
双拼别墅	25.5%	19.5%	27.5%	23.0%	25.8%
独栋别墅	17.1%	22.5%	22.1%	21.0%	17.9%
平层独栋别墅	9.2%	—	11.5%	21.0%	8.8%
公寓	20.2%	36.3%	10.9%	6.7%	20.1%
居住情况					
自有住房	63.0%	60.5%	68.9%	65.6%	63.1%
私人租赁房	20.0%	14.0%	13.4%	18.7%	19.1%
社会出租房	17.0%	25.5%	17.7%	15.7%	17.8%
位置					
城市	82.7%	83.4%	67.1%	64.0%	81.5%
乡村	17.3%	16.6%	32.9%	36.0%	18.5%

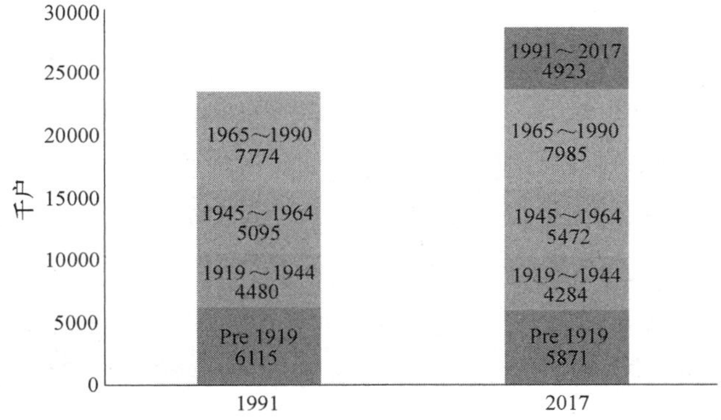

图 1.2　1991～2017 年英国住宅建筑数量变化情况

Sources：1991（1993 Wales）and 2017 UK national housing surveys

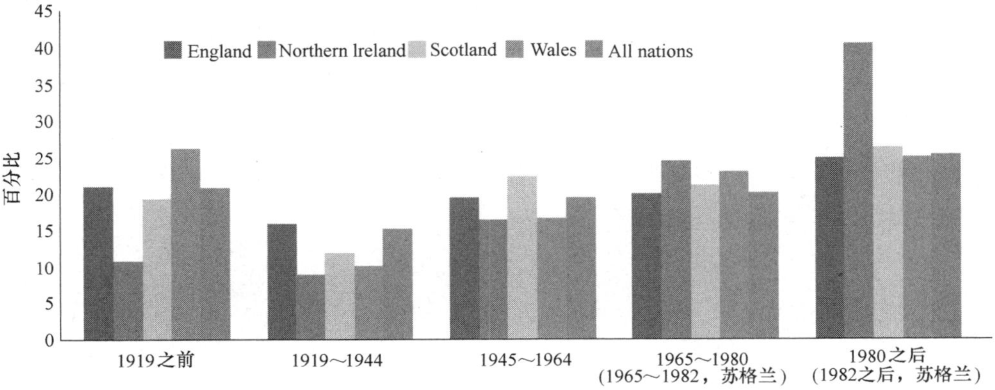

图 1.3　2017 年英国住宅建筑建设年代分布

据统计，建筑能耗占英国能源使用的 50%以上，其中 28%是来源于既有居住建筑。住宅建筑的主要能耗为采暖，约占其总能耗的 61%。由于既有居住建筑存在围护结构保温性能较差、设备系统能效等级较低等问题，所以既有住宅的采暖能耗远高于新建住宅。根据英国《气候变化法案》，截至 2050 年温室气体排放量要在 1990 年排放量基础上减少 80%。如果不对量大面广的既有居住建筑进行节能改造，那么 80%的温室气体减排目标将不可能实现。

1.1.2　改造现状

欧洲议会和欧盟理事会于 2002 年颁布了《建筑能效指令》（EPBD，*Energy Performance of Building Directive*），指出建筑能效表现的量化方法，应该由各个国家和地区通过制定因地制宜的策略来确定。欧盟各成员国可以自行设置本国独立的建筑能效表现要求与评价标准。

《英国建筑条例》（*UK Building Regulations*）是行政立法性文件，旨在确保相关法律规定的贯彻执行。英国大部分的建筑都需要遵守英国建筑条例。根据政府要求，该条例定期更新、修改和整合，最新一版的规范是 2010 版，既有居住建筑的改造也包含在该规程内。

此外，英国政府还推出了节能标准评估程序 SAP（Standard Assessment Procedure），用于评估住宅的节能等级。目前 SAP2012 用于新建建筑，RDSAP 用于既有住宅。英国建筑研究院绿色建筑评估体系（BREEAM）中包含既有住宅改造评估标准，此标准用于评估改造项目的全生命周期对环境的影响，包括住宅的改造、扩建、转换使用功能等，此标准仅在英国使用。英国作为第一个编制绿色建筑规范的发达国家，对既有居住建筑改造的标准较发展中国家更为完善，其中《英国建筑条例》和《节能标准评估程序》对于既有住宅改造具有强制性。

英国从 20 世纪 80 年代开始发展建筑节能，在既有建筑的节能改造方面积累了丰富的经验。英国现有的建筑规范包含了既有建筑的改造，2002 版建筑规范中预计，改造后的建筑相比于改造前可实现 40%的节能。但是，由于既有居住建筑建造年代久远、量大面广，且围护结构保温性能较差、设备能效较低，因此既有居住建筑的节能改造难度非常大。到 2050 年，英国的既有居住建筑占总住宅建筑数量的比例将超过 80%，如果想实现 2050 年在 1990 年基础上减少 80%的减排目标，平均每周需改造住宅数量为 1.3 万套。英国政府计划在 2030 前在全国范围内完成 2600 万套住宅的绿色节能改造。

1.2 澳大利亚

1.2.1 存量

来自澳大利亚统计局的数据显示，截至 2016 年，澳大利亚住宅总量约为 990 万栋。如图 1.4 所示，其中独立住宅占比达 70%。表 1.3 显示了 2003～2018 年新建联

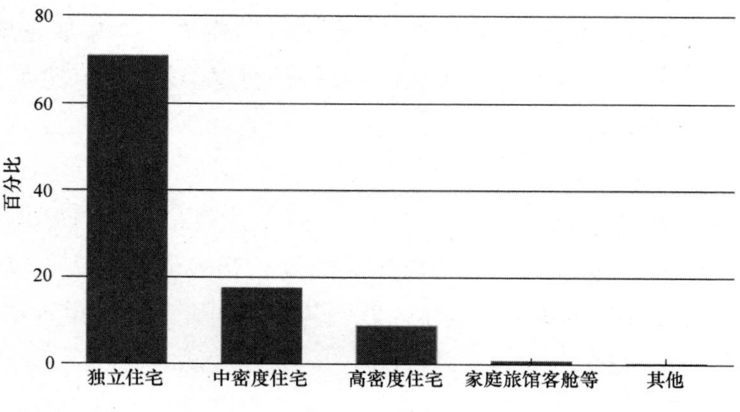

图 1.4　2016 年澳大利亚住宅类型占比

排别墅平均建筑面积变化情况，2017～2018 年约为 148m²；表 1.4 显示了 2003～2018 年新建公寓平均建筑面积变化情况，2017～2018 年约为 108m²[2]。

目前，在澳大利亚，仅住宅就占该国可报告温室气体排放总量的 9%左右，人工取暖、制冷和照明约占澳大利亚普通家庭能源消耗的 40%。因此，通过鼓励新建建筑实现低碳排放，有助于澳大利亚履行其应对气候变化的国际承诺[3]。但是在过去的 12 年里，澳大利亚居住建筑变革的速度一直很慢，只有不到 1%的新建居住建筑实现了零碳足迹。

澳大利亚各州及领地的新建联排建筑面积详细数据　　表 1.3

各州及领地	2003～2004 年	2010～2011 年	2017～2018 年	2003～2004 年 2010～2011 年	2010～2011 年 2017～2018 年
	m²	m²	m²	年度变化率	年度变化率
新南威尔士州	154.0	153.0	153.0	−0.1%	0.0%
维多利亚州	144.9	150.1	151.6	0.5%	0.1%
昆士兰州	145.4	148.6	139.3	0.3%	−0.9%
南澳大利亚州	150.9	143.3	153.7	−0.7%	1.0%
西澳大利亚州	151.7	148.4	151.7	−0.3%	0.3%
塔斯马尼亚州	99.0	114.9	134.4	2.3%	2.4%
北领地	211.6	182.1	147.3	−2.0%	−2.7%
澳大利亚首都领地	184.6	127.7	124.1	−4.4%	−0.4%
澳大利亚整体	149.1	148.1	147.7	−0.1%	0.0%

澳大利亚各州及领地的新建公寓建筑面积详细数据　　表 1.4

各州及领地	2003～2004 年	2010～2011 年	2017～2018 年	2003～2004 年 2010～2011 年	2010～2011 年 2017～2018 年
	m²	m²	m²	年度变化率	年度变化率
新南威尔士州	123.9	118.8	101.8	−0.6%	−2.0%
维多利亚州	128.2	109.7	105.5	−2.1%	−0.5%
昆士兰州	137.2	132.3	122.0	−0.5%	−1.1%
澳大利亚整体	131.0	121.2	108.1	−1.1%	−1.5%

数据显示，2013 年澳大利亚既有居住建筑能源消耗总量约为 1058 亿 kWh，每户居民能源消耗约为 12360kWh，可以估算出 2013 年澳大利亚居住建筑的单位面积能耗强度仍为 100kWh 左右，约 80%的既有住宅均没有任何节能及减排措施[4]。此外，澳大利亚建筑能效的相关条例从第一版至今经历过多次较大修改及完善，即使 2003 年后建造的满足之前能效标准的住宅建筑也已经无法满足近年来越来越高的建筑节能要求。因此，为了实现 2030 年相比 2005 年减少 26%～28%温室气体排放的目标，亟需

对既有建筑开展节能改造，使其在创造舒适室内空间的同时降低能源消耗和温室气体排放，这也是澳大利亚碳减排措施中不可忽视的一部分。

1.2.2 改造现状

1997年，澳大利亚联邦政府拒绝在《京都议定书》上签字，成为继美国之外的另一个不履行议定书义务的西方主要发达国家（2007年，澳大利亚重新签字作了承诺）。不过在1997年前后，澳大利亚的一些州的政府开始尝试发展绿色建筑和建筑碳减排。例如1996年，新南威尔士州政府成立了可持续能源发展署（Sustainable Energy Development Authority，NSW，简称SEDA），并于次年开始在州内推广澳大利亚第一个建筑碳减排的评估体系——澳大利亚建筑温室气体排放评估体系（Australian Building Greenhouse Rating System，简称ABGR），该体系的实施取得了良好效果。随着对绿色建筑和温室气体排放的重视，澳大利亚颁布实施了一系列针对绿色建筑或相关领域的政策和措施。

澳大利亚制定和实施了多项促进建筑节能减排的法令。2006年7月1日，澳大利亚颁布了《能源效率提高及节能法令》（*Energy Efficiency Opportunities Act*，EEO）。该法令强制要求凡是年均能耗在500MJ以上的用能单位必须对自己能源使用情况进行评估和分析，向公众发布结果，然后还要提出整改及降耗目标。2007年，澳大利亚颁布了更为严格、适用范围更大的《国家温室气体盘查及能耗申报法令》（*National Greenhouse and Energy Reporting Act*，NGER）。该法令提出符合要求的用能单位必须每年严格审计并披露上年的能耗总量以及温室气体排放的总量，而且要求是准确的实测值。如果符合申报要求而没有注册申报的，最高罚金为340000澳元，如果注册单提交报告晚于要求时间的，每天罚金最高可达17000澳元。2010年6月底，澳大利亚发布了《建筑能效披露法案》（*Building Energy Efficiency Disclosure Act*，BEED），此法令为建筑能效披露提供了法律依据，如主管部长能够决定什么样的建筑必须参加披露计划，建筑能效盘查和披露的程序，谁有资格作为外审人员等，如果必须参加而没有执行的不能租售其物业。

为贯彻落实法律法规的要求，澳大利亚政府出台了建筑节能减排的针对性政策。2009年7月，澳大利亚发布了《国家能源发展白皮书》（*National Strategy on Energy Efficiency*）。该白皮书对建筑节能减排方面提出了具体要求：2010年，修订现有建筑规范，提高对建筑节能方面的要求；从2011年开始，要求上市租售的住宅需要为买家和租售者提供清晰的建筑在能耗、水资源消耗和温室气体排放等方面的资料；从2010年下半年开始，要求所有商业建筑和政府办公建筑为租售者提供明确的建筑能耗方面的信息；广泛收集澳大利亚境内住宅和商业建筑能耗方面的情况，以便为政府制定下一步的相关政策提供依据；在全澳建立一套通用的对建筑能耗进行检测和评定的体系；提高建筑系统和办公设备的能效标准；为住宅和商业建筑领域的绿色改造提供更多的资金和信息资源支持。同年 8 月，澳大利亚开始实施《国家可再生能源发展计划》(*Renewable Energy Target*)，该计划提出澳大利亚将建设大规模可再生能源项目，如风力发电站、太阳能发电站、地热发电站等，以及小规模可再生能源利用项目，如建筑用光电技术和光热技术。同时，该计划还设定了目标：到 2020 年，澳大利亚 20%的电力来自可再生能源。

为配合法律法规和国家政策的实施，澳大利亚修订了国家建筑标准，制定了多个绿色建筑评价标准。2019 年，澳大利亚政府建筑规范机构（ABCB）对国家标准《澳大利亚建筑规范》(*Building Code of Australia*，BCA）进行了修订，BCA 涵盖了澳大利亚境内 10 类建筑形式的设计和施工方面所有技术指导，提高了对建筑各项技术指标的要求。该规范建立了澳大利亚所有新建建筑及既有建筑的重大改造所必须满足的最低要求，涵盖了建筑安全、健康、舒适和可持续等方面的规定。在 BCA 基础上，各州政府均建立了相应的条例及法案，且通常情况下，这些要求比国家规范更加严格。例如新南威尔士州规定，在满足国家规范相关要求的基础上，所有居住建筑（包含新建建筑及重大改造项目）均需要通过建筑可持续指标（Buildings Sustainability Index，以下简称 BASIX）的认证。不同于 BCA，BASIX 可以通过更加灵活的方式达到认证，且认证的重点主要在建筑节能、节水及建筑热工性能上。此外，澳大利亚还建立了以 Green Star 及 NABER 为首的各类评估体系。Green Star 评估体系主要用于新建建筑设计阶段的可持续性能评估，而 NABER 系统主要针对既有办公及商业建筑的环境影响进行评估。

相较于部分建筑改造体系较为完善的国家，澳大利亚并未建立独立且完善的既有住宅改造规范，有关住宅改造的要求多以碎片式的形式出现于以新建建筑为主的相关规范中。而对既有住宅的改造策略，依然大多以市场激励方式为基础，可分为两个部分：一、由政府主导的财政激励政策和资金扶持，主要包括：政府无偿提供的“绿色建筑发展基金（Green Building Fund，GBF)”资助和“建筑市场的税收返还体系(Tax Break for Green Buildings)”，政府成立的清洁能源发展基金公司（Clean Energy Finance Corporation）和碳信托公司（Australian Carbon Trust），政府主推的国家太阳能校园计划（National Solar School Program）和太阳能热水器补助计划（Renewable Energy Bonus Scheme-Solar Hot Water Rebate）。二是基于政府推动的市场激励政策，主要包括：引入市场机制的商业建筑能效公示计划（Commercial Building Disclosure Scheme）、太阳能光伏补助机制（Solar Credit）、国家清洁发展机制（National Authority for the Clean Development Mechanism）以及碳价格机制（Carbon Price Mechanism）等。

同时，为更好地宣传绿色建筑，澳大利亚政府又制定了相关的绿色建筑宣贯措施，主要有政府层面的示范计划，如政府运营能效计划（Energy Efficiency in Government Operations)、政府办公建筑绿色租赁计划（Government Green Lease Schedule)、绿色采购指导手册（Environmental Purchasing Guide and Checklist)、公共建筑节水指导手册（Water Efficiency Guide：Office and Public Buildings）等，以及国家绿色就业计划（National Green Jobs Corps）和绿色建筑信息公示和宣传（Information Resource on Sustainable Buildings)。

1.3 丹麦

1.3.1 存量

丹麦属于欧洲北部大陆性气候区，总人口 560 万。该国现有居民住宅 259.5 万幢，其中独栋住宅（single family houses，SFH）156.4 万幢，多户住宅（multi-family houses，MFH）103.1 万幢[5]。住宅总建筑面积为 2.976 亿 m^2，其中供热面积 2.946 亿 m^2，供冷面积 210 万 m^2。表 1.5 按建筑类型和建造年限统计了丹麦住宅建筑基本信息。

丹麦住宅建筑基本信息（按年限和类型划分） **表 1.5**

	1970 年前	1971～1980 年	1981～1990 年	1991～2000 年	2001 年后	总计
独栋住宅						
建筑供热面积/(百万 m^2)	135	45	14	7	15	216
住房数量/千户	841	311	180	87	145	1564
多户住宅						
建筑供热面积/百万 m^2	56	9	4	5	6	80
住房数量/千户	721	123	58	53	76	1031
总计						
建筑供热面积/(百万 m^2)	191	54	18	12	21	296
住房数量/千户	1562	434	238	140	221	2595

来源：建筑面积——Inspire database（2014 年）；住房数量——Statistics Denmark（2013 年）

1.3.2 改造现状

欧洲理事会于 2007 年制定了 2020 年能源和气候变化目标[6]。2010 年 5 月 19 日欧洲议会和理事会就建筑能效性能问题颁布了 2010/31/EU 指令，此指令强调了确定需要纳入会员国国家立法要求的四项主要内容[7]，并指出，建筑能效性能应根据统一方法计算，这种方法可在国家和区域一级加以区别[8]。

为了支持这一计划，一系列 CEN（European Committee for Standardization）标准被提出[9]。这些欧洲标准致力于提高欧盟成员国能源绩效评估的普遍性、透明度和客观性。

除了遵守欧盟相关规范，丹麦经过多年的研究和实践，不断依据现状更新适合本国的建筑规范。2018 年 2 月 4 日由丹麦交通、建筑和住房部颁布的 BS0200-00353 号文件作为现行规范，对供暖和空调装置、可再生能源的应用、被动式加热和冷却元件、遮阳、室内空气质量、充足的自然光和建筑物的设计等 22 项做了明确的等级规定，提出了量化方法。此外，既有建筑围护结构改造过程需考虑经济可行性，现行《建筑规范》（BR18）指出，居住建筑节能改造后的能源效率限值与经济可行性需要同时被满足。具体规定如下：

某项目改造后的年经济收益乘以有效寿命再除以改造所耗投资的值若超过 1.33，则该项目在经济性上是可行的。若既有建筑改造项目在经济性上不可行，则必须论证缺乏经济性的可行性。而若改造项目的经济性不可行，则应论证花费较小的改造是否可行。

BR18 的第 275 点指出，若既有建筑改造经济效益较差，则 BR18 中规定的能源效率上限可能无法满足。这是为了避免某些不关键的节能改造技术，虽然这些技术在经济性上可行，但其节能效果并不明显。

虽然丹麦建筑规范规定新建建筑应具有良好的保温性能，但由于丹麦大部分住宅为老旧建筑，新建住宅比例较小，因此一些针对既有住宅的改造方案已经开始实施，以降低住宅建筑的能源消耗总体水平。调查表明，需要投入更多的改造工作以提高既有住宅的能源效率，特别是针对多户住宅。

丹麦气候、能源和建筑部于 2014 年针对既有建筑改造提出了 21 项具体措施，预计至 2050 年将现有建筑的供暖能耗降低 35%[10]。另外，丹麦政府计划在 2050 年，建筑能源供应将不依赖于化石燃料[11]。

1.4　美国

1.4.1　存量

在美国，按照商业建筑和居住建筑进行统计分类。如图 1.5 所示，根据美国能源信息署的调查，截至 2019 年，美国约有 1.396 亿套居住建筑[12]，总建筑面积达 238 亿 m^2[13]。来自美国密歇根大学的统计数据表明 2019 年建筑部门的一次能源消耗量为 6210 亿 kWh，占全美一次能源消耗量的 21%。存在的能源浪费情况主要来自无人居住的住宅和房间的供暖和制冷、低效电器、恒温器过度设置和备用电源损耗等，这些浪费加在一起至少占住宅部门总能源使用的 45%[14]。同时美国能源信息署数据显示，2019 年住宅建筑部门二氧化碳排放量 9.64 亿 t，温室气体（GHG）排放量占全美排放量的 20%[15]。

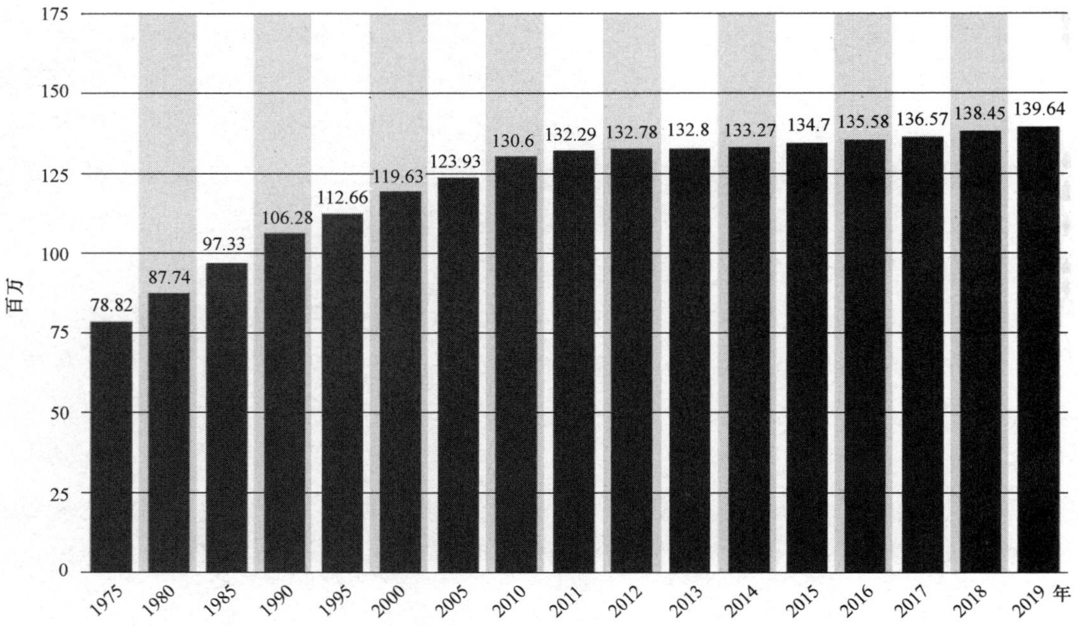

图 1.5　1975～2019 年美国居住建筑数量统计

截至 2015 年美国住宅建筑建设年份分布情况　　**表 1.6**

建设年份	1950 年以前	1950～1959 年	1960～1969 年	1970～1979 年	1980～1989 年	1990～1999 年	2000～2009 年	2010～2015 年	总计
数量/百万	20.8	12.6	12.8	18.3	16.0	16.8	17.0	3.8	118.1

从表 1.6 可知，在美国，新建建筑的增长速度比较缓慢，大量既有建筑年代久远。技术水平有限、节能减排和环境保护的观念不强以及建筑部件的老化等各种因素，造成商业建筑的温室气体排放强度较大。

美国建筑节能标准分别按照联邦、政府、州制定阶段目标。

联邦层面目标：

• “零能耗住宅”，2020 年达到市场可行

• “零能耗建筑”，2025 年商业化

政府建筑目标：

• 2030 年，所有新建政府建筑为净零能耗建筑

美国加利福尼亚州目标：

• 到 2020 年，所有新建独立和公寓住宅的新建筑物将达到“净零能耗”（ZNE）效果

• 到 2030 年，50％既有商业建筑实现净零能耗，100％新建商业建筑为净零能耗建筑。

1.4.2　改造现状

1）法律法规

美国有完善的法制，民众及厂商的法制观念和诚信意识较强。政府以立法形式制定了强制性的最低能源效率标准，如 1975 年颁布实施了《能源政策和节约法》，1987 年颁布了《国家电器产品节能法》，1992 年制定了《国家能源政策法》，1998 年公布了《国家能源综合战略》。这些法律主要涉及能源安全及提高能源效率。最低能效标准的制定一般由政府组织，由相关第三方中介机构完成。

美国对于政府机构及军队等公共建筑实行强制性建筑节能，如美总统行政令规定：2005 年，所有联邦机构建筑的单位面积能耗，应比 1985 年减少 30%，到 2010 年要减少 35%；新建建筑必须达到联邦或当地能源性能标准；联邦机构必须采购有能源之星标识的节能产品，或在同类产品中领先 25%范围内的产品；到 2010 年，联邦建筑应安装 2 万套太阳能系统；每个机构必须有一幢节能示范建筑；一年内新建 5 幢以上建筑的，要有一幢节能示范建筑。同时，作为联邦机构之一的美国军队也对所属建筑做出了规定，要求 2008 年以后的军队新建建筑必须达到 LEED 银级水平。

进入各州市场销售的相关产品必须满足该州的最低能耗标准，而在各州新建的建筑也必须达到相关的建筑节能标准。这些标准在不同的州有不同的具体内容和要求，如加利福尼亚、纽约等经济比较发达的州，建筑节能标准比联邦政府标准还要严格。加利福尼亚州能源委员会制定和实施了美国最严格的建筑物和家电的节能标准和标识体系。

2）节能标准

除推行强制的节能法律法规之外，美国政府还提倡自愿采纳的美国国家标准、国际标准、社会团体标准。所谓自愿采纳的美国国家标准，是指经过美国国家标准协会（ANSI）核准的标准，但是并不具备强制性，各州可以以此为基础来设计本州内部的标准，同时也可为各种评估体系构造基础模型提供参考。ANSI 是美国非营利性质的民间标准化团体，是美国国家标准化活动的协调中心，起到了全美标准化工作行政管理机关的作用。除 ANSI 外，美国还有国际规范理事会（ICC）、美国国家消防协会（NFPA）、美国材料与试验协会（ASTM）等多个非政府机构制定的建筑节能相关标准。

美国与建筑节能改造相关标准有《国际节能规范》《国际既有建筑规范》《高性能绿色建筑设计标准》《建筑节能标准（低层居住建筑除外）》以及《绿色建筑评估体系》。

3）节能标识

除强制性节能法律法规和自愿采纳的节能标准外，美国政府还提倡自愿的节能标识。所谓自愿的节能标识，指获得标识的产品都超过该类产品相应的最低能源效率标准。美国是较早提出环境标识的国家，有36个州联合立法实行环境标识制度，但是至今还没有国家层面统一的环境标识。在众多的环境标识中，较有影响力的是能源之星、能源指南、AGPC绿色环境标志和绿色建筑。

◆ 能源之星

能源之星由美国环保署（EPA）和美国能源部（DOE）联合推动。能源之星从1998年开始实施，主要针对商用建筑。凡是在同类建筑中领先25%的范围内，室内环境质量达标的建筑将被授予能源之星建筑标识。为达到能源之星，建筑要求采取的措施主要是绿色照明，改善围护结构隔热保温性能，改进采暖、通风、空调系统，购置高效耗能器具。

◆ 能源指南（Energy Guide）

能源指南为用户提供该产品年能耗性能、能耗费用以及该产品的能耗性能在同类产品中所处的水平。能源指南有助于民众根据产品价格和自身需求来合理地进行选择。

◆ 绿色环境标志（AGPC）

绿色环境标志（AGPC）是由美国环境保护科研等机构知名专家组成的高规格的评估认证委员会，是对绿色产品进行权威评估、验证及国际绿色营销的促进机构。在AGPC引导下，消费者在消费时选择环保类产品，维护用户和消费者的利益，提高绿色环境标志产品在国际市场的竞争力，促进国际绿色营销，得到美国政府部门及国际主流社会的认可，也使得AGPC绿色环境标志认证成为企业获得突破国际贸易“绿色壁垒”的有效通行证。目前已同世界上多个国家和地区及相关组织建立了联系。

4）建筑节能发展历程

20世纪70年代的能源危机，导致美国经济大衰退，促使美国政府开始制定能源政策并实施能源效率标准，1975年颁布实施了《能源政策和节约法》。自此，美国开始了强调建筑密闭性以节约能源的建筑节能时期。在这一时期内，美国政府颁布了《国家能源政策法》（1992年），公布了《国家能源综合战略》（1998年）。

进入21世纪后，面对全球性气候变暖、生态恶化的危机，作为人均二氧化碳排放量第一的国家，在国际社会和民意的强大压力下，美国政府出台了《能源政策法案》（2005年），对提高能源利用效率、更有效地节约能源起到了至关重要的作用。《能源政策法案》标志着美国正式确立了面向21世纪的长期能源政策。该法案重点是鼓励企业使用可再生能源和清洁能源，并以减税等奖励性立法措施，刺激企业及家庭、个人更多地使用节能、洁能产品。由此，美国建筑节能逐步发展到包括节能、环保、健康等内涵的绿色建筑。在这一时期，为了成功实施能效标准和标识，美国政府推出了多层次的经济激励政策，包括补贴、税收减免、抵押贷款、设立节能公益基金、低收入家庭免费住宅节能改造等。对使用相关节能设备的，根据所判定的能效指标不同，减税额度分别为 10%～20%。在家居建筑装修方面，也以税收减免、低息贷款等措施引导使用节能产品，鼓励居民购买经“能源之星”认证的住宅。此外，政府推行低收入家庭节能计划，为低收入家庭免费进行节能改造。

5）建筑节能管理部门

① 环境质量委员会

美国《国家环境政策法》（NEPA）是美国第一部主要的环境法，通常被称为联邦环境法的“大宪章”，由尼克松总统于 1970 年 1 月 1 日签署。NEPA 建立政策，设定目标（第 101 节），并提供执行政策的手段（第 102 节）。第 102（2）条包含“强制执行”条款，以确保联邦机构根据该法案的条文和精神行事。

依据《国家环境政策法》(NEPA)，美国总统府执行办公室下设环境质量委员会(CEQ)，以确保联邦机构履行其在 NEPA 下的义务。主要通过发布指导和解释实施 NEPA 程序要求的法规来监督 NEPA 的实施。CEQ 还审查和批准联邦机构 NEPA 程序，批准在紧急情况下遵守 NEPA 的替代安排，帮助解决联邦机构之间以及与其他政府实体和公众成员之间的争议，监督联邦机构实施环境影响评估过程，并在各机构对此类评估的充分性持不同意见时进行协调。

除了实施 NEPA 之外，CEQ 还为总统制定并推荐国家政策，以促进改善环境质量及实现国家目标。CEQ 还根据 NEPA 和其他法规和行政命令分配职责，包括监督联邦可持续发展办公室（OFS）。

2017 年 8 月 15 日签署第 13807 号行政命令，题为“在基础设施项目的环境审查和许可程序中建立纪律和责任”，于 2017 年 8 月 24 日发布。第 13807 号行政命令第 5（e）（i）条规定：在本命令发出之日起 30 天内，CEQ 应制定一份最初的行动清单，以便加强和实现联邦环境审查和授权程序的现代化。此类行动应包括发布 CEQ 可能认为必要的法规、指导和指令：

A. 确保环境审查和授权决定机构间的协调，包括为牵头机构提供扩大的作用和权力，为合作和参与机构明确责任，以及 NEPA 决策和分析在政府范围内的适用性：

B. 确保涉及多个机构的环境审查和授权决定以同时、同步、及时、有效的方式进行：

C. 在法律允许的最大范围内，在环境研究、分析和决策方面为机构使用提供支持，从而支持早期联邦、州、部落或地方环境审查或授权决定：

D. 确保各机构以尽可能减少不必要负担和延迟的方式应用 NEPA，包括使用 CEQ 授权解释 NEPA 以简化和加速 NEPA 审查过程。

② 联邦可持续发展办公室

联邦可持续发展办公室（OFS）成立于 1993 年，OFS 实施行政当局在联邦政府运营中的能源和环境可持续性优先事项，其中包括超过 350000 栋建筑，600000 辆汽车和每年购买商品 5000 亿美元和服务，包括 160 亿美元的能源。

OFS 协调政策和计划，以实现相关的行政命令和法定目标，包括执行第 13834 号行政命令“高效联邦行动”。第 13834 号行政命令指示各机构管理建筑物、车辆和运营，以优化能源和环境绩效，同时减少浪费和削减成本。OFS 与代理商和其他白宫部门合作，提高能源效率，部署推广高效技术，合理使用纳税人资金运营联邦建筑。OFS 还与行业和外部利益相关者保持联系，并鼓励提高联邦能源和水资源效率的公私合作伙伴关系，包括利用绩效合同实现设施现代化，而无需向政府预付成本。

③ 美国能源部

美国能源部（DOE）是美国最主要的能源政策制定及节能管理部门。主要职能包括负责国家能源安全、能源开发、能源资源，研究开发重大节能技术和环境保护。其中，提高能源效率、节约能源是能源部的一项重要工作。

④ 美国环保署

美国环保署负责制定和实施水、空气和废物利用及其他与环境保护相关的全国性政策。美国环保署从环境保护角度配合能源部开展燃料替代、清洁能源、地热能源、水电、可再生能源、节能、能源效率及温室气体减排等能源领域的工作。

⑤ 住房和城市发展部

住房和城市发展部（HUD）是负责解决美国住房需求，改善和发展国家社区以及执行公平住房法的国家政策和计划的联邦机构。该部门通过抵押贷款保险和租金补贴计划，在支持中低收入家庭的住房所有权方面发挥着重要作用。

社区计划和发展。主要负责管理有关社区发展的计划和财政援助项目，以提高社区自身发展和管理的能力；向无家可归者提供住所。

合理住房和机会均等。主要负责制定和执行有关合理住房的法律和规章制度，防止在住房方面的歧视。

住房。主要负责为新建住房和翻建住房提供财政援助，包括为老年人、残疾人、低收入家庭和多人口家庭提供帮助。

政策发展和研究。主要负责住房的试验和研究；进行有关住房和社区发展问题的背景分析研究和重点评估；进行有关住房市场的研究，对现行和计划中的项目进行分析；评估新住房和建筑材料及技术的使用等。

⑥ 地方政府节能管理部门

大部分州政府设置了能源工作委员会及其他相应部门，负责节能政策的实施及管理州政府的节能工作。此外，部分州有专设机构实施国家或者地方的节能政策，推进节能工作。以加利福尼亚州为例，最主要的是加利福尼亚州能源委员会和加利福尼亚州公用事业委员会。

6）建筑节能政策

美国建筑节能是以提高效率为核心的，美国传统上没有建筑管理所对应的联邦机构，其政府在建筑节能中的角色并不显著，主要手段是制订行业和产品标准，开发和推荐新技术，其建筑节能的推动力量更多的来源于民间的各种行业、协会、电力公司和企业，因此其建筑节能所依靠的市场力量强大，政府出台的能源政策多在于市场转型，以使得高能效技术在市场上取得成功的推广，因此其节能的基本出发点在于推广节能技术与产品，以建筑节能作为新的经济增长点。

从这个基本出发点，美国建筑节能的政策可以总结为以下几点：

① 低收入家庭节能改造计划

为了保障低收入家庭的福利、节约能源，美国发起了低收入家庭住宅节能计划，帮助低收入家庭进行节能改造。政府为低收入家庭免费进行节能改造，每个家庭有一定的限额，主要的计划包括美国能源部（DOE）的保暖协助计划、健康部低收入家庭能源协助计划等。

低收入家庭节能计划的经济效益十分显著。美国能源部的保暖协助计划 2001 年帮助 5.1 万个低收入家庭进行了节能改造，平均每个低收入家庭的节能改造费用为 2568 美元，低收入家庭的能源开支可节约 13%～34%，投资收益率达到 130%。除了经济效益，低收入家庭的节能计划还能带来很多环境效益。根据调查，投资低收入家庭住宅节能计划 1 美元，就能获得 1.88 美元的环境效益。

② 加强节能技术研究

联邦政府 1998 年用于建筑节能研发的费用达 9740 万美元。目前研究重点有：21 世纪建筑设计、模拟和检测技术，比 ASHRAE 标准节能 50%的技术。正在研究开发的 21 世纪建筑节能技术包括：真空超级隔热围护结构，无氯氟烃 CFC，高效泡沫隔热保温材料，先进的充气多层窗，低发射率和热反射窗玻璃，耐久反射涂层，先进的蓄热材料，屋顶光伏电池板，热水、采暖、空调热泵系统，先进照明技术，阳光集光和分配系统，燃料电池、微型燃气轮机等分散式发电技术，可按需调节能源，水供应和空调的智能控制系统。这些高新技术的推出使得美国的建筑节能有了很强的技术支持。

③ 通过法律手段引导和规范

美国政府以立法形式制定了强制性的最低能源效率标准，加利福尼亚州、纽约等经济比较发达的州，建筑节能标准比联邦政府标准还要严格。

④ 自愿性的节能标准与标识

美国政府除了推行强制的标准之外，还提倡自愿的节能标识。具有自愿性能耗标识的节能型产品，最为典型的是美国环保署（EPA）和美国能源部（DOE）联合推动的“能源之星”项目，获得能源之星标识的产品一般都超过该类产品相应的最低能源效率标准。为达到能源之星标准，建筑要求采取的措施主要有：绿色照明，改善围护结构隔热保温性能，改进采暖、通风、空调系统，购置高效耗能器具，实施这些措施可节能 30%。为促进自愿性能耗标识产品的推广应用，美国政府部门采取了多种激励措施并积极发挥示范作用。

⑤ 经济激励

经济激励是成功实施能效标准和标识，特别是能源之星标识的关键性配套政策措施。美国各级政府和公用事业公司采取多种激励措施，包括：

a. 补贴

美国各级政府和公用事业组织投入大量补贴经费。1992 年能源政策鼓励并授权公用事业组织实施激励性节能项目。加利福尼亚州等用于补贴的资金来自系统效益收费。补贴对象包括：购买高效耗能器具的用户，新建节能住宅的开发商、设计者和业主，新建节能商用建筑的设计者。

2001 年，有 56 个州级政府部门和公用事业等组织实施高效家用电器和照明器具补贴，补贴总额达 1.133 亿美元（家用电器 6330 万美元，照明器具 5000 万美元）。太平洋燃气电力公司 2001 年用于补贴（折让）的费用达 2500 万美元。每件器具的补贴金额为：电冰箱 75～125 美元，房间空调器 50 美元，洗衣机 75 美元，紧凑型荧光灯 3.50～6.25 美元，细管荧光灯 2.30～4.25 美元。

b. 税收减免

新建节能住宅建筑可以获得税收减免。2001 年 1 月 1 日至 2003 年 12 月 31 日期间建成的住宅，比 IECC 标准节能 30%以上的，每幢减免税收 1000 美元；2001 年 1 月 1 日至 2005 年 12 月 31 日期间建成的住宅，比 IECC 标准节能 50%的，每幢减免税收 2000 美元。

节能建筑设备也可获得税收减免的优惠。各种节能型设备根据所判定的能效指标的不同，减税额度分别为 10%或 20%。比如，节能型洗衣机、热水器减免 50～200 美元；地热采暖、太阳能热水和采暖系统最多可减免 1500 美元。

另外，一些贷款机构还提供“能源之星”抵押贷款服务，居民在购买经“能源之星”认证的建筑时，均可向这些银行申请抵押贷款。此外，这些贷款机构还采取诸如返还现金、低利息等措施，刺激居民购买经能源之星认证的住宅，并申请节能住宅抵押贷款。抵押贷款项目的实施，不仅有效地促进了节能建筑的建设和开发，降低了建筑物的能耗和维护运行管理费用，还带动了墙体、屋面保温隔热技术的发展，刺激了建材市场，增加了就业机会，促进了美国社会经济的发展。

1.5 日本

1.5.1 存量

全球变暖已经成为全世界的主要课题。在日本，有九成温室气体源于二氧化碳，因此可以说预防全球变暖的政策就是节能政策。日本以创建低碳社会作为改造主要目标，其中期目标是到 2020 年二氧化碳排放量比 1990 年减少 25%，长期目标是到 2050 年二氧化碳排放量比 1990 年减少 80%。到目前为止，日本民生部门（商用及家用建筑）所消耗的能源在不断增加。为实现长期目标，在住宅建筑领域推行节能化，减少二氧化碳排放量是必不可少的。

日本统计局的最新数据显示，截至 2018 年，日本既有居住建筑存量约为 6240 万户，其中空置建筑数量 859 万。表 1.7 给出了目前非空置建筑的构造和建筑时期的分布情况，40%的建筑为 1990 年以前建造，超过 30 年以上的居住建筑约为 1600 万户；同时约有 56%的建筑为木质结构，34%为钢筋混凝土结构[16]。

日本住宅建筑数量按构造及建筑时期统计情况　　表 1.7

年份	总数/千户	构造			建设时期					
		木质	防火木质	钢筋混凝土	1950 年以前	1951～1980 年	1981～1990 年	1991～2000 年	2001～2013 年	2014～2018 年
2008 年	49598	13445	15788	16277	1859	14021	9958	11583	8624	—
2013 年	52102	13263	16845	17665	1640	12551	9663	11054	13083	—
2018 年	53616	12162	18385	18204	1356	10655	9123	10784	12913	4077

来源：日本统计局《统计年鉴 2021》（住宅、土地统计调查结果）

对于住宅建筑的能耗水平，表 1.8 给出了 5 年的统计数据，可以看出由于在住宅建筑领域推行节能化，建筑整体能耗呈下降趋势，2018 年的能源消耗量为 5230 亿 kWh[17]。

日本住宅及商业（第三产业）终端能源分类消耗量（单位：10^{15}J）　　表 1.8

年度	住宅				商业(第三产业)			
	能耗	石油制品	城市燃气	电力	能耗	石油制品	城市燃气	电力
2005 年	2186	729	436	997	2794	1242	263	1147
2010 年	2169	646	427	1078	2411	710	373	1210
2015 年	1907	532	400	964	2195	569	417	1138
2017 年	1989	567	428	984	2181	527	413	1167
2018 年	1833	483	401	939	2108	509	384	1141

来源：日本自然资源和能源局

1.5.2　改造现状

1979 年，日本国土交通省首次颁布了《节约能源法》(*Energy Conservation Law*)，作为提高日本能源利用效率工作的基本指导法律。《节约能源法》先后修订了七次，到 2008 年度修订的《节约能源法》已十分完善，日本能源使用率也在逐渐提升。1980 年制定《居住建筑节能标准》，在 1992 年和 1999 年进行了两次修改，对围护结构的热工性能的要求越来越高，有效减少了供暖空调的能源消耗量。2002 年制定关于住宅建筑重建、改建等相关法律，保障既有居住建筑节能改造任务顺利进行。

2005 年制定《住宅管理标准指南》，确定了住宅建筑设计及施工阶段的标准，推动了住宅标准化建设。2012 年制定并实施了《关于促进城市低碳化的法律》，进一步促进建筑物能源使用合理化，把住宅建筑的低碳化作为代替指标定量评价一次能源消耗量。图 1.6 列出了国土交通省关于住宅建筑节能化的一系列政策，根据能源消耗、节能性能及奖励制度分成三部分。对于积极响应、节约能源的单位或者个人，日本政府出台了一些奖励措施，如获得固定资产税减免，通过改造取得环保积分减免所得税，减少住房贷款税以及根据节约能源程度发放补助金等。

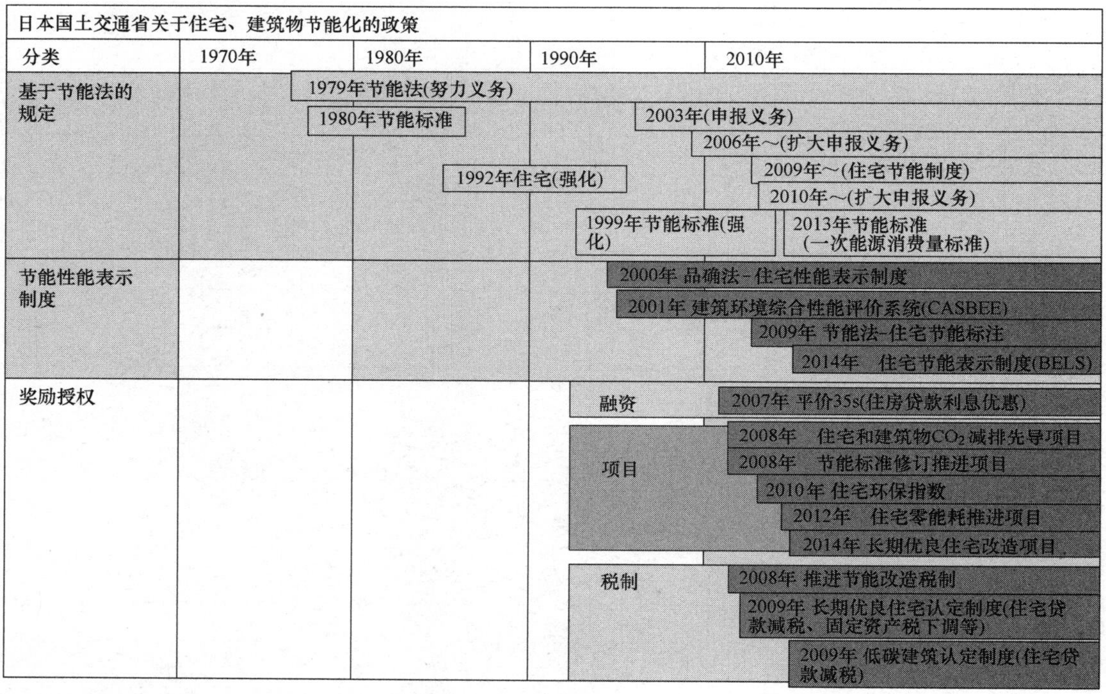

图 1.6 日本国土交通省关于住宅、建筑物节能化的相关政策汇总

2014 年，在关于既有居住建筑改造性能评价标准的第四次研讨会上，提出《关于促进长期优良住宅普及的法律（2009 年 6 月施行）》，作出长期住宅建筑改造与维护计划，如图 1.7 所示对评价标准的制定提出了新的流程。

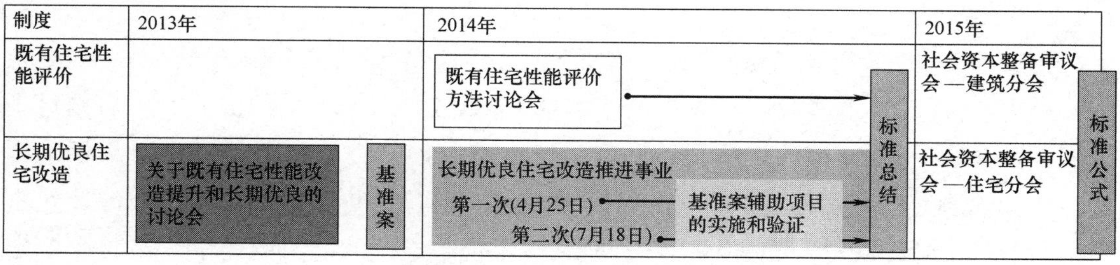

图 1.7 既有住宅性能评价标准制定流程

日本每年既有居住建筑的交易数量为 17.1 万户，交易率为 13.5%，如图 1.8 所示，远小于美国及欧洲发达国家，但是每年新建住宅动工户数却远大于其他发达国家，为 109 万户，约为美国的两倍、英国的 10 倍、法国的 3 倍。由此可见，日本许多居住建筑都处于闲置状态，这些居住建筑的运行造成大量能源的浪费。

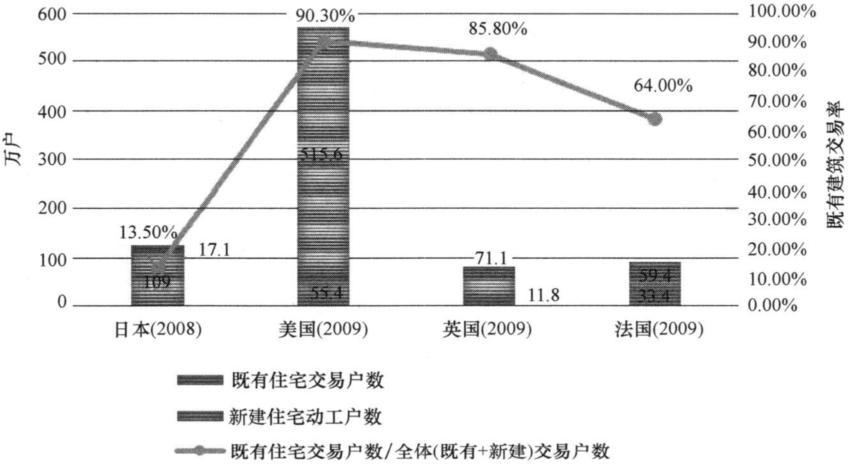

图 1.8　日本、美国、欧洲等国家年平均既有住宅交易情况

从 1980 年开始，日本政府逐渐注重既有居住建筑的节能性能并制定了相关的法律法规，表 1.9 为既有居住建筑节能性能改造的发展情况，到 2002 年，基本实现了住宅建筑节能改造。

住宅建筑节能改造的发展　　**表 1.9**

年代	主要内容
1980 年	住宅、建筑节能标准的制定(建筑以 PAL 和 CEC/AC,仅以事务所用途为对象)
1992 年	住宅节能的新标准制定(海湾战争)
1993 年	建筑标准强化
1999 年	住宅的下一代标准的制定。加强建筑标准值
2000 年	住宅的标准被用作住宅性能表示
2002 年	建筑(2000m^2 以上)的节约能源措施的申报义务化
2003 年	制定建筑标准(积分法)
2006 年	住宅(2000m^2 以上)的节约能源措施的申报义务化。住宅、建筑的大规模修缮申报和定期报告的义务化

为促进既有建筑改造，对于居民等进行的节能改造和无障碍改造工程，国家补助项目部分改造费用。表 1.10 为具体的补助条件，通过融资、税制及补助的支持与调整，促进日本居民对于节能工作的支持并加强节能意识。

日本政府奖励节能改造政策 表 1.10

	住宅	建筑物
融资		日本银行的低息贷款：被认定为低碳建筑的新建建筑，初始 2 年可以以特别利率（标准利率－0.65%）进行贷款
税制	1. 所得税/注册许可税/不动产取得税/固定资产税：(1)对进行一定节能改修的住宅，所得税、固定资产税特殊对待 2. 赠与税：新建或增建建筑满足节能性的要求时，一定金额的不征税措施	法人税/所得税：购买一定的节能设备用于节能工程时，应采取折价或者税金扣除的特别优待
补助	1. 住宅和建筑物 CO_2 减排先导项目（新建、改建）：先进的 CO_2 减排技术的建筑结构维修费、验证效果需要的费用等，补助率 1/2 2. 零能源住宅推进事业（新建）：住宅零能耗改造增加的费用，补助率 1/2（补助限额为 10.0 万元/户） 3. 长期优良住宅改造推进事业（改造）：通过改造提高既有住宅使用年限所需的费用等，补助率 1/3（补助限额为 6.1 万元/户）	1. 住宅和建筑物 CO_2 减排先导项目（新建、改建）：先进的 CO_2 减排技术的建筑结构维修费、验证效果需要的费用等，补助率 1/2 2. 建筑物节能改造推进事业：对既有建筑物进行改造，预计节能效果在 15%以上时的节能改造费用等，补助率 1/3（补助限额为 30.4 万元/户）

1.6 新加坡

1.6.1 存量

目前，新加坡既有居住建筑占国家总建筑面积的一半以上，如图 1.9 所示。新加坡统计局数据显示，2017 年新加坡总住宅数为 1421302 个单位，其中有地房产/别墅（Landed Properties）占 5.2%，私人公寓（Condominium and Other Apartments）占 21.3%，组屋（HDB Flats）占 72.6%[18]。有地房产/别墅一般都是拥有永久地契，不受新加坡建屋发展局（HDB，Housing & Development Board）的管辖；私人公寓由私营房地产商开发，设施完善；余下超过 80%的人居住在组屋，组屋可理解为新加坡的公共住房，由新加坡建屋发展局规划、建设并管理，包括 26 个组屋区，分别散布于全岛 16 个镇议会。

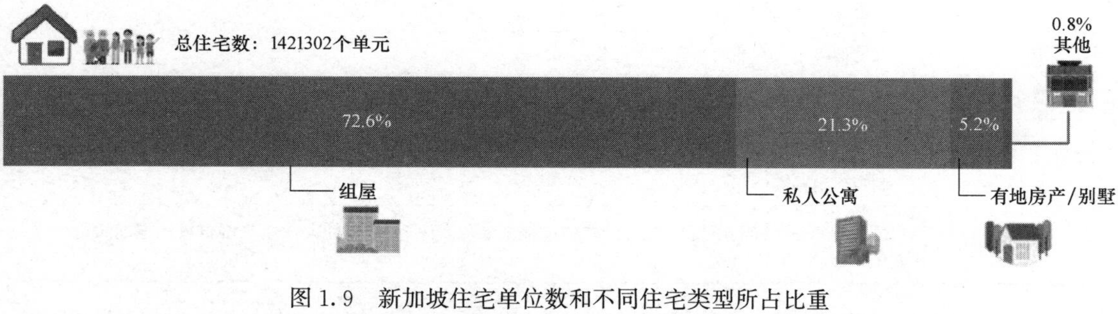

图 1.9 新加坡住宅单位数和不同住宅类型所占比重

新加坡自 1959 年取得自治权后，英国殖民统治下的新加坡改良信托局（SIT，Singapore Improvement Trust）于 1960 年 2 月变更为建屋发展局。为了解决“二战”

后人口急剧增加所造成的严重“屋荒”问题，总理李光耀提出“居者有其屋”的长期发展计划，建屋发展局开始兴建组屋，旨在解决低收入人群住房短缺问题。“居者有其屋”初期，组屋以实用为目的，不讲究外观设计。1968 年，镇议会（Town Council）概念出台，建屋发展局以“区”的形式大量兴建组屋，组屋类型和外观变得多样化，譬如宏茂桥圆形组屋、大巴窑 Y 形组屋和波东巴西斜顶组屋等（图 1.10）。2005 年至今，新加坡组屋受国际建筑设计潮流和绿色建筑运动的影响，在建筑设计和可持续性上取得巨大进步，最前沿的典型案例有获得多项建筑设计奖的达士岭组屋（Pinnacle@Duxton），同时获得绿色建筑奖和建筑设计奖的杜生庄（Skyville@Dawson）和杜生阁（SkyTerrace@Dawson）等，它们在超高层建筑和现代设计方面具有令人惊叹的因素，在建筑环境友好方面具有令人瞩目的特征（图 1.11）。

图 1.10　宏茂桥圆形组屋（左）、大巴窑 Y 形组屋（中）和波东巴西斜顶组屋（右）

图 1.11　达士岭组屋（左）、杜生庄（中）和杜生阁（右）

1.6.2　改造现状

新加坡有限的自然资源和土地面积使绿色发展成为必需而非一种选择。在 1965 年新加坡独立后的经济快速发展阶段，李光耀掌舵、引导新加坡从贫民窟发展为生态城市，他认为生态城市是城市居民福祉的先决条件。李光耀亲自发起“保持新加坡整洁”的绿色运动，譬如植树活动。干净和绿色的新加坡成了发展的目标。近二十年来，新加坡政府一直在努力将绿色可持续发展融入各个行业，建筑业是其重点之一。新加坡于 2015 年的建筑产量为 364 亿新元，约合 1674 亿人民币，占该国国内生产总值的4.7%[19]。2005年，新加坡政府通过引入绿色标志计划（Green Mark Scheme）启动了绿色建筑运动。2008年，可持续发展部际委员会（Inter-Ministerial Committee on Sustainable Development）成立并为新加坡制定了一个雄心勃勃的目标，即截至2030年，至少有80%的建筑变成绿色建筑[20]。为了实现这一目标，新加坡先后推出三轮绿色建筑总体规划（2006年、2009年和2014年总体规划）和一系列奖励计划（例如2006年新建筑绿色标志奖励计划和2009年既有建筑绿色标志奖励计划），以鼓励建筑业主、开发商和承包商开发和建设更多的绿色建筑，促进全国绿色建筑运动[21,22]。

在新加坡这一典型的人口密集型城邦国家，必须建造大量的住宅建筑以满足人们的住房需求。新加坡建设局（BCA，Building and Construction Authority）的统计数据显示，住宅建筑已成为近年来当地建筑市场最大的组成部分。为了实现"'绿化'全国80%建筑"这一雄心勃勃的目标，建设局把住宅建筑视作推动绿色建筑发展的首要目标，加强对既有居住建筑部分的"绿化"[23]。新加坡建设局还在绿色标志计划中推出住宅建筑标准来规范该国的绿色住宅建筑发展，鼓励开发商、建筑业主和建筑公司开发绿色和可持续建筑。例如，2011年新加坡建设局推出的绿色建筑标准《既有居住建筑绿色标志》（*Green Mark for Existing Residential Buildings*）旨在帮助建筑业主和设施运营商通过绿色和可持续手段改造既有建筑[24]。此外，建屋发展局于2007年开始环保型公共住房的开发，并于2012年开始既有居住建筑的绿色改造[25,26]。新加坡建屋发展局还推出绿色家园计划，对既有传统、老旧住宅建筑进行改造，实现地产转型。该计划下的相关改造策略主要包括建造自动化废物收集系统，安装屋顶光伏组件，改善步道和自行车道，以及强化临近绿化等。

随着新加坡绿色建筑总体规划重点从2005年的绿色新建筑转向2009年的绿色既有建筑，政府开始推动既有组屋的改造，但与既有公共建筑相比，其发展较晚，力度较弱。新加坡政府从2005年至今4次修改既有公共建筑的相关绿色建筑标准，并于2009年4月推出一项价值1亿新币的激励计划来支持既有公共建筑的绿色改造工作。既有住宅的相关绿色建筑标准从2011年公布和2015年小修改后一直沿用至今。2012年，绿色家园计划（Green Print scheme）的启动代表新加坡正式开始推动既有居住建筑的改造工作，组屋绿色基金（HDB Greenprint Fund）为该计划的实施提供支持。绿色家园计划是一个综合战略框架，旨在指导绿色城镇发展，创造可持续住宅，营建绿色社区。该计划的第一个试点项目为裕华（Yuhua）38栋组屋，涵盖3200户居民，项目已于2015年11月28日完工（图1.12）。紧随其后的是2015年7月4日年开始的德义（Teck Ghee）40栋组屋试点项目，将为5800户居民提供可持续生活，改造工程从2015年至今分阶段进行（图1.13）。这些试点项目的调查结果将用于改进组屋绿色改造模型，然后再推广到其他组屋。

图 1.12　裕华组屋

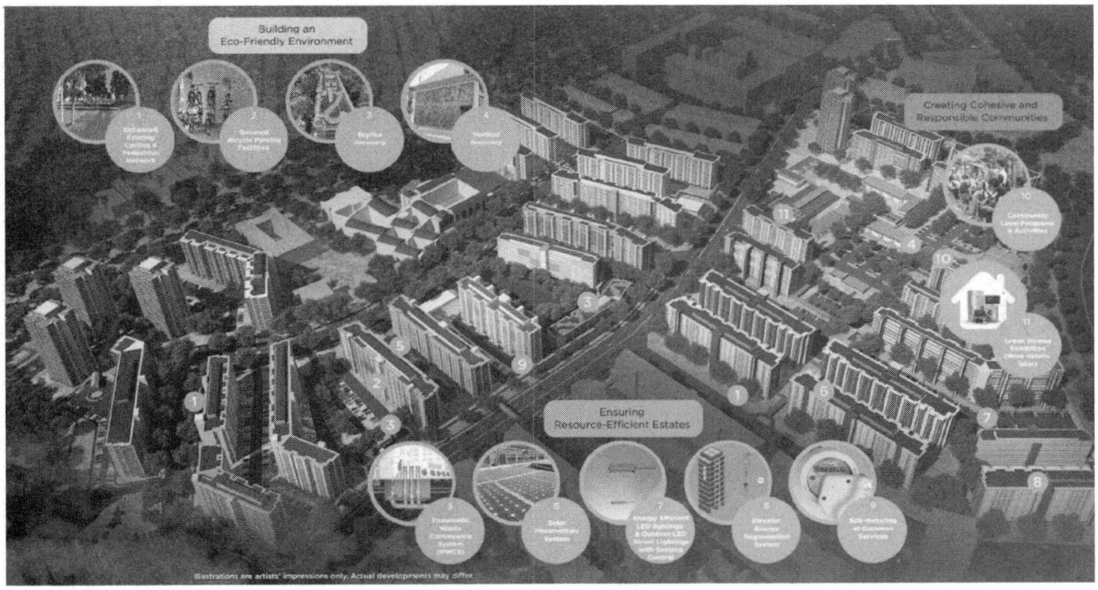

图 1.13　德义组屋改造概念示意图

这两个试点项目是新加坡组屋的缩影，代表 20 世纪 70 年代建成的组屋，这些老旧组屋建筑功能简单，基础设施老化，环境质量较差，公共配套设施不完善。建筑功能简单主要体现在裸露屋顶和东西立面，没有善加利用的地面层（Void deck）公共空间等。基础设施、环境质量和公共配套设施主要指废物运输、景观设计、交通流线和游憩空间等。最新数据统计显示，新加坡 2016 年住宅总能耗为 739.2ktoe，能耗形式主要为电（652.6ktoe），其次是天然气（60.9ktoe）[27]。2017 年住宅用电总量为 7295.8GWh，组屋消费量占 58.8%（4287.2GWh），有地房产和私人公寓占其余 41.1%（2999.3GWh）（表 1.11）。2018 年太阳能光伏系统 95.1%安装在公共建筑上，住宅建筑只有 4.9%（表 1.12）。由此看来，住宅的用电能耗大，并且缺乏太阳能等可再生资源利用手段，其中公共建筑组屋所占能耗比例远超其余两种私人公寓，是绿色改造的主要对象。另外，新加坡目前的每日用水量约为 4.3 亿加仑，足以填满 782

个奥运会规模的游泳池，其中住宅建筑消耗 45%，公共建筑占用其余部分[28]。新加坡政府预计 2060 年的总需水量将多一倍。目前许多城市的人均每日用水量逐渐减少到 100L 以下，但新加坡家庭用水量却比其他许多城市高出 50%以上，人均每日用水量高达 150L[29]。鉴于淡水在新加坡的战略重要性，当地政府力图制定有效的决策来降低用水量，确保未来几十年的水安全。

2013～2017 年间各住宅类型家庭用电量（单位：GWh） **表 1.11**

年份	2013 年	2014 年	2015 年	2016 年	2017 年
总计	6754.9	6924.4	7220.9	7589.4	7295.8
公共住宅	4038.8	4125.7	4284.2	4480.2	4287.2
一室/二室	97.9	108.3	120.7	131.1	132.6
三室	734.1	748.2	770.1	801.8	761.9
四室	1633.0	1675.8	1748.8	1839.4	1772.5
五室及以上	1573.9	1593.3	1644.6	1708.0	1620.3
私人住宅	2703.8	2787.1	2925.8	3098.7	2999.3
私人公寓	1676.1	1742.6	1859.9	2000.7	1959.1
有地房产/别墅	1027.8	1044.5	1065.8	1098.0	1040.2
其他	12.3	11.6	11.0	10.5	9.3

2018 年新加坡非住宅与住宅建筑的太阳能光伏装置容量 **表 1.12**

年份	2018 年		
建筑类型	太阳能光伏装置数量	装置容量/(kWac)	装置容量/%
非住宅	1421	109186	95.1
住宅	734	5631	4.9
总计	2155	114817	100.0

1.7 德国

1.7.1 存量

德国位于欧洲中部，“二战”结束后，德国被分裂为德意志联邦共和国（简称西德）和德意志民主共和国（简称东德）。1990 年 10 月 3 日，东德与西德重新统一，原东德的 14 个专区改为 5 个州并入了联邦德国。在德国，居民个人购买和拥有住房的情况比较少，住宅个人私有率很低，在前东德，私有化率仅仅只有 3.5%。德国绝大多数既有居住建筑属于住房合作社（具有法人地位）和政府所属的房产公司住宅，居民通过租房来解决居住问题，住房合作社和房产公司负责住宅的管理和经营（表 1.13）。这与我国目前城镇住宅私有率超过 80%的现状大为不同。

德国既有居住建筑的产权类型及改造决策　　　　**表 1.13**

所有权类型	自由住宅	住房合作社住宅	政府所属房产公司的住宅
数量	很少	多	很多
用途	自住	出租	出租
改造决策	自 2007 年 7 月 1 日起生效的德国新房产法将改造需由业主 100%同意降低到 75%同意	原则上不需要征求居民意见，住房合作社董事会自主决定	由房产公司决定

截至 2018 年底，德国共有既有居住建筑 4220 万套。据联邦统计局报告，住房存量与 2010 年相比增加了 180 万套，增幅为 4.3%。截至 2018 年底，每千户居民拥有住房 509 套，比 8 年前增加了 14 套。德国联邦统计局 2019 年 9 月 19 日数据显示，该年 1～7 月住宅批准开工新建和改造的住宅数量为 196400 套，比上年同期下降 3.4%。独栋别墅批准量小幅下降 0.3%（－0.1%），双户住宅和多层居住建筑批准量分别下降 4.1%[30]。

据德国能源署数据，德国共有 2100 万幢建筑，建筑物能耗占德国总能耗的 35%。住宅建筑是能源消耗的主要来源：在德国，建筑能耗中独立式和半独立式住宅占 38%，多层住宅占 39%[31]。德国所有建筑的供暖、热水、照明和空调的总花费约为 730 亿欧元。在德国，存在大量既有非节能住宅建筑。东西德合并前，原东德地区由于受苏联的影响，建造了大量的多层和高层板式建筑。据统计，原东德地区 2/3 的住宅为板式建筑，共有 217.2 万套。而原西德地区的板式居住建筑则少得多，只有近 50 万套，占该地区住宅的 3.3%。板式居住建筑在建造时由于受到诸多因素的制约，其风格大同小异，普遍存在着室内布局不合理、面积小、舒适度差等缺陷，而且经过多年的使用后，有些老的建筑已经破烂不堪，甚至出现了墙体开裂、结露、渗水等问题，严重影响居民的生活质量。

1.7.2　改造现状

1）改造缘起

原西德地区早在 20 世纪 70 年代就大规模开始了既有建筑的节能改造和综合维护，在东西德合并之时，就把原东德地区既有建筑的节能改造和综合维护作为国家的重大工程。由于板式结构住宅的缺陷，德国政府非常重视对板式居住建筑的改造并给予资助，但政府关注的重点随着时间的推移而有所变化，资助的重点也随之发生变化：在 20 世纪 90 年代初刚实施改造时，政府关注的是建筑物的使用功能、住宅的面积及周边环境与配套设施等；后来政府关注得更多的是老城区改造和技术创新，包括太阳能的利用、节能、节水和 CO_2 减排等环境因素。到 20 世纪 90 年代中期，前东德地区的居住建筑综合节能改造达到了高峰，随后改造量开始逐年减少，现已基本完成改造任务。仅柏林地区在 1993 年到 2005 年间就投入了近 55 亿欧元，改造了近 30 万套住宅。

在德国，对既有居住建筑进行改造，不是仅进行节能方面的改造，还对建筑物的室内外及周边环境甚至道路、绿化等基础设施进行全方位的改造，具体如下：

➢ 住宅的室内环境和室内管网改造，包括增大面积，改造厨房和卫生间，更换水、电、燃气和供热系统的管网等；

➢ 节能与节水改造，包括屋顶、外墙、地下室顶板、窗户的节能改造，分户采暖改为集中供热，采用节水器具等；

➢ 建筑物（小区）周边环境的改造，包括道路、绿化和居民儿童公共活动场所等配套设施的改造。

为了推动建筑节能，从 1976～2007 年，德国连续 7 次修订建筑节能法规。除出台相应的法规标准，德国政府同时给予信贷支持，鼓励业主采取节能措施。政府通过信息咨询，政策法规和资金扶持等多种手段调动个人和企业节能的积极性。

2）国家政策及法规

①《德国居住建筑节能技术法规》（即节能标准）。该法规由联邦政府制定，适用于新建住宅和既有住宅改造。即既有住宅只要进行改造，就必须达到该法规规定的节能性能指标要求。

② 州政府根据当地的具体情况，出台既有住宅改造管理办法。如勃兰登堡州 1991 年就出台了《既有住宅改造管理办法》，规定了哪些地区、哪些类型的住宅可以申请改造。该办法历经修改，成为指导当地住宅改造的一项重要政策。

③ 关于改造后租金方面，政府也有法律规定，即住宅公司或产权单位，可以通过提高租金来逐步收回改造投资，但是不能将改造成本全部转嫁给租户。

④ 得益于《能源节约法》，在德国，消费者在购买或租赁房屋时，建筑开发商必须出示一份“能耗证明”，告诉消费者住宅供暖、通风和热水供应等的能耗。

⑤ 在德国，设计人员需严格按法规进行设计，施工人员严格按设计图施工，如果不这样做，在以后的检验中出现了问题，则所有有关人员的执照将会被吊销。

⑥ 德国还有大批老建筑没有采用新型保温技术措施。新法规鼓励企业和个人对老建筑进行节能改造，并实行强制报废措施。

3）优惠政策及措施

① 对于符合政府规定的改造项目，政府将给予一定程度的贷款优惠，当然额度、利率和年限各有不同。有的银行贷款利息可低至 1％，如果改造后的建筑经检验后效果比国家标准还好，则还可以免去 15％的贷款偿还额，另外还给予每个项目 10％的补贴。一般情况下，优惠贷款额度不超过改造总投资的 75％，利率在 1％～3％，10～15 年内利率保持不变。其余部分由产权单位或个人承担 10％～15％。再由州政府担保，申请一部分商业贷款。

② 如果项目除了基本改造外，还采取其他一些节能措施，如太阳能和热回收装置，

那还可以额外申请节能专项优惠贷款。勃兰登堡州住宅改造优惠贷款基本遵守下面的规定：6 层及以下的住宅 160 欧元/m^2（套内面积）；6 层以上的住宅 490 欧元/m^2（套内面积）；采取太阳能和热回收装置等节能措施的，追加 70 欧元/m^2（套内面积）。

③ 新能源法给予的优惠政策：鼓励太阳能等清洁可再生能源的利用，对建筑物利用太阳能发电实施并网的优惠政策，太阳能发电上网电价 0.65 欧元/kWh，而当地居民生活用电 0.08～0.10 欧元/kWh。如巴登-符腾堡州规定从 2008 年起，住宅 20%热电供应必须由可再生能源提供。对于小型的太阳能设备，政府给予一定数量的财政补贴，对于大的可再生能源项目，政府提供优惠贷款，甚至将贷款额的 30%作为补贴，不用返还。对于家用太阳能利用系统一次性补贴 400 欧元。由于德国是一个木材丰富的国家，因此鼓励远离城市的家庭用木材作为取暖能源，并每年给 150 欧元的补贴。

同时，为建筑节能改造项目提供低息贷款，而且能耗降得越低，贷款利息也越低，德国政府还拿出 30 亿欧元，用于补贴老式建筑节能改造。

4）建筑节能技术

德国采用多层保温、利用太阳能、热交换器等，有时甚至采取极为简易的方法，如在地底下埋水管，使水温冬暖夏凉，以达到节能目的。此外，德国的建筑一方面在技术上不断改进太阳能集热板的吸收和转化效率，另一方面设计者们也认识到建立融合新能源方式的社会经济系统的重要性。于是他们设法将每家每户的太阳能收集装置整合进入社区电网，并建立一种经营模式，概括地说就是：各户采集的能量超过自家用电量的部分转化为收益，如不足则向社区电网购买。这样既从社区整体上提高了能源的利用效率，又可通过商业运作进行良性循环。

5）建筑节能改造组织

在德国，特别是前东德的既有居住建筑节能改造由住房合作社和房产公司组织实施，具体涉及政府、投资银行、住房合作社或房产公司或住宅业主、咨询公司等。为确保既有居住建筑节能改造的顺利实施，德国建立了一套较为严密的组织机构，具体关系见图 1.14。

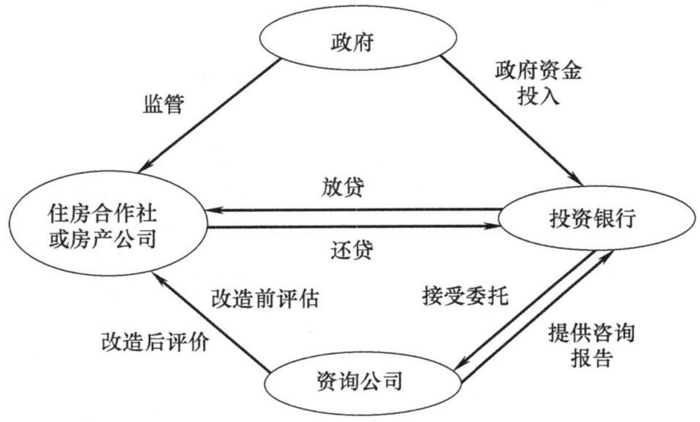

图 1.14　德国既有居住建筑节能改造各方主体及相互关系

从图 1.14 中可以看出，政府、投资银行、产权单位/个人（主要是住宅公司）和咨询公司是既有居住建筑改造过程中最主要的四方主体，各自的责任和相互关系也很明确。且由于很多住宅公司和投资银行均由政府控股或参与，因此在整个运行体系中政府有很大的主导权。

既有居住建筑节能改造的各方主体及责任如下：①政府，包括德国联邦政府、州政府甚至欧盟等，是整个节能改造活动的主管部门，其职责包括制定政策法规和标准以及为改造项目提供资金支持。②投资银行主要职责是代表政府为改造项目提供优惠贷款，投资银行都是由政府控股的。德国复兴银行是既有居住建筑节能改造的最主要投资银行。投资银行的融资渠道是政府资金和资本市场运作。③咨询公司职责是受投资银行的委托，对申请优惠贷款的改造项目进行改造前评估，提出具体的改造方案和建议，并对节能改造项目进行后评价。④住房合作社或房产公司是节能改造活动的最终实施主体，负责既有居住建筑节能改造的具体实施工作和经营管理工作。

6）建筑节能改造实施程序

既有居住建筑节能改造的实施程序如下：①住房合作社或房产公司就既有居住建筑节能改造项目向投资银行提出优惠贷款申请；②投资银行委托独立的专业咨询公司对节能改造项目进行综合评估，并提出具体的改造方案和措施建议；③优惠贷款得到批准后，住房合作社或房产公司开始实施具体的改造计划；④改造完成后，咨询公司进行后评价。

7）既有居住建筑改造成效

德国对原东德地区既有居住建筑的改造从 1990 年开始起步，到 20 世纪 90 年代中期达到了高峰期，随后改造量开始逐年减少。原东德地区绝大多数的既有居住建筑特别是板式建筑改造完毕。其变化主要体现在三个方面：

① 住宅公司在住宅改造方面投资额的变化。例如 Kowoge 公司是 Degewo 住宅集团的子公司，管理了 14859 套住宅。1990 年开始实施改造时改造量还很少，仅有 1000 万欧元的投资。从 1991 年开始，改造量迅速增加，1996 年和 1997 年达到了高峰期，投资额分别达到了 1.46 亿欧元和 1.42 亿欧元。但从 1998 年开始，改造量开始逐年减少，2002 年和 2003 年的投资额只有两三千万欧元。目前，该公司管理的住宅中 90%已经改造完毕。

② 政府优惠贷款的变化。从 1998 年开始，住宅公司改造量减少的同时，政府提供的优惠贷款资助也大幅度减少。1998 年企业总投资 6500 万欧元，政府优惠贷款 3900 万欧元；2000 年企业总投资 5500 万欧元，政府优惠贷款 1100 万欧元；2002 年企业总投资 2500 万欧元，政府优惠贷款 100 万欧元。

③ 投资银行投资额的变化。从 1991 年至 2003 年，勃兰登堡州投资银行总的投资额达到 220 亿欧元，其中 76.77 亿欧元用于住宅改造，31 万套住宅得到改造。但是从

2004 年开始，其投资额明显减少，只有 12 亿欧元，而用于住宅改造方面的优惠贷款更是大幅度减少。

既有居住建筑经过现代化改造后，能耗指标降低明显，建筑物外观和室外环境都得到明显改善，减排 CO_2 方面也成效显著：采暖能耗由 119kWh/m^2 • a 最多减少到 43kWh/m^2 • a；CO_2 排放由 46kg/m^2 • a 最多减少到 21kg/m^2 • a。另外，对于住宅公司来说，尽管改造需要投资，但改造后租金每月可以增加 1.0～1.5 欧元/m^2，而且出租率提高，因此一般情况下，改造投资可以在 10～15 年回收。如果还采用了太阳能光伏电池发电，由于上网电价较高，那么大约 8 年就可以收回投资。对于住户来说，尽管改造后租金提高了，但是运行费用（水、电、气、采暖等）可以节约 20%～30%，总体上住户的使用成本（房租和运行费用）仅增加 15%左右，但是居住质量显著提高。

1.8　法国

1.8.1　存量

截至 2018 年，法国居住建筑拥有 3340 万套住房，包括 2780 万套主要住宅、320 万套第二住宅（度假屋）、240 万套空置房屋，1880 万套个人住房、1460 万套集体住房，1850 万套 1975 年以前建造的房屋、1490 万套 1975 年后建成的房屋。

最常用的供热能源是燃气（44%）、电能（33.5%）和石油（14%）。对于生活热水，则是电能（46.5%）、天然气（38.4%）和石油（9%）。天然气在用于住宅供热能源类型中占据主导地位（44%），特别是在集体住房中，天然气供应 54.5%的锅炉，而分散住宅则为 36.6%。电力占所有住宅供热能耗的 33.5%，集体建筑和分散建筑没有区别。燃油是所有住宅中使用的第三能源，设备率为 14%。为 21%的个人住宅和 5.6%的集体住宅使用。市政供暖占 4.2%，主要集中在集体建筑中。木材的使用不可忽视，3.8%的家庭使用木材，主要用于单独的独立式住宅。最后，煤炭的使用不断减少，仅有 0.3%的住宅使用，主要是单独的独立式住宅。

1.8.2　改造现状

法国计划在 2050 年将温室气体排放量减小 25%。2007 年到 2010 年，法国已经实行了一项积极的节能新政策，以减少所有经济部门的能源消耗和相关气体排放，尤其是在建筑部分的人居环境能源改造计划上。建筑能耗占法国总能耗的 42%。法国每年平均建造 30 万套新住房，在某些年份会稍有减少。实际上，建筑能耗是所有能源消耗中占比最大的部分，占总温室气体排放的 23%，因此具有节约能源和减少温室气体排放的巨大潜力。

作为欧盟主要成员国之一，法国的既有居住建筑改造主要根据欧盟的路线图在推进。欧盟法规要求其成员国制定全面的政策来防止全球变暖，成员国必须把这项法规写进国家法规。欧盟的政策和战略提高了建筑节能改造的重要性，这是实现节能和防止气候变暖以及提高经济增长的关键。因此，到 2050 年，建筑行业将被考虑在所有的与能源、气候以及资源的有效利用相关的欧盟战略中，包括：

1）为实现长期减少碳排放目标，欧盟战略图已规定到 2050 年住宅和服务业的碳排放量将减少到 1990 年碳排放水平的 88％～91％。

2）2050 能源战略图规定："提高新建筑和现有建筑的能源效率将是实现欧盟可持续能源未来的关键。"这项决策将大幅减少能源需求，提高能源供应安全和竞争力。

3）欧洲有效利用资源的战略图确定了建筑业在三个主要行业中占环境总影响的 70％～80％。因此，欧盟建筑物更合理的建设和使用将减少 42％的最终能源消耗，约占碳排放量的 35％，占总原料消耗的 50％以上，并将减少 30％用水量。

"能源效率指令"（2012 年）要求成员国从 2014 年 4 月起制定一项关于国家房地产节能改造投资动员的长期战略。该项节能改造长远战略将为业主和投资者提供所需的投资，将增加宏观经济效益，并使建筑业更具可持续性。

欧盟 2018 年 6 月 19 日的新指令要求其成员国在 2050 年之前制定住宅和非住宅建筑能源改造的长期国家战略图。到 2050 年，建筑物的排放必须减少到 1990 年的 80％～95％。这些战略将包括一个路线图，标示出 2030 年、2040 年和 2050 年的里程碑，还包括衡量进展的指标。该战略将包括针对建筑类型和气候区量身定制的"具有经济效益"的改造方案、"考虑建筑物生命周期中可能相关的触发阈值（如果有的话）"，还会邀请会员国查询资金状况以"确保平等"，查询国家房地产业绩较差部门和能耗超标的消费者。该战略还将包括"基于有形资产"的预测节能量和预期的健康、安全和空气质量方面的效益。每个成员国将在向欧盟委员会提交之前，就其长期改造战略予以公示。

自 2015 年能源转型和绿色增长法（LTECV）实施以来，法国为自己设定了新的目标。

主要目标：

• 1990 年至 2030 年期间温室气体减排量为 40％，1990 年至 2050 年期间温室气体排放减少四分之一；

• 与 2012 年相比，2030 年国家能源消耗减少 20％，2050 年减少 50％；

• 与 2012 年相比，2030 年化石燃料的一次能源消耗减少 30％；

• 2030 年能源消耗中可再生能源占 32％，电力生产占 40％，热耗占 38％，燃料消耗占 15％，天然气消耗占 10％；

• 2030 年期间可再生和通过系统回收的冷源和热源增加五倍；

• 在 2025 年减少电力生产中 50％的核电。

1.9　中国

1.9.1　存量

中国既有居住建筑存量巨大，据初步测算，总量超过 600 亿 m^2，其中，城镇既有居住建筑超过 300 亿 m^2，2000 年以前建成的居住小区总面积约为 40 亿 m^2。从建成年代看，据全国第六次人口普查的 10％抽样调查数据，2000 年以前建成的城镇住房中，1949 年以前建成的占 1.1％，1949～1979 年建成的占 9.2％，1980～1989 年建成的占 28.0％，1990～1999 年建成的占 61.7％。从地域分布看，严寒和寒冷地区（东北、华北、西北和部分华东地区）占 43.3％，夏热冬冷地区（长江流域为主）占 46.3％，其他地区（华南地区等）占 10.4％。

1978～1999 年，在改革开放的契机下建成了大量多层居住建筑（多为砖混结构）并出现了一些高层居住建筑（多为钢筋混凝土剪力墙结构），这也是中国城市居住建筑长期保持较快增长的时期。1980～2015 年，全国住宅建筑建成量为 2639205.3 万 m^2，其中 2000 年前全国住宅建筑的竣工量为 273834.9 万 m^2，占既有居住建筑总量的 10.38％。

2017 年 3 月，住房和城乡建设部印发的《建筑节能与绿色建筑发展“十三五”规划》指出我国节能建筑占城镇民用建筑面积比重超过 40％，即尚有不足 60％的建筑为非节能建筑，需要进一步加大节能改造的力度。为此，该规划提出：到 2020 年完成既有居住建筑节能改造面积 5 亿 m^2 以上，基本完成北方采暖地区有改造价值城镇居住建筑的节能改造。

1.9.2　改造现状

1）居住建筑改造的三个阶段

我国既有居住建筑改造过去一直在进行，大体上可分为抗震鉴定及加固、节能改造以及性能综合提升三个阶段。同时，因为国内各地发展水平不一、居住建筑改造的实际需求不同，这三个阶段在时间上又存在交叉。

① 抗震鉴定及加固

我国是一个地震多发的国家，地震给我国造成了巨大的人员伤亡和经济损失。1966 年邢台地震中，一些民用房屋用简单的办法将前后檐拉结起来，明显减轻了震害。此后，建筑结构的抗震鉴定及加固，经历了试点起步、蓬勃开展、综合发展和提高四个阶段，结构抗震加固的每次发展都与地震相关。起步阶段，1966 年邢台地震—1976 年唐山大地震前，证明了抗震鉴定和加固的必要性和有效性。蓬勃发展阶段，1976 年唐山大地震—1989 年“89 抗规”正式实施，主要形成了以圈梁、外加构造柱、夹板墙和钢构套等四大法宝为主的基本加固手段，形成了增强自身法、外包加固法、外加构件法和替换法等基本加固方法。综合发展阶段，1989 年“89 抗规”实施—2008 年制定了与“89 抗规”配套的“95 建筑抗震鉴定标准”及“98 建筑抗震加固技术规程”，进一步强调了建筑结构的综合抗震能力分析，抗震鉴定、加固与建筑功能改造日益密切地结合在一起，植筋锚固、粘钢、灌钢、粘贴碳纤维、钢绞线—渗透性聚合物砂浆面层加固等加固技术手段以及相应的加固材料得到了长足的发展，在此期间还发展出了消能减震、隔震等先进的加固技术。提高阶段，2008 年至今，2008 年后实施了新编的《建筑抗震鉴定标准》《建筑抗震加固技术规程》，在技术上较以前有了较大提高，提出了现有建筑抗震鉴定与加固的后续使用年限，明确了现有建筑抗震鉴定与加固的设防标准，提高了重点设防类建筑的鉴定与加固要求等。

② 节能改造

随着我国经济的快速发展以及人口的增长，我国也成了一个能源消耗大国，并且随着社会的发展和经济水平的提高，人民对居住品质以及舒适度的要求也逐步提高，能源消耗的需求迅速提高，节能减排及降低建筑能耗成为发展的必然要求。

2004 年 3 月 29 日，《人民日报》发表题为“专家建议加快推进建筑节能工作”的内参，紧接着第二天，时任国务院副总理曾培炎在该内参文件上批示“建筑节能问题应予高度重视，请建设部研究提出意见”，然后在 2004 年 4 月 6 日，《人民日报》又发表题为“建筑节能，势在必行”的文章，此后，学术界逐步扭转了节能的重点就是工业节能的观念，形成了工业、建筑、交通三大节能重点领域的共识。截止到 2006 年底，据不完全统计，北京对 14 栋共计约 110000m^2 的住宅楼进行了非节能住宅的保温改造，同时建筑节能在 2006 年列入了国家“十一五”规划，并随着建筑节能的政策、国家标准等陆续出台，建筑节能在其后的“十二五”“十三五”国家规划中得到越来越多的重视。但到 2015 年，我国既有建筑面积超过 500 亿 m^2，90％以上是高能耗建筑，差不多是发达国家同等条件下的三倍能耗，既有建筑的绿色节能改造已刻不容缓。也因此，建筑节能改造在既有居住建筑改造中所占的比重也一直在提升，但既有居住建筑节能改造在我国总体上仍处于初期阶段。

③ 性能综合提升

随着建筑抗震加固及节能改造的发展，现阶段，我国的既有居住建筑改造已经发展到城市生态修复与城市修补的阶段。既有居住建筑改造内容也发展到包罗万象的地步，其改造内容主要包含以下两大方面：

楼体改造内容涉及：抗震加固与节能改造；楼体节能计量温控改造；空调规整、楼体外立面线缆规整，楼体清洗粉刷；楼内水电气、热（计量）、通信、防水等老化设施设备改造，光纤入户改造；供暖改造；上下水更新尤其是一层排水防堵改造；地下室治理；太阳能应用；屋面防水大修；整治沿街住宅的开墙打洞；增设电梯、增加阳台等。

居住小区公共部分整治改造可能涉及：进行绿化补建、修补破损道路、完善公共照明，更新补建信报箱，维修完善垃圾分类投放收集站，进行无障碍设施改造、架空线入地，补建停车位、增加便民服务和文化体育设施，小区外涉及水、电、气、热、通信、光纤入户等线路管网和设备改造；居住小区按照规划指标配建公厕，以及现有公厕改造（公厕革命），增设再生资源收集站点；推广海绵城市建设；完善安防消防系统等。

2）政策法规

① 国家层面

在我国并没有针对既有居住建筑改造方面出台专门的法律法规，《物权法》《城乡规划法》《建筑法》《节约能源法》《消防法》《防震减灾法》《老年人权益保障法》《无障碍环境建设条例》和《物业管理条例》等 9 部法律法规的相关内容涵盖了对既有居住建筑的内容。截至目前，已经出台了一些国家层面的技术标准及部门规章，具体如下：

➢ 2000 年以前

为了加强城市房屋修缮的管理，保障房屋住用安全，保持和提高房屋的完好程度与使用功能，建设部在 1991 年发布实施了《城市房屋修缮管理规定》（建设部令〔1991〕11 号），但该规定已于 2004 年 7 月 2 日废止。

为了规范住房制度改革中向个人出售的公有住宅的售后维修和养护管理问题，建设部于 1992 年发布实施了《公有住宅售后维修养护管理暂行办法》（建设部令〔1992〕19 号），该办法也于 2007 年 9 月 21 日废止。

为了建立公房售后住宅共用部位和共用设施设备的维修养护专项基金，建设部 1997 年颁发了《关于加强公有住房售后维修养护管理工作的通知》（建房字〔1997〕65 号）。该项基金的来源：一是由售房单位按照一定比例从售房款中提取，原则上，多层住宅不低于售房款 20%，高层住宅不低于售房款的 30%；二是由业主一次性或分次筹集。维修养护基金应当专户存入银行，专项用于住宅共用部位和共用设施设备的维修养护，不得挪作他用。维修养护专项基金不敷使用时，经业主委员会研究决定，向业主筹集。

➢ 2000～2010 年

2008 年 2 月，建设部和财政部联合发布了《住宅专项维修资金管理办法》，对住宅专项维修资金的交存、使用、监督管理进行了规定。办法所称住宅专项维修资金，是指专项用于住宅共用部位、共用设施设备保修期满后的维修和更新、改造的资金。

2007 年 5 月，建设部出台了《关于开展旧住宅区整治改造的指导意见》（建住房〔2007〕109 号），将旧住宅区整治改造纳入政府公共服务的范畴，指出改造属于为民服务实事工程，具有明显的社会效益，是政府履行公共服务职能的重要内容。该文件是我国首个针对老旧小区改造的专项规定。该文件中，旧住宅区整治改造的内容包括环境综合整治、房屋维修养护、配套设施完善、建筑节能及供热采暖设施改造 4 部分；并提出建立统筹协调与分工负责的工作机制、建立规划先行的保障机制、建立多元的资金筹措机制、建立规范的市场运作机制、建立长效的后续管理机制等五项探索创新旧住宅区整治改造机制的要求。

在 2005～2007 年，针对既有居住建筑和老旧小区环境治理，建设部分别发布实施了《城市地下管线工程档案管理办法》（建设部第 136 号令，2005 年 5 月 1 日）、《民用建筑节能管理规定》（建设部第 143 号令，2006 年 1 月 1 日）、《房屋建筑工程抗震设防管理规定》（建设部第 148 号令，2006 年 4 月 1 日）、《关于开展旧住宅区整治改造的指导意见》（建住房〔2007〕109 号，2007 年 5 月 16 日）、《城市生活垃圾管理办法》（建设部第 157 号令，2007 年 7 月 1 日），这些规定、办法、意见的出台有效指导了当时既有居住建筑和小区的抗震、节能以及环境治理等改造。

➢ 2010 年至今

为了加强老旧小区改造工作，国家主管部门出台了更为密集的政策，部分列举如下：

2012 年 4 月，住房和城乡建设部、财政部联合发布了《关于推进夏热冬冷地区既有居住建筑节能改造的实施意见》。

2012 年 9 月，住房和城乡建设部、财政部联合发布了《关于加强城市步行和自行车交通系统建设的指导意见》。

2015 年 10 月住房和城乡建设部出台新政策鼓励更新改造老旧小区和电梯。10 月 23 日，住房和城乡建设部和财政部联合发布《关于进一步发挥住宅专项维修资金在老旧小区和电梯更新改造中支持作用的通知》，明确了维修资金的使用范围和目标重点，细化了应急使用制度，创新了业主表决规则等，旨在探索建立老旧小区和电梯更新改造多方资金筹措机制。鼓励业主使用维修资金对老旧小区和电梯进行更新改造，破解维修资金使用中的诸多难题。针对老旧小区和电梯亟待更新改造但资金不足的问题，鼓励业主使用维修资金对长期失修失养、配套设施不全、保温节能缺失、环境脏乱差的老旧小区进行更新改造，主要包括房屋本体和配套设施两大方面。业主也可以将维修资金用于维修、更换运行时间超过 15 年的老旧电梯，在未配备电梯的老旧住宅加装电梯以及助老设施等。12 月，中央城市工作会议顺利召开，会上明确提出“有序推进老旧住宅小区综合整治”。

2016 年 2 月，《中共中央　国务院关于进一步加强城市规划建设管理工作的若干意见》进一步细化要求“大力推进城镇棚户区改造，稳步实施城中村改造，有序推进老旧住宅小区综合整治、危房和非成套住房改造”。

2017 年，住房和城乡建设部印发《建筑节能与绿色建筑发展“十三五”规划》，要求持续推进老旧小区节能宜居综合改造。12 月，住房和城乡建设部在厦门召开老旧小区改造试点工作座谈会，确立了全国 15 个老旧小区改造试点城市，分别为宁波、广州、韶关、柳州、秦皇岛、张家口、许昌、厦门、宜昌、长沙、淄博、呼和浩特、沈阳、鞍山和攀枝花。12 月召开的中央城市工作会议强调加快城镇棚户区和危房改造，加快老旧小区改造。会议指出，要提升建设水平，加强城市地下和地上基础设施建设，建设海绵城市，加快棚户区和危房改造，有序推进老旧住宅小区综合整治，力争到 2020 年基本完成现有城镇棚户区、城中村和危房改造。

2018 年 3 月，李克强总理在政府工作报告中明确提出，提高新型城镇化质量，优先发展公共交通，健全菜市场、停车场等便民服务设施。有序推进“城中村”、老旧小区改造，完善配套设施，鼓励有条件的加装电梯。加强排涝管网、地下综合管廊等建设。

② 地方层面

我国幅员辽阔、横跨五个气候区，既有居住建筑量大面广，各地城市规划、历史沿革、社会经济发展水平、建筑特征等参差不齐。因此，除了国家层面的政策外，各省市结合当地的发展需求，出台了关于既有居住建筑改造的规章制度、政策及实施路线等。这里列举具有典型性和代表性的几个省市近十年来的主要政策：

北京市：先后围绕老旧小区改造内容出台规范文件 40 多个。为完善既有多层住宅的使用功能，提高既有多层住宅居民的居住水平，出台了《关于北京市既有多层住宅增设电梯的若干指导意见》(京建发〔2010〕590 号)。2012 年 1 月，出台了《北京市老旧小区综合整治实施意见》(京政发〔2012〕3 号)，指导全市开展老旧小区综合整治工作，对改造目标、各部门职责分工、工作机制、规范程序、保障措施、工作要求等进行了明确规定。“十二五”期间，北京全市共完成 6562 万 m^2 市属老旧小区综合整治（其中完成楼栋抗震节能改造共 5529 万 m^2），共涉及小区 1678 个，楼栋 1.37 万栋，惠及 81.9 万户，七分之一的城镇居民受益。在试点小区项目实施经验基础上，北京市研究制定了《老旧小区综合整治工作方案（2017～2020)》。

上海市：自 2012 年起共出台住宅修缮管理规范、住宅修缮安全质量管理规范、住宅修缮工程招投标管理规范、住宅修缮技术管理规范四个方面共计近 60 个规范性文件，初步形成了住宅修缮法规体系。2014 年，上海在国内首次推出城市旧楼改造加层、加梯“6＋1”运作模式。2015 年 3 月，颁布实施了《上海市旧住房综合改造管理办法》，针对城市规划予以保留、建筑结构较好但建筑标准较低的住房进行全面综合改造并完善配套设施。2015 年 4 月发布的《上海市电梯安全管理办法》明确了对两类老旧电梯加强管理，即使用超过 15 年的电梯、超过设计使用年限或者次数的电梯。2015 年 6 月，施行《上海市城市更新实施办法》，规定了自实施日期至 2020 年 5 月 31 日这一阶段上海市城市更新的实施路线。

广东省：2009年12月，深圳市施行《深圳市城市更新办法》，指出城市更新是对特定城市建成区（包括旧工业区、旧商业区、旧住宅区、城中村及旧屋村等）根据城市规划和办法规定程序进行综合整治、功能改变或者拆除重建的活动。2010年3月实施的《深圳市无障碍环境建设条例》第十四条明确规定：新建、改建和扩建的建设项目应当按照国家无障碍设施工程建设标准建设无障碍设施，与建设项目同时设计、同时施工、同时交付使用，并与建设项目周边已有的无障碍设施相衔接。2012年1月，发布实施《深圳市城市更新办法实施细则》（共计77条细则），该细则进一步增强了城市更新项目的可操作性。2013年6月，深圳市政府印发了《深圳市优质饮用水入户工程实施方案》，正式启动了市民期待已久的优质饮用水入户工程。2018年年底，全市完成28万户改造任务。深圳市政府还积极开展新一轮原特区外社区供水管网改造工程，包括项目447个，涉及用水人口400多万。工程分4年实施（2016～2019年），每年投资6.25亿元，“十三五”期间全面完成改造。

2016年8月，广州市印发《广州市既有住宅增设电梯办法》（穗府办规〔2016〕11号），在两年内完成旧楼加梯约3000台。2018年5月，发布《广州市老旧小区改造三年（2018～2020）行动计划》，提出2020年前完成779个老旧小区改造并探索“建管共治”长效机制。2018年8月，印发了广州市城市更新局牵头编制的《广州市老旧小区微改造设计导则》，提出了3个改造设计愿景：品质小区、文化小区、智慧小区。该导则统筹既有居住建筑“水、路、电、气、消、垃、车、站”等改造内容及标准，与《广州市老旧小区微改造三年（2018～2020）行动计划》充分衔接。

浙江省：2006年7月，杭州市发布了《杭州市区危旧房改造规划编制和管理暂行办法》（杭政办函〔2006〕186号），给出具体的危旧房改善中的规划技术指标，明确了搬迁原则，简化了行政审批手续，同时配套制定了《关于加强杭州市历史文化街区、历史建筑保护和危旧房改善工作的若干实施意见》《关于历史文化街区和历史建筑保护工作若干意见的通知》《关于危旧房改善项目相关事项审批的意见》。2006年9月，杭州市实施了《杭州市区危旧房屋改善实施办法（试行）》等规定，成为杭州市危旧房屋改善工作的基本准则。为推动既有居住建筑改造工作的开展并加强监管，先后制定了《关于做好杭州市危旧房改善项目备案工作的通知》《危旧房改善市级资金补贴项目认定及资金拨付暂行规定》《关于进一步明确危旧房改善项目市级配套资金拨付相关事宜的通知》《关于加强杭州市区危旧房改善工程管理的指导意见》《关于在危旧房改善实施过程中进一步落实“三问四权”》《建立完善民主促民生机制的指导意见》等工作标准和工程规范法规条例。2017年8月起，杭州在上城区、江干区两区试点开展既有住宅加装电梯工作，对于加装电梯试点区，市、区两级财政给予每台20万元的资金补助，并制定发布《关于开展杭州市区既有住宅增设电梯工作的实施意见》。

辽宁省：2010年初，沈阳市政府制定了对弃管小区的三年综合改造方案。项目总投资15亿元，综合改造项目包括：修缮房屋本体、更换老化线路、维修排水管线、增设安全设施、完善配套设施、清理美化楼道、清理违法建设、修整小区道路、外墙保温改造等。沈阳老旧小区综合改造项目改造老旧小区1502个，改造面积达4028万m^2，近200万百姓从这项民心工程中得到实惠。2018年沈阳全市改造提质120个老旧小区。与以往老旧小区改造不同的是，改造提质是包括基础设施、小区环境、公共配套、社区风貌等在内的全方位改造。对具备条件的老旧小区，将实施暖房工程，并根据居民意愿同步加装电梯。《沈阳市居民小区改造提质三年行动计划（2018～2020年）》提出，到2020年沈阳市改造提质完成796个老旧小区（建成时间为2000前）。

吉林省：自2005年开始，主要通过棚户区改造、暖房子、二次供水和市政基础设施建设等协同推进老旧小区改造。通过暖房子工程改造改善老旧小区楼房保暖能力，二次供水和管网改造改善老旧小区配套设施和承载能力，同步实施老旧小区环境整治工程，改善老旧小区居住环境。各项工程实施过程中，吉林省出台了《吉林省"暖房子"工程实施意见》《吉林省"暖房子"工程技术措施》《吉林省"暖房子"工程建设标准》等十几项政策、标准和规范，关于二次供水和地下管网改造工程出台实施意见、指导意见和管理办法等十几项，为东北片区老旧小区改造探索出了"节能改造为先导，环境管网相协同"的更新模式。

山东省：2015年8月，山东省住房和城乡建设厅发布《关于推进全省老旧住宅小区整治改造和物业管理的意见》（鲁建发〔2015〕5号），要求针对山东省城镇和国有工矿区1995年前建成的老旧住宅小区（含楼房院落和单栋楼宇）开展改造，改善百姓的生活环境。山东省计划用五年时间推进全省老旧住宅小区整治改造和物业管理，2015年开展试点，2016年起整体推开，到2020年底基本完成整治改造，实现物业管理全覆盖。为支撑老旧小区改造，2017年2月山东省住房和城乡建设厅印发了《山东省老旧住宅小区整治改造导则（试行）》。

陕西省：2015年，《西安市市政府办公厅关于印发西安市老旧住宅小区更新完善工程实施方案的通知》（市政办函〔2015〕59号），在西安城六区全面开展老旧住宅小区更新完善工作。2016年，西安市住房和城乡建设委、市财政局联合印发了《关于进一步加强和深化老旧住宅小区综合提升改造工作的通知》（市建发〔2016〕7号），进一步明确了申报条件和工作流程。2016年，西安市住房和城乡建设委、市财政局联合印发《关于西安市老旧住宅小区综合提升改造工程财政专项资金竞争性分配试点实施方案的通知》（市建发〔2016〕20号），鼓励远郊区县同步开展，文件对西安市老旧住宅小区提升改造工作的界定条件、西安市老旧小区改造的申报条件、老旧小区改造工作开展流程、老旧小区改造的申报方式及实施主体、实施主体的职责、老旧小区改造项目立项程序、老旧小区改造资金如何落实、老旧小区改造内容、"三无小区"的鼓励政策、各部门职责分工、市级补助资金的支付方式均有明确规定。2017年3月，西安市住房和城乡建设委、财政局、规划局、质监局共同发布了《西安市老旧住宅小区加建电梯试点工作实施方案》，支持房屋产权单位和业主结合老旧小区综合提升改造工作有序开展老旧住宅小区加建电梯工作，提高宜居水平。

福建省：2010年福建省住房和城乡建设厅发布了《福建省关于城市既有住宅增设电梯的指导意见》（闽建房〔2010〕24号），要求各级规划和建设行政主管部门本着确保安全、便于操作的原则，简化审批程序，依法做好城市既有住宅增设电梯的有关审批工作。2013年7月15日福州市城乡规划局出台了《关于福州市既有住宅增设电梯的若干意见》（榕政办〔2013〕163号），对福州市既有居住建筑增设电梯给出了明确指导。2016年6月，厦门市出台了《厦门市老旧小区改造提升工作意见》，提出3～5年基本完成厦门全市老旧小区改造。意见要求改造提升应以完善老旧小区市政配套设施为切入点，顺应群众期盼，重点解决居民的用水、用电、用气等问题；坚持群众主体地位，再按照居民群众的意愿，服务群众需求，对小区建筑物本体和周边环境进行适度提升。

3）存在的问题

我国既有居住建筑改造工作开展了几十年，取得了非常好的效果，但是对于量大面广、基础较差的既有居住建筑来说仍需全面了解其改造情况，课题组采用发放问卷的形式进行了调查。结果表明目前国内既有居住建筑改造主要存在以下几方面的问题：

① 改造资金来源。对既有居住建筑改造总体问题关注最多的是资金来源问题，约占比近50%；对楼本体的改造和对住区公共部分的改造的关注度基本相等，占比均不到25%。目前，改造资金主要来自于当地市财政、区县财政和产权单位资金三大块，占到总投入的78%，专项维修资金、社会资金及其他商业途径的资金起到有益的补充作用，但是改造资金缺口较大；对于居民出资，调查结果显示有接近50%的人愿意出资，但意愿出资额大多集中在10～100元/m^2，意愿出资额度较低。

② 居民配合意愿。对当前既有居住建筑改造阻力调查结果显示，居民矛盾及利益难以协调统一、工作沟通难首当其冲，约占32.6%。《物权法》第七十六条规定：改建、重建建筑物及其附属设施应当经专有部分占建筑物总面积三分之二以上的业主且占总人数三分之二以上的业主同意。例如加装电梯，高层业主意愿强烈，但底层业主不同意，则无法完成。

③ 改造实施过程。主要体现在市政管网改造难度或阻力大，流程繁杂，产权复杂、难以协调三个方面。市政管网大多位于地下或建筑内部，改造起来难度较大，容易扰民；目前既有居住建筑改造需要层层审批，手续办理难度较大；因为历史原因，我国既有居住建筑产权较多，包括公产房、私产房、商品房等，改造时容易引起产权

纠纷。

④ 改造覆盖内容。调查结果显示，以下几个方面需求非常强烈：一是老楼结构抗震加固；二是楼内老化的水、电、气、暖等各种管线的更换升级；三是防盗门窗、老人一键呼救等安全设施；四是停车难的问题亟需解决；五是小区排水管道陈旧、积水严重；六是垃圾站房及垃圾回收设施设置不合理导致的小区内味道较大；七是小区安防较差；八是物业管理及服务水平有待提升。

⑤ 改造推进模式。现阶段，我国既有居住建筑改造模式主要分为两种形式：一是由市政府牵头，制定统一的规划、计划及基本要求，各区县政府按标准要求组织，镇、街道办负责具体实施；二是由市政府牵头建立老旧小区综合整治工作联席会制度，由联席会召集单位（如北京市为市重大办、市住房城乡建设委、市市政市容委）召集，市质检、公安消防等相关部门和单位及各区县政府为联席会成员单位，联席会下设工作组开展具体改造工作。但宣传不到位，三分之一的居民不清楚。应进一步加强改造宣传和推广，引进其他改造模式例如小区居民申请、区县审批、街道落实的自下而上的模式，引导和规范社会力量开展既有居住建筑改造的模式等。

参考文献：

[1] https：//www. bretrust. org. uk/English housing survey 2017 Floor Space in English Homes-main report

[2] https：//www. abs. gov. au/ausstats/abs@. nsf/Lookup/8752. 0Feature＋Article2Dec％202018.

[3] Guide to Low Carbon Residential Buildings-New Build

[4] Australian Residential Energy End-Use-Trends and projections to 2030.

[5] Statistics Denmark 2013. https：//www. dst. dk/en

[6] New Danish Strategy for Energy Renovation of Buildings. https：//stateofgreen. com/en/partners/state-of-green/news/new-danish-strategy-for-energy-renovation-of-buildings/

[7] Directive 2010/31/EU of the European Parliament and of the Council of 19 May 2010 on the energy performance of buildings.

[8] https：//eur-lex. europa. eu/LexUriServ/LexUriServ. do? uri＝CELEX：52010DC0639：EN：HTML：NOT

[9] Van Dijk，D（2009）Background，status and future of the CEN standards to support the Energy Performance of Buildings Directive（EPBD），CENSE_WP6. 1_NO3，IEE_CENSE April 29，2009

[10] Energy 2020. A strategy for competitive，sustainable and secure energy

[11] Think Denmark，Energy renovation of buildings. https：//stateofgreen. com/en/uploads/2018/07/SoG_White-Paper_Renovation_210x297_V10_WEB. pdf? time＝1550503299

[12] https：//www. statista. com/statistics/240267/number-of-housing-units-in-the-united-states/＃：～：text＝In％202019％2C％20there％20were％20approximately，units％20in％20the％20United％20States. &text＝Growth％20in％20the％20number％20of，has％20the％20number％20of％20households.

[13] https：//www. statista. com/statistics/1072321/total-home-square-footage-usa-timeline/＃：～：text＝Total％20home％20square％20footage％20in％20the％20U. S. ％202015％2D2023&text＝In％202018％2C％20all％20homes％20in，billion％20square％20feet％20by％202023.

[14] http：//css. umich. edu/factsheets/residential-buildings-factsheet

[15] https：//www. eia. gov/energyexplained/energy-and-the-environment/where-greenhouse-gases-come-from. php

[16] https：//www. stat. go. jp/english/data/nenkan/70nenkan/zenbun/en70/book/html5. html＃page＝524

[17] https：//www. stat. go. jp/english/data/nenkan/70nenkan/zenbun/en70/book/html5. html＃page＝340

[18] STATISTICS SINGAPORE. Singapore in Figures 2018 [EB/OL]. Singapore：Department of Statistics Singapore，2018. ISSN 2591-7889.

[19] Hwang，B. G.，Shan，M.，Phua，H.，& Chi，S. An exploratory analysis of risks in green residential building construction projects：The case of singapore [J]. Sustainability，2017，9 (7)：1116.

[20] Building and Construction Authority. 3rd Green Building Masterplan [EB/OL]. Singapore：BCA，2014.

[21] Building and Construction Authority. $100 MILLION GREEN MARK INCENTIVE SCHEME FOR EXISTING BUILDINGS (GMIS-EB) [EB/OL]. https：//www. bca. gov. sg/GreenMark/gmiseb. html，2018.

[22] Building and Construction Authority. ENHANCED $20 MILLION GREEN MARK INCENTIVE SCHEME FOR NEW BUILDINGS (GMIS-NB) [EB/OL]. https：//www. bca. gov. sg/greenmark/gmis. html，2017.

[23] Building and Construction Authority. BCA Awards 2011 [EB/OL]. Singapore：BCA，2011.

[24] BCA Green Mark for Existing Residential Buildings v1. 0. BCA Green Mark for Existing Residential Buildings [S]. Singapore：BCA，2011.

[25] Housing & Development Board. HDB Greenprint [EB/OL]. https：//www. hdb. gov. sg/cs/infoweb/about-us/our-role/smart-and-sustainable-living/hdb-greenprint，2018.

[26] Housing & Development Board. Punggol Eco-Town [EB/OL]. https：//www. hdb. gov. sg/cs/infoweb/about-us/our-role/smart-and-sustainable-living/punggol-eco-town，2016.

[27] ENERGY MARKET AUTHORITY. Singapore Energy Statictis 2018 [EB/OL]. Singapore：Energy Market Authority，2019. ISSN 2251-2624.

[28] PUB. Singapore Water Story [EB/OL]. https：//www. pub. gov. sg/watersupply/singaporewaterstory，2019.

[29] Asit K. B.，Cecilia，T. Drastic action needed to cut water use here [EB/OL]. https：//www. straitstimes. com/opinion/drastic-action-needed-to-cut-water-use-here-world-water-day，2017.

[30] https：//www. bundeswehr. de/de/

[31] https：//www. dena. de/startseite/

第2章　安全耐久

2.1　美国《外贴纤维复合材料加固混凝土结构设计与施工指南》ACI Committee 440.2R-17

2.1.1　编制概况

发布机构：美国混凝土协会（American Concrete Institute）

主编单位：美国混凝土协会（American Concrete Institute）

编写目的：《外贴纤维复合材料加固混凝土结构设计与施工指南》（*Guide for the design and construction of externally bonded FRP systems for strengthening concrete structures*）ACI Committee 440.2R-17 为外贴纤维复合材料加固混凝土结构的设计与施工提供技术指南。

修编情况：ACI Committee 440.2R-17 由美国混凝土协会组织 Bakis、Ganjehlou 等 62 位专家编写，并于 2002 年发布。2017 年，美国混凝土协会组织专家对该指南进行了修订。

适用范围：仅适用于纤维复合材料承受拉应力的工况，不适用于纤维复合材料承受压应力的工况。该指南不涉及砌体填充墙的加固。

2.1.2　内容简介

ACI Committee 440.2R-17 总结了外贴纤维复合材料加固混凝土结构的发展历史，并给出了外贴纤维复合材料设计、施工与检测的一般规定。最新修订版本共包括 17 个章节。其中，第 4 章介绍了组成材料及其力学特性，第 5～8 章详细介绍了纤维复合材料的使用要求，第 9、10 和 11 章分别介绍了设计基本假定、抗弯性能加固计算方法和抗剪性能加固计算方法，第 12 章和第 13 章分别给出了混凝土构件双向受力和抗震加固的基本规定。最后，该指南给出了针对不同工况的算例。

2.1.3　标准亮点

纤维复合材料在既有建筑结构改造与加固中得到了广泛应用。构件的抗弯承载力计算方法十分明确，而且应用十分普遍。因此，选取纤维复合材料加固构件抗弯承载力计算方法进行对比分析。

适用范围：（1）被加固构件的混凝土抗压强度最低不得小于 C15，抗拉强度不低于 1.4MPa；（2）正常使用温度不高于 60～82℃；（3）实际抗弯承载力增幅为 5%～

40%；(4) FRP 材料与混凝土变形协调；(5) 忽略 FRP 材料的抗压性能。

基本假定：(1) 抗弯设计依据实际的截面尺寸、钢筋布置和实测材料强度；(2) 受拉钢筋和混凝土的应变沿截面高度方向呈直线关系，即应变平截面假定；(3) 混凝土极限压应变为 0.003；(4) 忽略受拉区混凝土作用；(5) FRP 材料的应力应变呈线弹性关系直至破坏，即没有屈服点；(6) 混凝土和 FRP 材料之间的黏结很好。抗弯设计计算简图如图 2.1 所示。

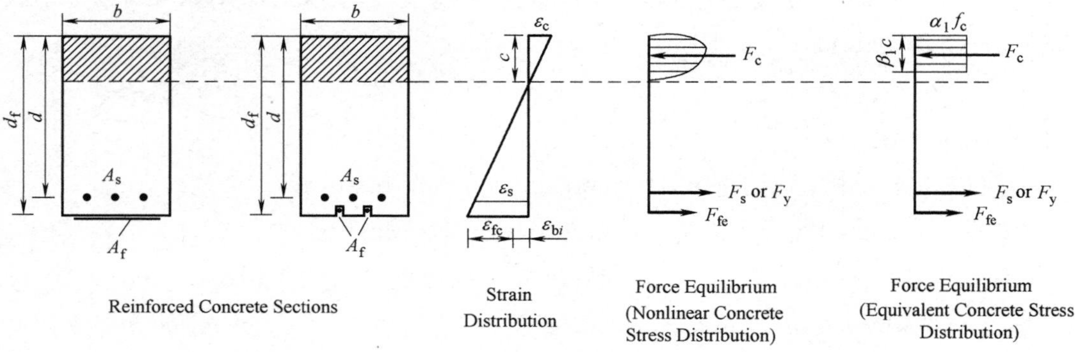

图 2.1　抗弯设计计算简图

计算步骤：

① 根据构件的截面尺寸、材料强度、配筋面积、初始弯矩 M_{DL} 和加固设计弯矩 M_u，选定 FRP 材料，估计确定 FRP 材料的截面面积 A_f、粘贴方式及其构造措施。

② 求出黏结可靠系数 k_m 和滞后应变 ε_{bi}

$$k_m = 1 - nE_f t_f / 420000\text{(英制单位)}$$

$$\varepsilon_{bi} = M_{DL}(h - kd)/(I_{cr}E_c) \tag{1}$$

式中，n、E_f 和 t_f 分别为 FRP 材料的层数、弹性模量和厚度；k 为加固前仅恒载标准值作用时，中和轴到受压混凝土边缘的距离与受拉钢筋到受压混凝土边缘的距离的比值；I_{cr} 的表达式为：

$$I_{cr} = \frac{E_s}{E_c}A_s(d - kd)^2 + \frac{E_s}{E_c}A'_s(kd - a')^2 + \frac{1}{12}b(kd)^3 + bkd(0.5kd)^2 \tag{2}$$

式中，E_s 和 E_c 分别为钢筋和混凝土的弹性模量；A_s 和 A'_s 分别为受拉钢筋和受压钢筋面积；a' 为受压钢筋的保护层厚度，d 为受拉钢筋合力作用点到受压区边缘混凝土的距离。

③ 初步估计混凝土受压区高度 c，然后确定 FRP 材料的有效应变 ε_{fe}

$$\varepsilon_{fe} = \varepsilon_{cu}(h - c)/c - \varepsilon_{bi} \leqslant k_m \varepsilon_{fu} \tag{3}$$

式中，h 和 c 分别为截面高度和受压区高度；ε_{fu} 为 FRP 材料的极限拉应变。

由上式可知：若不等式不成立，则表示 FRP 材料发生受拉；反之，则受压区混凝土被压碎。

④ 求出受拉钢筋应变 ε_s

$$\varepsilon_s=(\varepsilon_{fe}+\varepsilon_{bi})(d-c)/(h-c) \quad (4)$$

由 $f_s=E_s\varepsilon_s\leqslant f_y$，判断受拉钢筋是否屈服。

⑤ 根据下式求出 c 值，并与原假定值作比较，若不等，则重复上述③～⑤步，直至两者相等。

$$c=(A_s f_s+A_f f_{fe}-A_s' f_s')/(\alpha_1 f_c'\beta_1 b) \quad (5)$$

式中，A_f 和 f_{fe} 分别为纤维复合材料的截面积和抗拉强度，f_c'为混凝土的抗压强度。

⑥ 最后计算抗弯承载力 M。

$$M=A_s f_s(d-0.5\beta_1 c)+0.85A_f f_{fe}(d_f-0.5\beta_1 c)+A_s' f_s'(0.5\beta_1 c-a') \quad (6)$$

总体来看，美国 ACI Committee 440.2R-17 针对 FRP 加固混凝土受弯构件的承载力计算方法较为复杂，但对各种状态下的受力分析十分明确，计算精度较高。

2.2　美国《房屋建筑混凝土结构规范》ACI318-14

2.2.1　编制概况

发布机构：美国混凝土协会（American Concrete Institute）

主编单位：美国混凝土协会（American Concrete Institute）

编写目的：《房屋建筑混凝土结构规范》（*Building Code Requirements for Structural Concrete*）ACI318-14 为混凝土结构的设计和施工提供最基本的要求。

修编情况：ACI318-14 由美国混凝土协会组织 Wight、Garcia 等 47 位专家编写，并于 2005 年发布。2014 年，美国混凝土协会组织专家对该规范进行了修编。

适用范围：ACI318-14 涵盖了用于新建和既有建筑物的结构混凝土的设计与施工；在需要时，也可用于非建筑物类结构的设计与施工。

2.2.2　内容简介

ACI318-14 所涵盖的技术内容包括：图纸及说明；检验；材料；耐久性要求；混凝土的质量、拌合和浇筑；分析和设计；强度和使用性能；弯曲和轴力；剪切和扭转；现存结构的强度评价和抗震设计的规定等。

2.2.3　标准亮点

既有建筑防灾改造过程中通常会遇到结构的耐久性问题，如混凝土的碳化、钢筋锈蚀等。混凝土保护层厚度对结构的耐久性具有十分重要的影响，因而选取保护层厚度进行对比分析。

该规范针对不同使用环境给出了混凝土保护层厚度的具体要求。为便于对比，表 2.1 给出了特定工况下混凝土梁柱构件保护层厚度的要求。由表 2.1 可知，

ACI318-14 针对与土壤接触的混凝土构件的保护层厚度十分保守。可见，土壤环境中混凝土构件的耐久性问题是该规范关注的重点。其他环境条件下，ACI318-14 的要求与 EN 1992-1-1-2002 接近。

混凝土梁柱构件保护层厚度的要求 **表 2.1**

环境条件	保护层厚度/mm
室内干燥或静水浸没环境	38.1
长期与水或湿润土地接触的构件	76.2
中、高湿度的室内构件及室外构件	38.1
干湿交替环境	50.8(直径大于 16mm)
干湿交替环境	38.1(直径小于 16mm)

2.3 英国《纤维复合材料加固混凝土结构设计指南》CCIP-056

2.3.1 编制概况

发布机构：英国混凝土协会（The Concrete Society of UK）

主编单位：The Concrete Society of UK；BASF Construction Chemicals；Fyfe (Asian)；Fyfe (Europe)；Highway Agency；Network Railway

编写目的：《纤维复合材料加固混凝土结构设计指南》(*Design Guidance for Strengthening Concrete Structure Using Fiber Composite Materials*) CCIP-056 主要用于解决既有建筑中混凝土梁、柱和板的加固设计问题。

修编情况：CCIP-056 由英国混凝土协会组织 Bell 等 20 位专家编写，并于 2000 年发布。2012 年，英国混凝土协会组织专家对该指南进行了修订。

适用范围：CCIP-056 主要规定了纤维复合材料加固混凝土结构的设计方法，并未涉及纤维复合材料加固其他类型结构的设计方法。

2.3.2 内容简介

CCIP-056 对纤维复合材料加固混凝土结构的使用历史进行了分析总结，然后给出了不同工况下的设计准则。最新修订版本共包括 11 个章节。其中，第 3 章介绍了组成材料类型及其力学特性。第 4、5 章分别介绍了指南的适用范围和设计基本假定。第 6～8 章分别介绍了抗弯性能加固计算方法、抗剪性能加固计算方法和轴心受力构件加固计算方法。最后，该指南分别介绍了施工时需要注意的事项以及构件长期性能的设计方法。

2.3.3 标准亮点

本标准的特色是抗弯设计计算方法，具体如下：

适用范围：(1) 长期使用温度不超过 50℃；(2) 抗弯承载力增幅不超过 30%；(3) 粘贴 FRP 材料的层数不宜太多（具体未定）。

计算假定：(1) 应变平截面假定；(2) FRP 材料和混凝土之间无相对滑移；

（3）FRP 材料的应力应变呈线弹性关系直至破坏，即没有屈服点；（4）忽略受拉区混凝土作用；（5）混凝土极限压应变为 0.0035。抗弯设计计算简图如图 2.2 所示。

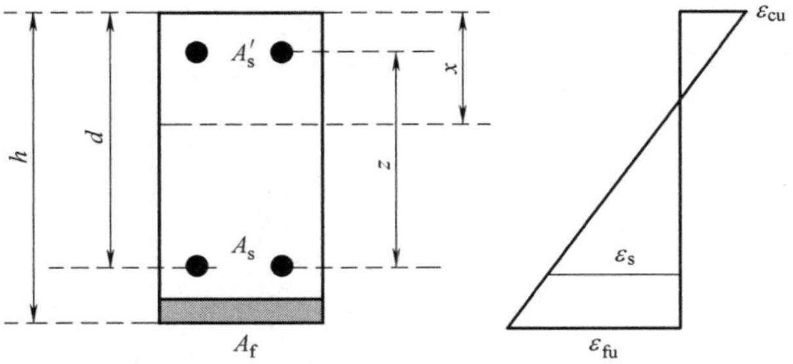

图 2.2　抗弯设计计算简图

计算步骤：

① 计算界限弯矩 $M_{r,b}$，即当受压区混凝土和受拉区 FRP 材料同时达到设计极限应变时，混凝土梁的承受弯矩。

$$M_{r,b}=(0.67f_{cu}/\gamma_{mc})b0.9x[z+(h-d)]-(f_y/\gamma_{ms})A_s(h-d)+(f_y'/\gamma_{ms})A_s'(h-d') \tag{7}$$

式中，$z=d-0.45x$，$x=h\varepsilon_{cu}/(\varepsilon_{cu}+\varepsilon_{fu})$，$\gamma_{mc}$ 和 γ_{ms} 分别为混凝土和钢筋的材料分项系数。

② 当 $M_u<M_{r,b}$ 时，

$$A_f=\frac{M_{add}}{f_{fd}z}=\frac{M_u-M_0}{f_{fd}z} \tag{8}$$

$$M_0=(0.67f_{cu}/\gamma_{mc})b0.9xz+(f_s'/\gamma_{ms})A_s'(d-d') \tag{9}$$

$$(0.67f_{cu}/\gamma_{mc})b0.9x=(f_s/\gamma_{ms})A_s-(f_s'/\gamma_{ms})A_s' \tag{10}$$

首先由公式（10）求出受压区高度 x，然后代入公式（9）计算 M_0，最后求出纤维复合材料的截面面积 A_f。

③ 当 $M_u>M_{r,b}$ 时

$$M_u=(8/9)f_{cu}b(d-z)[z+(h-d)]-(f_s/\gamma_{ms})A_s(h-d)+(f_s'/\gamma_{ms})A_s'(h-d') \tag{11}$$

$$F_f=\frac{M_u-F_sz-F'(0.45x-d')}{z+(h-d)} \tag{12}$$

$$f_f=E_{fd}(\varepsilon_{cft}-\varepsilon_{cit}) \tag{13}$$

其中，$\varepsilon_{cft}=\varepsilon_{cu}(h-x)/x$，$\varepsilon_{cit}$ 为滞后应变。

$$A_f=F_f/f_f \tag{14}$$

首先通过公式（11）和公式（12）求出纤维复合材料承受的拉力，然后通过公式（13）求出纤维复合材料的拉应力，最后求出纤维复合材料的截面积。

总体来看，英国规范针对 FRP 加固混凝土受弯构件的承载力计算方法相对简单，而且思路十分清晰，对构件的破坏模式把握十分准确。

2.4 《混凝土结构加固设计规范》GB 50367—2013

2.4.1 编制概况

发布机构：住房和城乡建设部

主编单位：四川省建筑科学研究院和山西八建集团有限公司

编写目的：为使混凝土结构的加固，做到技术可靠、安全适用、经济合理、确保质量，制定《混凝土结构加固设计规范》GB 50367—2013。

修编情况：GB 50367—2013 第一版发布于 2006 年，第二版发布于 2013 年。

适用范围：GB 50367—2013 适用于房屋建筑和一般构筑物钢筋混凝土结构加固的设计。

2.4.2 内容简介

GB 50367—2013 共分 17 章和 6 个附录，主要技术内容包括：总则、术语和符号、基本规定、材料、增大截面加固法、置换混凝土加固法、体外预应力加固法、外包型钢加固法、粘贴钢板加固法、粘贴纤维复合材加固法、预应力碳纤维复合板加固法、增设支点加固法、预张紧钢丝绳网片-聚合物砂浆面层加固法、绕丝加固法、植筋技术、锚栓技术、裂缝修补技术等。

2.4.3 标准亮点

特色：抗弯设计计算方法

适用范围：(1) 不适用于素混凝土构件，纵向受力钢筋配筋率不低于现行国家规范中最小值；(2) 加固构件混凝土实测强度不低于 C15，抗拉强度不低于 1.5MPa；(3) 仅承受拉应力作用设计；(4) 长期使用温度不超过 60℃；(5) 抗弯承载力增幅不超过 40%；(6) 湿法铺层织物不超过 4 层。

计算假定：(1) 纤维复合材料的应力与应变关系取直线式，其拉应力 σ_f 取等于拉应变 ε_f 与弹性模量 E_f 的乘积；(2) 当考虑二次受力影响时，应按构件加固前的初始受力情况，确定纤维复合材料的滞后应变；(3) 在达到受弯承载力极限状态前，纤维复合材料与混凝土之间不致出现黏结剥离破坏；(4) 混凝土极限压应变为 0.0033。抗弯设计计算简图如图 2.3 所示。

计算步骤：

直接计算加固构件的抗弯承载力 M

$$M=\alpha_1 f_{c0}bx\left(h-\frac{x}{2}\right)+f'_{y0}A'_{s0}(h-a'_s)-f_{y0}A_{s0}(h-h_0) \tag{15}$$

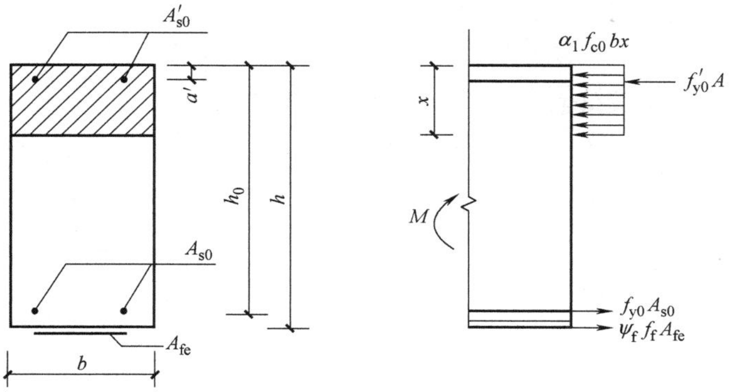

图 2.3　抗弯设计计算简图

$$\alpha_1 f_{c0} bx = f_{y0} A_{s0} + \psi_f f_f A_{fe} - f'_{y0} A'_{s0} \tag{16}$$

$$\psi_f = \frac{(0.8\varepsilon_{cu} h/x) - \varepsilon_{cu} - \varepsilon_{f0}}{\varepsilon_f} \tag{17}$$

式中，ψ_f 为考虑纤维复合材实际抗拉应变达不到设计值而引入的强度利用系数，ε_{f0} 为滞后应变。

总体来看，《混凝土结构加固设计规范》GB 50367—2013 的计算方法十分简单，但该规范缺乏对不同破坏模式的分析。当纤维复合材料被拉断破坏先于受压区混凝土被压碎破坏时，该公式会过高估计构件的承载力。

2.5 《建筑结构加固工程施工质量验收规范》GB 50550—2010

2.5.1 编制概况

随着既有建筑加固和现代化改造总量的逐年攀升，既有建筑加固施工质量也越来越成为工程界关注的焦点。为了统一建筑结构加固工程施工过程控制和施工质量的验收标准，加强施工质量检验的力度，以确保建筑结构加固工程的安全和质量，中华人民共和国住房和城乡建设部与中华人民共和国国家质量监督检验检疫总局于 2010 年 7 月 15 日联合发布了《建筑结构加固工程施工质量验收规范》GB 50550—2010，并于 2011 年 2 月 1 日起实施。本规范的适用范围为工业与民用房屋及一般构筑物的混凝土结构加固工程、砌体结构加固工程和钢结构加固工程，但不包括木结构加固工程。

规范组在编制过程中，依托鉴定与加固专业技术委员会，认真整理近 20 年来在各结构类型鉴定、加固设计和加固施工方面存在的问题和建议，对加固材料、混凝土结构加固工程、砌体结构加固过程、钢结构加固工程、植筋工程、锚栓工程、灌浆工程以及竣工验收进行了研究。

2.5.2 内容简介

GB 50550—2010 的主要内容有：1. 总则；2. 术语；3. 基本规定；4. 材料；

5. 改变结构体系加固法；6. 增大截面加固法；7. 粘贴钢板加固法；8. 外包钢筋混凝土加固法；9. 钢管构件内填混凝土加固法；10. 预应力加固法；11. 连接与节点的加固；12. 钢结构局部缺陷和损伤的修缮等。内容概括如下：

第 1 章　总则。明确了该标准的编制目的、适用范围及基本原则。

第 2 章　术语与符号。主要定义了“结构加固工程质量”“见证取样”等术语。

第 3 章　基本规定。主要规定了建筑结构加固工程施工的一般规定、质量控制内容和相关要求。

第 4 章　材料。主要规定了混凝土原材料、钢材、焊接材料、结构胶黏剂、纤维材料、水泥砂浆原材料、聚合物砂浆原材料、裂缝修补用注浆料、结构用混凝土界面胶、结构加固用水泥基灌浆料、锚栓的质量控制要求。

第 5 章至第 12 章。主要规定了各种常用加固方法对应的加固施工的一般规定、关键工序控制以及施工质量检验。

2.5.3　标准亮点

1）建筑结构加固工程中对原结构的清理、修整以及界面处理

建筑结构加固工程与新建工程相比增加了清理、修整原结构、构件以及界面处理的工序。该工序对保证加固工程的质量和加固的效果至关重要，施工人员和监理人员必须认真对待，否则将使结构的加固以失败告终。同时，还应指出的是作为业主代表的监理人员应严格监督这两个工序的全过程。

2）结构加固用锚栓的验收要求

在混凝土结构后锚固连接工程中，锚栓的可靠性至关重要。因此，应对其性能和质量进行严格的检查和复验；尤其是对国产锚栓更应从严要求。因为目前国内生产的锚栓，几乎都是假冒的后扩底锚栓和使用软包装的劣质化学锚栓，其质量状况十分令人担忧。设计和业主单位在选择锚栓产品时，应非常慎重，否则会给工程造成难以挽回的损失。

3）界面处理措施

界面处理的质量直接关系到增大截面部分（或部分置换混凝土）与原构件之间的界面能否结合良好，加固后的结构、构件是否具有可靠的共同工作性能。故在结构加固工程中不能有任何疏漏和闪失。为此，本规范就界面处理的最基本一环——原构件表面的糙化（打毛）处理工艺作出具体规定。对板类构件，由于仅靠打毛及涂刷界面胶，在很多情况下尚不足以保证新旧混凝土之间具有足够的抗剪黏结强度，因此，尚需锚入一定数量的剪切销钉。本规范也根据各地施工总结的经验，给出了剪切销钉的直径、埋深以及间距和边距的最低要求。

4）置换混凝土加固构件时的卸载实时控制

为保证复杂结构体系中局部置换混凝土工程的施工安全，施工单位宜事先会同有

资质的检测机构共同制订详细的施工技术方案和安全监控方案。必要时，还应邀请该机构直接参与卸载全过程的监控工作。因为其实时控制手段较为完备，监控的经验也较丰富，容易发现卸载过程中出现的问题。

5）黏结材料黏合加固材与基材的正拉黏结强度评定

结构胶黏剂粘贴加固材与基材的正拉黏结强度检验，主要是用于综合评估胶液的固化质量、加固材黏合面处理效果、胶黏剂与加固材及基材的黏结强度，因而非常重要，必须按本规范规定的方法与评定标准认真执行。对于不能直接进行现场检验的项目，需要采取间接的检验方法。如粘钢加固工程，只能在加固部位的附近另贴钢板进行检验，而无法在受力钢板上直接抽样。在这种情况下，必须从打磨钢板、打毛混凝土、清理界面到涂刷胶液、加压养护整个过程都要做到检验用钢板与受力钢板同条件操作，不得改变检验用钢板的粘贴工艺，以避免检验失真。

2.5.4 结束语

国家标准《建筑结构加固工程施工质量验收规范》GB 50550—2010 总结了国内外既有建筑结构加固施工及验收的实践经验，系统研究了各种结构加固工程中的关键问题和关键参数，从而保证建筑结构的加固施工和验收的质量。同时，该规范与现行国家标准《建筑工程施工质量验收统一标准》GB 50300、《混凝土结构工程施工质量验收规范》GB 50204、《砌体工程施工及验收规范》GB 50203、《钢结构工程施工质量验收规范》GB 50205 相对应，便于配套使用，可操作性强，为建筑结构加固工程施工及质量验收提供了依据。

2.6 《碳纤维片材加固修复混凝土结构技术规程》CECS 146—2003

2.6.1 编制概况

发布机构：中国工程建设标准化协会

主编单位：国家工业建筑诊断与改造工程技术研究中心和四川省建筑科学研究院

编写目的：为使碳纤维片材加固混凝土结构的工程，做到技术可靠、安全适用、经济合理、确保质量，制订《碳纤维片材加固修复混凝土结构技术规程》CECS 146—2003。

修编情况：CECS 146 第一版于 2003 年发布，目前尚未修订。

适用范围：CECS 146—2003 适用于房屋和一般构筑物的混凝土结构加固修复设计、施工和验收；铁路工程、公路工程、港口工程和水利水电等工程混凝土结构的加固修复及砌体结构、木结构加固修复中的共性技术问题，可参照本规程的有关规定执行。

2.6.2 内容简介

CECS 146—2003 共分为 6 章和 2 个附录，主要技术内容包括总则、术语及符号、材料、加固设计计算方法和构造要求、施工、检验与验收等。

2.6.3 标准亮点

本标准的主要特色是抗弯设计计算方法，具体如下：

适用范围：(1) 抗弯承载力增幅不超过40%；(2) 加固后在荷载效应标准组合下受拉钢筋的拉应力不宜超过钢筋抗拉强度标准值；(3) 受压区高度 x 宜大于 $0.8\zeta_b h_0$，其中界限相对受压区高度 ζ_b 按现行国家标准《混凝土结构设计规范》GB 50010 的规定确定。

计算假定：(1) 构件达到受弯承载力极限状态时，碳纤维片材的拉应变按截面应变保持平面的假定确定，但不应超过碳纤维片材的允许拉应变；(2) 当考虑二次受力时，应根据加固时的荷载状况，按截面应变保持平面的假定计算加固前受拉区边缘混凝土的初始应变；(3) 碳纤维片材的拉应力应取为碳纤维片材的拉应变与其弹性模量的乘积；(4) 达到受弯承载力极限状态前，碳纤维片材与混凝土之间不发生剥离破坏。抗弯设计计算简图如图 2.4 所示。

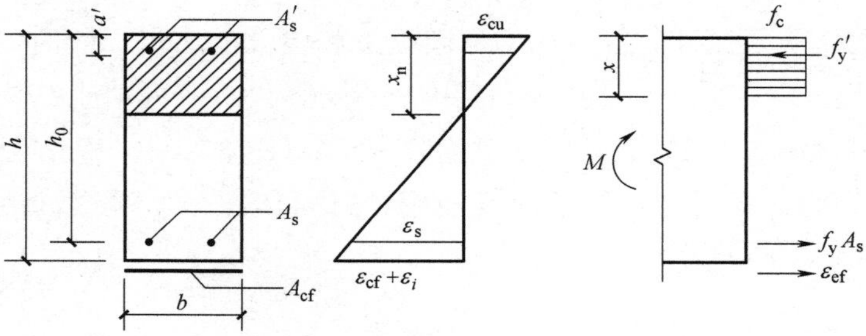

(a) $x>\zeta_{cfb}h$时

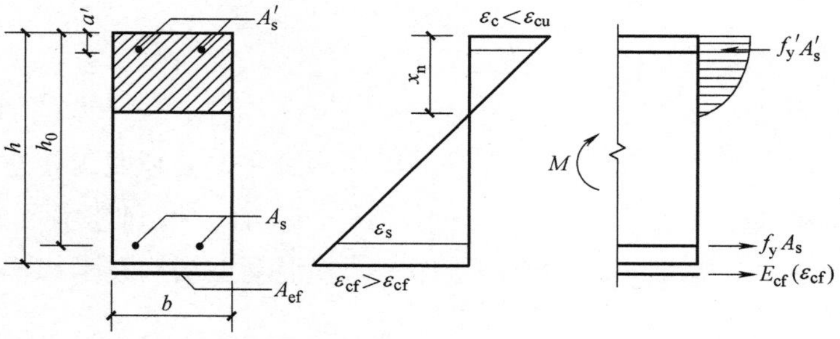

(b) $x<\zeta_{cfb}h$时

图 2.4　抗弯设计计算简图

计算步骤：

① 当混凝土受压区高度 x 大于 $\zeta_{cfb}h$，且小于 $\zeta_b h_0$ 时（类似于超筋梁的破坏模式）

$$M=f_c bx\left(h_0-\frac{x}{2}\right)+f_y'A_s'(h_0-a_s')+E_{cf}\varepsilon_{cf}A_{cf}(h-h_0) \tag{18}$$

混凝土受压区高度 x 和受拉面上纤维片材的拉应变 ε_{cf} 应按下列公式确定

$$\begin{cases} f_c bx = f_y A_s - f'_y A'_s + E_{cf}\varepsilon_{cf} A_{cf} \\ x = \dfrac{0.8\varepsilon_{cu}}{\varepsilon_{cu} + \varepsilon_{cf} + \varepsilon_i} \end{cases} \tag{19}$$

式中，ε_{cu} 和 ε_i 分别为混凝土极限压应变和滞后应变。

② 当混凝土受压区高度 x 不大于 $\zeta_{cfb}h$ 时（类似于适筋梁的破坏模式）

$$M = f_y A_s (h_0 - 0.5\zeta_{cfb}h) + E_{cf}[\varepsilon_{cf}]A_{cf}(h - 0.5\zeta_{cfb}h) \tag{20}$$

式中，$[\varepsilon_{cf}]$ 为纤维片材极限拉应变。

③ 当混凝土受压区高度 x 小于 $2a'_s$时

$$M = f_y A_s (h_0 - a'_s) + E_{cf}[\varepsilon_{cf}]A_{cf}(h - a'_s) \tag{21}$$

总体来看，《碳纤维片材加固修复混凝土结构技术规程》CECS 146—2003 给出的计算方法与英国规范比较类似：既区分了不同破坏模式对抗弯承载力的影响，同时计算公式十分简洁。

第3章 环境宜居

3.1 英国 BREEAM Domestic Refurbishment

3.1.1 编制概况

发布机构：英国建筑研究所（Building Research Establishment，BRE）

主编单位：英国建筑研究所（Building Research Establishment，BRE）

编写目的：BREEAM Domestic Refurbishment（BDR）能够降低建筑全生命周期的环境影响；推动基于环境效益的建筑认可；为建筑实践提供可靠的环境认证标签；刺激需求，为可持续建筑及相关产业创造价值。

修编情况：BDR 第一版 2014 年发布，尚未修订。

适用范围：既有居住建筑绿色改造性能评价。

3.1.2 内容简介

BDR 采用 2 级的指标体系，共有 8 类 34 个条目（含创新项）。BDR 的评价指标体系如图 3.1 所示。

3.1.3 标准亮点

1）管理

管理大类主要包括两方面内容：一方面是项目管理，尤其是施工管理；另一方面是住户使用管理，例如有效使用住宅功能、安全性能等。BDR 分别从管理制度和执行结果的软硬两方面同时考察施工影响的方法：第 2 条“负责任的施工方”对施工方案提出了具体要求，偏重于软的文件制度；第 3 条“施工现场影响”则从资源利用、能源消耗、污染控制等方面进行考察，偏重于硬的数据结果。

2）健康舒适

健康舒适大类主要是对室内环境方面的要求。鼓励提高建筑使用者的舒适性、健康性和安全性，鼓励对室内外环境健康和安全有益的环境友好措施，提高建筑使用者的生活质量。例如，第 3 条“挥发性有机物”通过规划和设计手段减少空气污染来源，第 4 条“包容性设计”则主要是照顾各类行动不便者，比常说的无障碍设计范畴更广。

3）能源

能源大类主要分为两大块，第 1～4 条是利用政府认可的标准评估程序（SAP）

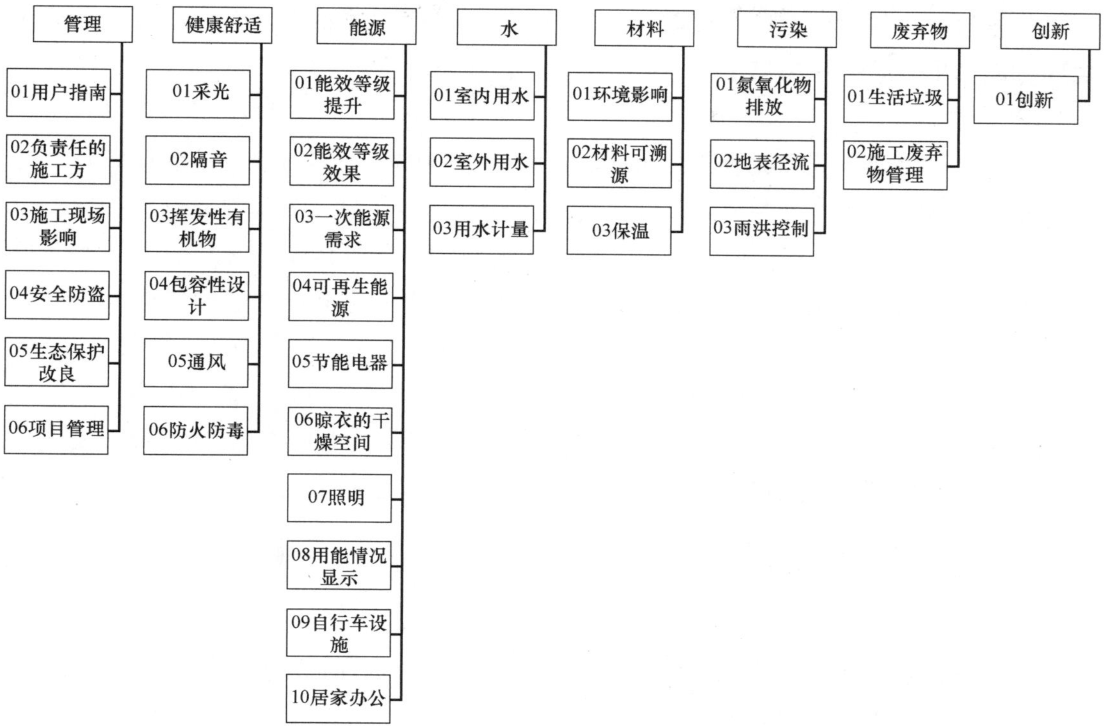

图 3.1　BDR 的评价指标体系

所得的住宅能效水平（EPR），第 5～10 条则是 SAP 并不涉及的其他方面。鼓励对节能的建造方式、系统和设备的指定和设计，以支持建筑内部能源的可持续使用和建筑运行过程中的可持续管理。BDR 采用了量化评价指标考察最终效果，而不再逐一对窗墙比、传热系数等规定性指标和其他措施进行评价。例如第 8 条“用能情况显示”要求将当前的用电和燃料用量实时显示出来，以提示住户节能；第 9 条“自行车设施”则是通过要求一定的自行车停放设施配置数量，鼓励住户低碳出行；第 10 条“居家办公”则是希望通过向住户提供在家办公的必需条件，减少其往返办公室间的耗能。

4）水

鼓励在建筑和场地中可持续地利用水资源，减少全生命周期中建筑室内外饮用水的消耗。对于室内用水，采用量化评价指标考察最终效果，而不再重复考察为达到效果所采用的具体措施。

5）材料

材料大类不仅要求所采用材料对环境影响小，还要求其能够降低用能需求。鼓励减少建筑全生命周期中材料对环境的影响，降低建筑材料在生产、运输、加工和回收过程中的环境影响和节能。其中：第 1 条“材料的环境影响”针对屋面、外墙、内墙、楼板、窗等 5 类，从环保性能和热物理性能两方面进行综合要求；第 3 条“保温材料”专门针对外墙、地板、屋面、设备管道等4处的绝热材料，在环境影响和可溯源两方面作出要求，作为第1条、第2条内容的补充。

6）污染

污染大类将污染物和废弃物作了明确区分，保护和控制与建筑场地和运行相关的污染及地表水流失，降低建筑对周围环境的污染。其中：第1条“氮氧化物排放”以单位为“mg/kWh”的指标值，对供暖和热水的热源环保性能提出要求；第2条“地表径流”通过对各类雨水渗透措施的要求，降低地面蓄水量和市政管网负荷。

7）废弃物

废弃物大类包括了施工阶段和运行阶段两大方面。其中：第1条“生活垃圾”主要是要求对运行阶段的可回收垃圾和可降解垃圾进行分类收集、存储和处理；第2条“施工废弃物管理”则是针对改造施工过程，根据工程投资的大小对其施工废弃物的收集和处置提出不同程度的要求。

8）评价分级方法

① 最低要求

为了确保对于特定评级的追求不会忽视那些应对基本环境问题的建筑性能，BDR在某些关键领域设置了最小表现分（即项目要达到一定等级必须要满足的基本条件或门槛），按照等级不同在一些关键领域分别设置最低标准，在一定程度上避免了部分分值的互偿。这样一来，既避免了过大的环境性能差异，又允许了一定的分值互偿，保持了评价体系的灵活性。

② 分值计算

根据BDR的具体技术要求和项目实际情况，首先分别对上述34个条目进行评分；其次，分别针对上述7类指标（“创新”除外），计算其下各条目得分之和与满分之和的比值（即得分率）；最后，依据各类指标的权重比，在各得分率数值基础上计算其总得分，再加上“创新”类指标的得分得到最终的总得分。根据各条目的满分值及其所属指标类别的权重值，可计算得到各条目的权重比，这种方法通过权重体现了不同条目的重要性。

③ 等级划分

BDR中的等级要求与BREEAM体系下的其他评估方案完全一致，分别是通过（Pass）级30分、良好（Good）级45分、优秀（Very Good）级55分、优异（Excellent）级70分、杰出（Outstanding）级85分。以上5个级别的定位分别是位列所有项目的前75％、前50％、前25％、前10％和前1％，因此也可理解为BDR的定位设定为市场上75％的项目均可获得其认证，包容性和普及性非常之强。

9）评估工作开展

BDR评估包括设计阶段（Design Stage，DS）和竣工阶段（Post-Refurbishment

Stage，PRS），通过前一阶段评估可获临时性认证，最终的认证需待竣工阶段评价完成。对于进行过设计阶段评估并获得临时性认证的项目，在竣工阶段评估时仅需进行最终确认，对施工过程中的变更之处再做复查，更加省时省力：当然，也可跳过设计阶段评估而直接进行竣工阶段评估。

评估工作可由 BREEAM 的注册评估员（Competent Persons）进行完全第三方的评估；也可由他们提交自评估，但仅限于小型项目和竣工阶段评估。自评估方式同样省时省力，BDR 设定市场上 75%的项目均可获得认证，这对推广有很大促进作用。

3.2 日本 CASBEE-改造（简易版）

3.2.1 编制概况

发布机构：日本建筑环境与节能研究院（The Institute for Building Environment and Energy Conservation，IBEC）

主编单位：建筑物综合环境评价研究委员会

编写目的：评价既有建筑绿色改造性能。

修编情况：CASBEE 第一本标准发布于 2002 年，适用于办公建筑绿色性能评价，随后根据评价对象的规模类型、使用功能、评价阶段等，开发了多个版本的评价工具。CASBEE 家族分为建筑类（住宅建筑、非住宅建筑）、都市/社区类（都市、社区）等。CASBEE-改造和 CASBEE-既有属于建筑类的基本标准，两本标准需配合使用，第一版均发布于 2004 年 7 月，并均于 2010 年和 2014 年完成修订。为了推进既有建筑绿色改造，简化 CASBEE-改造和 CASBEE-既有评价流程，提升使用效果，建筑物综合环境评价研究委员会于 2009 年 4 月推出了 CASBEE-改造（简化版）和 CASBEE-既有（简化版），并在 2010 年和 2014 年对其进行了同步修订，其中 2014 版为现行版本。

适用范围：适用于既有建筑改造后的综合性能预测评价（即设计阶段的评价）和改造后运行阶段的实际综合性能。CASBEE-改造（简易版）评价对象按照建筑用途分为“非住宅类”和“住宅类”两大体系，“住宅类”包括医院、酒店、公寓式住宅（别墅除外）。

3.2.2 内容简介

CASBEE-改造（简易版）中的评价项目分为改造前的改造对象、改造后的改造对象、非改造对象三类，评价三类项目时评价工具均不同，分别应采用 NCb（CASBEE-新建）、EBb（CASBEE-既有）进行评价。CASBEE-改造（简易版）评价项目中 *Q* 是指“建筑环境质量”，用于评价建筑中与提高用户生活设施品质的项目；*LR* 是指“建筑外部环境负荷”，用于评价能源/资源消耗以及用地环境产生的不利影响（如公害）（表 3.1）。

日本建筑物综合环境性能对既有建筑绿色改造的评价指标和权重 **表 3.1**

评估领域		指标组别	指标名称	权重系数	
				工厂以外	工厂
Q 建筑环境质量	*Q*1 室内环境	声环境	噪声	40%	30%
			隔声		
			吸声		
		热环境	室温控制		
			湿度控制		
			空调系统		
		光学和视觉环境	日光使用		
			眩光的措施		
			照度		
			照明控制		
		空气环境质量	控制发生源		
			换气		
			运行管理		
	*Q*2 服务性能	功能性	机能性和使用简易性	30%	30%
			心理性和舒适性		
			维护		
		耐用性和安全性	抗震—减震		
			零部件和材料的使用性能		
			适当的更新		
			可靠性		
		影响和更新	空间的宽裕		
			清除负载		
	*Q*3 室外环境（占地内）	生态环境的保护和创造		30%	40%
		城市景观和园林的考虑			
		区域特色设施的考虑	考虑区域特色，改善舒适性		
			改善现场热环境		
LR 建筑环境负荷	*LR*1 能源	建筑物的热负荷控制		40%	40%
		自然资源的使用	自然资源的直接利用		
			自然资源的转换利用		
		设备系统的高效率化	性能标准的 ERR 评价		
			性能标准以外的 ERR 评价		
			集体居住单元专有部分的评价		
		高效运行	监控		
			运行管理系统		
	*LR*2 资源和材料	水资源保护	节水	30%	30%
			雨水和灰水的利用		

续表

评估领域		指标组别	指标名称	权重系数	
				工厂以外	工厂
LR 建筑环境负荷	*LR*2 资源和材料	不可再生资源的使用量减少	材料使用量的减少	30%	30%
			既有建筑框架结构的继续使用		
			墙体材料的循环再利用		
			非结构性材料明确循环再利用的使用		
			可持续森林生产木材		
			提高部分材料可重复性再利用的工作		
		避免使用含有污染物的材料	使用的材料不含有对人体有害的物质		
			氟利昂和卤化烃的回避		
	*LR*3 建筑用地外环境	考虑全球变暖		30%	30%
		地域环境的考虑	防止大气污染		
			改善热环境恶化		
			当地基础设施的负荷控制		
		周围环境的考虑	防止噪声、震动和恶臭		
			控制风损坏，灰尘和阳光损害		
			控制光污染		

3.2.3 标准亮点

1）评价方法

CASBEE 是以 *Q*（Quality：建筑的环境品质）和 *L*（Load：建筑的环境负荷）这两部分分别进行评分，最终以 $BEE=Q/L$（Built Environment Efficiency：建筑环境效率）结果为基准值作为指标进行评价。*L* 首先是作为 *LR*（Load Reduction：降低建筑环境负荷减少）进行评价。各评价项目的评分标准，根据以下的标准进行设定。

① 评分标准为 5 分制，基准值为 3 分。

② 原则上满足建筑基准法等最低条件时评定为 1 分，达到一般水准时为 3 分。

③ 一般的水准（3 分）是指达到评价时期相应一般的技术、社会水准。

2）评分规则

CASBEE-改造（简易版）是以改造后的预测评价为主要目的而开发的，由于建筑改造前的状态也可以进行评价，所以两者的比较评价也能进行。因此评价包括未改造部分评价、改造部分的改造前评价、改造部分的改造后评价三部分。

其中，“改造后”和“未改造部分”评价是利用 CASBEE-改造（简易版）必须输入的项目，“改造前”评价是可以选择是否输入的项目。CASBEE-改造（简易版）里面的评价项目多是参考 CASBEE-新建（简易版）和既有（简易版）而构成的，按照评分标准输入评价工具就可以得到 CASBEE-改造（简易版）的评价结果。除此之外，还包括 CASBEE-改造（简易版）特有的评价指标。

评价结果采用分级评价方法，同 CASBEE-新建一样，包含了 *Q*（Quality：建筑的环境品质）和 L（Load：建筑的环境负荷）两部分，按照已经设定的评分标准（1～5 级）来进行评分，1 级是 1 分，5 级是 5 分。

如图 3.2 所示，公寓式住宅、宾馆、医院等住宅类建筑按照《住宅・住宿部分》和《建筑整体・公共区域》两部分分开进行评价。由于评价项目不同，《住宅・住宿部分》和《建筑整体・公共区域》分别采用不同的评价标准。当需要建筑整体的评价结果时，每部分的得分按照面积的比例进行加权平均，即可得到整个建筑的得分。

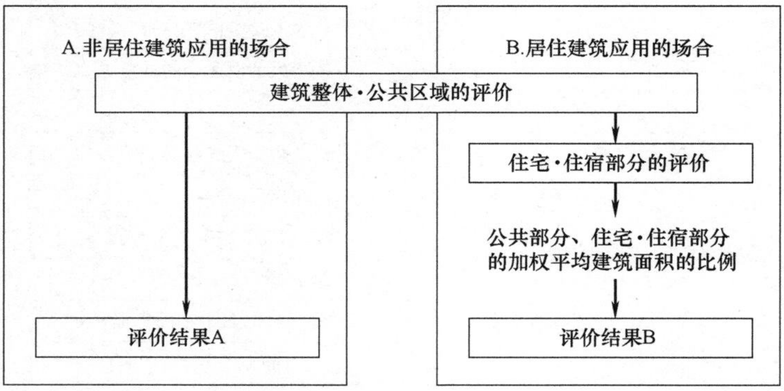

图 3.2　包含住宅建筑和非住宅建筑的评价方法

3）全生命期 CO_2 的计算

① 标准计算

关于 $LR3$（1. 温室效应的考虑）项目，以生命期 CO_2 为指标进行评价。建筑物的全生命期 CO_2 的计算通常工作量巨大，用 CASBEE 可以简单地计算、估算。具体来说，各不同用途建筑设定了相应的全生命期 CO_2 排出量标准，在设计、运行、维修、改造和拆除阶段，与 CO_2 排放相关的评价项目结果（评定等级）可以自动进行计算（部分需要手动计算）。

a. 设计阶段

“$LR2$ 资源和材料”是通过“继续使用既有建筑结构”和“活用可回收建材”来评价的。与设计材料相关的 CO_2 排放量可以通过既有建筑结构的利用率、高炉水泥的利用率这些指标来估算。

b. 使用阶段

通过“$LR1$ 能源”中涉及的围护结构性能系数 PAL 值和各类设备能耗系数 CEC 值可以计算出建筑一次能源消耗量的削减率等值，运行阶段的 CO_2 排放量可以轻松地推算出来。

c. 维修、改造和拆除阶段

采取有效措施提高建筑耐用年限在“$Q2$ 服务性能”中进行评价。但是，具体的建筑使用年限的提高无法精确计算全生命期 CO_2。因此，除了住宅，其他建筑的使用年限全部统一处理，以此来推算全生命期 CO_2。

事务所、医院、宾馆、学校、集会场所：60 年；

商店、餐厅、工厂：30 年；

公寓式住宅：根据住宅性能表示的劣化措施等级，30 年、60 年、90 年不等。

② 个别计算

由评价者自己进行详细的数据收集和计算，算出精度很高的全生命期 CO_2 的情况，我们称作“个别计算”，计算结果可以作为评价结果的一部分。关于个别计算的方法，一般采用生命期评估（LGA）的方法，关于计算方法和计算条件等由评价者进行详细的展示。一般可以利用的 LGA 方法可以在建筑的 LGA 指引（日本建筑学会编，丸善，2006）等杂志上找到。而且，根据评价者的计算条件等具体的内容，向附属的评价软件《全生命期 CO_2 计算条件表》输入即可。

4）多功能建筑评价

对于包含两种或两种以上功能的综合建筑物的评价，首先是按照功能将建筑物划分为多个单独的建筑功能区，然后对每个功能区进行分别评价，再将所得结果按各功能区所占的建筑面积比例进行加权平均，最后获得整个建筑物的评价结果。对于多功能建筑，先计算出每部分的得分，然后通过面积加权计算出整个建筑的总得分。除了作为单体建筑的不同使用功能以外，对于在用地范围内几个功能不同的建筑也是适用的。同时，LR1 能源的评价，在全部功能范围内，把作为基准的一次能源消耗量和评价建筑的一次能源消耗量进行合计，通过建筑整体 ERR 进行计算从而进行评价（图 3.3）。

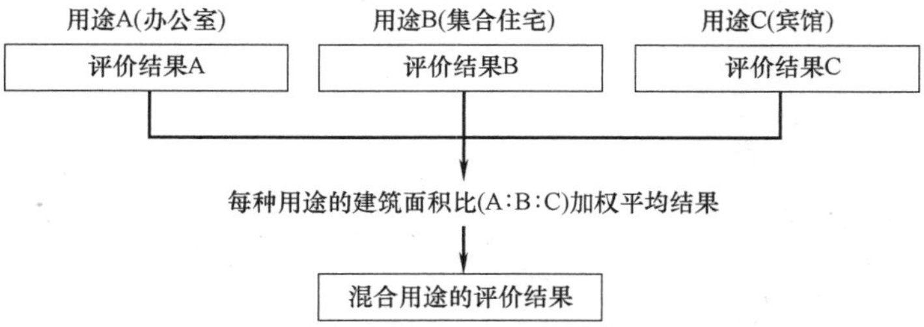

图 3.3 多功能建筑的评价方法（三种用途综合在一起的情况）

5）综合性能提高后评价

改造后 BEE 的提升按照下面公式进行评价：

$$\Delta BEE = BEE_{改造后} - BEE_{改造前}$$

例如：$BEE_{改造前}=0.9$，评价结果属于 B 等级的建筑，$BEE_{改造后}=1.8$，改造成 A 等级的建筑时，$\Delta BEE=1.8-0.9=0.9$。

6）节能改造中特殊部分的评价

通过某项改造措施可以改善室内环境，也可以提高节能性，但是通过提高围护结构的保温隔热性能在节能的同时也可以改善室内温热环境。因此，改造时同时评价节能性的提升和改善室内环境很重要，可对相应指标进行评价。节能改造的环境性能效率 BEE_{ES} 和 ΔBEE_{ES}（ES 指 Energy Saving）的定义如下所示。

$$BEE_{\mathrm{ES}}=Q_{\mathrm{ES}}/L_{\mathrm{ES}}$$

$$\Delta BEE_{\mathrm{ES}}=BEE_{\mathrm{ES改造后}}-BEE_{\mathrm{ES改造前}}$$

其中，Q_{ES} 和 L_{ES} 计算公式如下所示：

$Q_{\mathrm{ES}}=25\times(SQ1-1)$（$SQ1$：$Q1$ 室内环境的得分）

$L_{\mathrm{ES}}=25\times(5-SLR1)$（$SLR1$：$LR1$ 能源的得分）

7）评价结果

评价结果通过“分数表”和“结果表”以书面的形式汇总。CASBEE-改造（简易版）的情况是，“结果表”由“改造前结果显示表”“改造后结果显示表”和“改造前后比较显示表”三个表构成，分别将改造前、改造后和改造前后的比较结果进行显示。

CASBEE-改造（简易版）的“分数表”分为“分数输入表”和“分数表示表”两个部分。各评价项目的评分结果首先在“分数输入表”里面汇总。对各评价项目的权重系数进行加权，算出 $Q1\sim Q3$、$LR1\sim LR3$ 各个部分的综合得分 $SQ1\sim SQ3$、$SLR1\sim SLR3$，以及 Q 和 LR 的得分 SQ、SLR。

“结果表示表”是对于 Q（建筑的环境品质）和 LR（建筑的环境负荷降低程度）范围的评价结果用雷达图、柱状图和 BEE 数值表示。BEE 值（建筑环境效率）的结果用图表和数字表示出来。通过这些图表可以从总体上把握多方面出于环保考虑的建筑特征（图 3.4）。

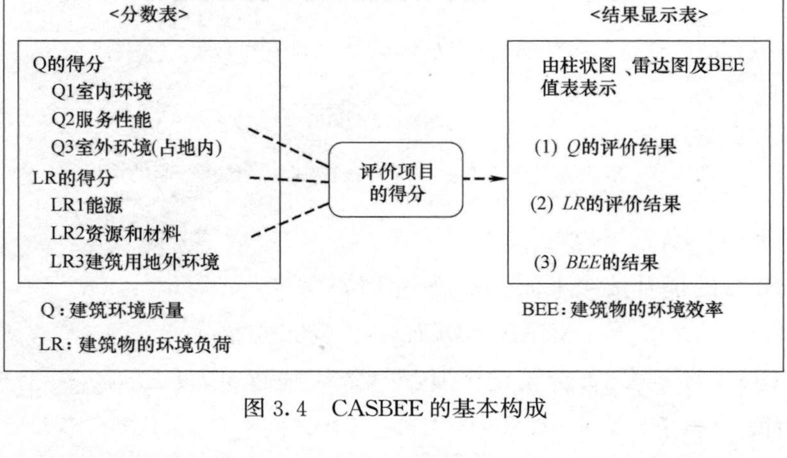

图 3.4　CASBEE 的基本构成

BEE 是以 Q 和 LR 的得分 SQ、SLR 为基础，用下面的方式求得：

$$BEE=\frac{Q:\text{建筑物的环境品质}}{L:\text{建筑物的环境负荷}}=\frac{25\times(SQ-1)}{25\times(5-SLR)}$$

此外，由图表坐标上的纵轴 Q 值和横轴的 L 值绘制出来的环境效率的位置，可以表示出 S 级到 C 级 5 个级别的排序。*BEE* 值以通过原点的一条直线的斜率来表达，*BEE* 等于 1 的建筑为标准建筑，Q 值越大则 *BEE* 值越大，对应的 L 值越大则 *BEE* 值越小。斜率越陡峭则对应的建筑越是符合可持续发展建筑的特点（图 3.5）。随着 *BEE* 值得变化将建筑划分为以下几个等级：C、B⁻、B⁺、A、S（表 3.2）。基于环境效率的 CASBEE 与其他评价体系相比很有优势。

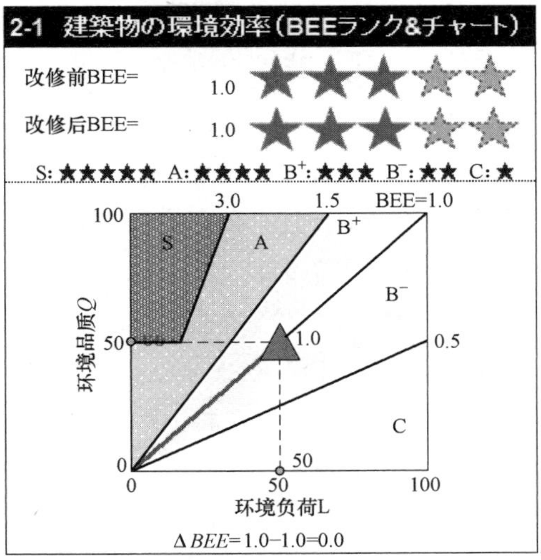

图 3.5　*BEE* 值和红星排名在建筑环境效率中的表示

BEE 值与评价等级的对应　　**表 3.2**

等级	评价		BEE 值	排名表示
S	Excellent	卓越	*BEE*＝3.0 以上、*Q*＝50 以上	红色★★★★★
A	Very Good	优秀	*BEE*＝1.5 以上不到 3.0	红色★★★★
B^+	Good	良好	*BEE*＝1.0 以上不到 1.5	红色★★★
B^-	Fairly Poor	稍差	*BEE*＝0.5 以上不到 1.0	红色★★
C	Poor	差	*BEE* 不到 0.5	红色★

3.3　德国 DGNB

3.3.1　编制概况

发布机构：德国绿色建筑协会（German Sustainable Building Council）

主编单位：德国交通、建设与城市规划部（BMVBS）和德国绿色建筑协会（German Sustainable Building Council）

编写目的：为确保整个建筑从设计、建造及运营管理一致的全面质量标准，全面把控建筑的生态性、经济性及社会和功能性，特编写 DGNB。

修编情况：DGNB 第一版发布于 2008 年，第二版发布于 2018 年（现行版本）。

适用范围：新建及既有建筑绿色性能评价。

3.3.2　内容简介

DGNB 共包括生态环境质量、经济质量、社会文化和功能质量、技术质量、过程质量、场地质量六大部分技术内容，涵盖可持续建筑的所有关键方面：环境、经济、社会文化和功能、技术、流程和场地。评估中，按其重要性占取相应比例，其中过程质量和场地质量占10%，其余各项分别占22.5%。各章节主要内容如下：

1）生态环境质量（环境质量的六项指标允许建筑物对全球和当地环境的影响以及对资源和废物产生的影响进行评估）：

楼宇生命周期评估（ENV1.1）

本地环境影响（ENV1.2）

可持续资源开采（ENV1.3）

食水需求及污水量（ENV2.2）

土地利用（ENV2.3）

地盘的生物多样性（ENV2.4）

2）经济质量（经济质量的三个标准用于评价长期经济可行性）：

生命周期成本（ECO1.1）

灵活性和适应性（ECO2.1）

商业可行性（ECO2.2）

3）社会文化和功能质量（社会文化和功能质量的八个指标有助于评估建筑的健康、舒适和用户满意度以及功能的基本方面）：

热舒适（SOC1.1）

室内空气质量（SOC1.2）

声安慰（SOC1.3）

视觉舒适（SOC1.4）

用户控件（SOC1.5）

室内外空间质量（SOC1.6）

安全及保安（SOC1.7）

为所有人设计（SOC2.1）

4）技术质量（技术质量的七项指标提供了一个从有关可持续性方面评价技术质量的比例尺）：

隔声（TEC1.2）

建筑围护结构质量（TEC1.3）

建筑技术的应用与集成（TEC1.4）

易于清洗楼宇组件（TEC1.5）

易于回收及循环再造（TEC1.6）

引入控制（TEC1.7）

移动基础设施（TEC3.1）

5）过程质量（过程质量的九个标准旨在提高规划质量和施工质量保证）：

综合项目背景（PRO1.1）

招标阶段的可持续发展事宜（PRO1.4）

可持续管理文件（PRO1.5）

城市规划设计程序（PRO1.6）

施工现场/施工流程（PRO2.1）

工程质量保证（PRO2.2）

系统调试（PRO2.3）

用户通信（PRO2.4）

FM-compliant 规划（PRO2.5）51 系统性的验收调试与投入使用

6）场地质量（场地质量的四个标准评估项目对环境的影响）：

当地环境（SITE1.1）

对地区的影响（SITE1.2）

传输访问（SITE1.3）

使用便利设施（SITE1.4）

3.3.3 标准亮点

2018 版 DGNB 评估系统相比之前版本做出如下调整：

1）奖金制度的引入

DGNB 首次为 16 项指标引入奖金，如果超额完成，这些指标将对认证结果产生积极影响。其目的是奖励支持循环经济原则的新解决方案，或对气候保护和联合国 2030 年可持续发展议程的其他目标做出特别重大贡献。

2）创新能力

为了促进新思维，鼓励人们走出舒适区，并支持规划自由和技术开放，DGNB 推出了一种名为 Room to innovation 的工具，适用于大约一半的更新标准，目标是积极地激励人们为项目寻求最佳的可能解决方案。

3）建筑对可持续发展目标的贡献

对于所有标准，现在已考虑以不同的方式将评估同联合国的可持续发展目标或德国的官方可持续战略联系起来。这是为了向建筑业主展示建筑如何为实现目标做出贡献，以便符合德国国家可持续发展战略。同样，其目的也在于激励后续用户和运营商更加关注可持续发展目标以及如何使用建筑。

4）新标准、新指标

DGNB 引入了一个新的标准，称为生物多样性，以解决建筑对自然多样性的贡献。例如，可以反映绿色空间的质量，以及场地如何有助于保护动植物或鼓励定居。

DGNB 引入的两个新评估指标为“用户沟通”和“FM-Centric 计划”，反映了为可持续运营的建筑所做的准备。这可以通过使用或管理建筑物的人员的早期和持续的参与来实现。通过 FM 检查，可以尽早考虑与设施管理相关的最重要的可持续性因素。

5）基础标准修改

以标准生命周期成本为基准，对基准进行全面检修。还采用一些新的指标，以鼓励尽早和不断地审议全生命周期影响评估的结果，特别是在规划期间。

在 DGNB 标准中，室内空气质量标准仍然是一个非常重要的因素，提醒人们应该采取措施。修订后，有关规定更为严格，甲醛的目标值亦进一步降低，这使得 DGNB 成为全球最严格的绿色建筑评价标准。但是，为保护不吸烟人士及减少影印机及打印机所产生的细颗粒物而采取的特别措施亦可获加分。增加了对光污染的控制，鼓励汽车共享和联合运输，鼓励电动汽车。

建筑工地的质量保证标准，重点已转向实际施工过程中对建筑材料进行质量检查。为了达到这一标准，现场管理人员必须接受具体的指导，具有适当资格的人必须在使用材料时不断检查材料。此外，预防霉菌或真菌的措施也可加分。

6）标准权重变化

在此之前，当局在签发数码地面广播证书时，曾参考与网站质量有关的准则，但并没有把这些准则计算在总分内。立即生效后，这些标准现在占总评级的 5%。这样做的原因是有意识地考虑周围地区和一个地区或社区内的情况可以产生各种积极的协同作用。同样，建筑在为社区增加价值方面也有重要的贡献。

工艺质量现在将获得 12.5%的更大权重（以前是 10%）。国家地理信息局的这一举措强调了在建筑过程的所有阶段让规划师和建筑师参与进来的重要性，以确保建筑的实际可持续性。

与技术质量有关的标准现在将占总分的 15%（以前为 22.5%）。其原因是 DGNB 系统对各种技术都是有效开放的：它评估使用某种技术或解决方案对建筑物的影响。因此，与建筑认证有关的许多技术方面（如能源效率或可回收材料）都被超越其他标准的因素详细地捕获，并反映在指标或奖金中。

某些标准的权重也有所变化。例如，现在更加强调的是关于当地环境影响的准则，即以避免有害和有害物质为中心的准则，或室内空气质量准则。

7）评估方法

DGNB/BNB 体系设有二级指标体系，对每一条指标都给出明确的测量方法和目标值，依据数据库和计算机软件的支持，评估公式根据建筑已经记录的或者计算出的质量进行评分，每条标准的最高得分为 10 分，每条标准根据其所包含内容的权重系数可评定为 0～7，因为每条单独的标准都会作为上一级或者下一级标准使用。根据评估公式计算出质量认证的建筑达标度。

评估/达标度（分为金、银、铜级）：50%以上为铜级，65%以上为银级，80%以上为金级。

达标度可以用分数做如下表示：达标度为90%的为1.0分、达标度为80%的为1.5分、达标度为65%的为2.0分。

DGNB评估结论显示的评估图直观地总结了建筑在各个领域及各个标准的达标情况，如图3.6所示。

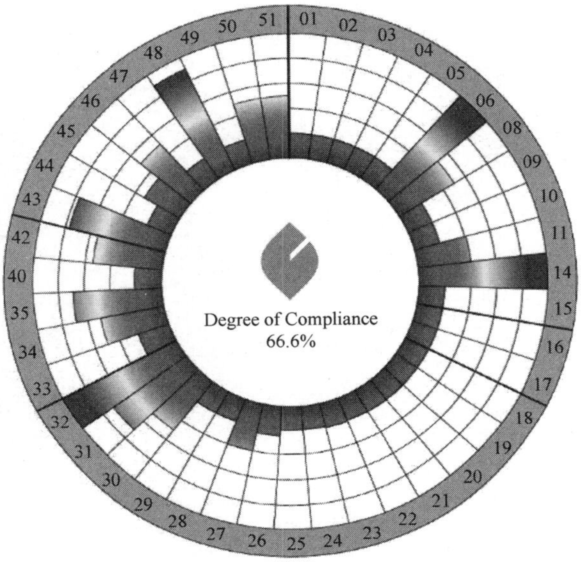

图3.6　DGNB评估图例

3.4　新加坡 Green Mark for Existing Residential Buildings

3.4.1　编制概况

发布机构：新加坡建设局

主编单位：新加坡建设局

编写目的：推动新加坡既有居住建筑绿色改造的标准化和规范化，为相关设计团队和施工团队开展绿色改造工作提供依据，提高利益相关者，如管理机构、镇议会和相关政府机构的生态意识，促使它们通过管理降低居民生活中的环境足迹。Green Mark已成为当地建筑行业的强制执行标准。

修编情况：2011年发布第一版本，并在2015年略微修改后使用至今。

适用范围：新加坡私人和公共住宅绿色改造性能评价。

3.4.2　内容简介

如表3.3所示，Green Mark for Existing Residential Buildings包括节能、节水、可持续运营与管理、社区和幸福、其他绿色措施等五个章节。

新加坡既有居住建筑绿色标志的相关指标和分值 **表 3.3**

一级指标	二级指标	分值 POINTS AVAILABLE	先决条件 PRE REQUISITIES
ASSESSMENT CRITERIA			
1 节能 Part 1-Energy Efficiency	1-1 能效指数 1-1 Energy Efficiency Index	33	15
	1-2 能源政策和管理 1-2 Energy Policy & Management	3	3
	1-3 能源监测 1-3 Energy Monitoring	3	1
	1-4 公共区域和停车场的自然通风 1-4 Natural Ventilation for Common Areas & Car Parks	3	—
	1-5 照明 1-5 Lightings	15	10
	1-6 电梯 1-6 Lifts	4	1
	1-7 再生能源/其他节能措施 1-7 Renewable Energy / Energy Efficient Features	10	—
2 节水 Part 2-Water Efficiency	2-1 节水配件 2-1 Water Efficient Fittings	3	—
	2-2 用水监测 2-2 Water Monitoring	3	2
	2-3 节水改善计划 2-3 Water Efficiency Improvement Plans	2	2
	2-4 水槽清洗 2-4 Washing of Water Tanks	2	—
	2-5 灌溉系统 2-5 Irrigation System	3	—
	2-6 公共区域清洗 2-6 Common Area Washing	5	2
3 可持续运营与管理 Part 3-Sustainable Operation & Management	3-1 建筑运营和管理 3-1 Building Operation & Maintenance	4	3
	3-2 废物管理 3-2 Waste Management	5	3
	3-3 公共交通可达性 3-3 Public Transport Accessibility	2	—
	3-4 雨水管理 3-4 Storm-water Management	4	—
	3-5 可持续产品 3-5 Sustainable Products	3	—
4 社区和幸福 Part 4-Community and Well-being	4-1 社区参与绿色活动 4-1 Community Involvement in Green Activities	7	2
	4-2 居民反馈和评估 4-2 Residents' Feedback & Evaluation	5	4
	4-3 绿化 4-3 Greenery	7	2

续表

一级指标	二级指标	分值 POINTS AVAILABLE	先决条件 PRE REQUISITIES
ASSESSMENT CRITERIA			
4 社区和幸福 Part 4-Community and Well-being	4-4 噪声水平 4-4 Noise Level	1	—
	4-5 照明质量 4-5 Lighting Quality	1	—
	4-6 垃圾槽位置 4-6 Location of Refuse Chutes	1	—
5 其他绿色措施 Part 5-Other Green Features		8	—
总计		137	50

1）节能

“节能”从被动设计、用电和能源三个方面提出要求：被动设计策略主要指自然通风设计，设计对象为公共区域和停车场；用电方面包括照明、电梯和用电监控；能源方面包括能效指数、再生能源、能源政策和管理。其中，能效指数是非常重要的一个指标（权重为46.47%），其次是照明（21.13%），最后是再生能源（14.08%）。

2）节水

“节水”考虑水源、设备、用水监控和计划：水源主要指水箱清洗用水、雨水等非饮用水的收集利用；设备包括每户安装的配件（如抽水马桶、淋浴器等）和公共区域安装的灌溉系统与清洁设备。该章节“公共区域清洗”所占权重最高（27.78%），其他指标权重相差不显著。

3）可持续运营与管理

“可持续运营与管理”分别从管理和设计两个层面提出要求：其一，要求管理者制定环境清洁、疾病预防、废物回收等计划，通过指南、宣传材料等途径推广绿色意识；其二，要求场地交通设计和景观设计分别考虑可达性和水质净化，从而达到可持续的目的。

4）社区和幸福

“社区和幸福”主要针对人的社会性、反馈度、舒适和健康提出要求。舒适和健康包括绿化、噪声、照明和垃圾槽位置。其中，社会性、反馈度和绿化指标的权重之和占整个章节的86.36%。

3.4.3 标准亮点

1）控制项要求

该标准多是提出针对性的措施规定，性能要求较少，详见表3.4。表中下划线内容为先决条件，又可称为强制性要求或中国标准中的控制项。该标准在“节能”方面对性能和管理非常重视：所有涉及性能的指标，即能效指数和照明功率密度，都设有

新加坡既有居住建筑绿色标志评估细则 **表 3.4**

评估指标	分值 * 下划线内容为控制项
1 节能	
1-1 能效指数 1-1-1 公共区域能效指数 选项 A:与其他住宅建筑相比,在公共区域和相关设施取得节能效果 或 选项 B:与自身过去五年内节能的历史基准线相比 1-1-2 家庭节能 家庭节能与全国平均值相比	能效指数 40kWh/m^2·a,获得 15 分 自基准 40kWh/m^2·a 起,每降低 1%, 即获得 0.2 分(得分上限 10 分) 与历史基准线相比,节能 10%,获得 15 分 自基准节能 10%起,每提高 1%, 即获得 0.2 分(得分上限 10 分) 与全国平均值相比,每提高 1%, 即获得 0.2 分(得分上限 8 分)
1-2 能源政策和管理 能源政策、能源目标和定期审查作为环境战略的一部分 说明未来五年节能计划的意图、措施及实施策略 每年向建设局汇报建筑能耗数据,提供月度能源账单和能源账单汇总	1 分 1 分 1 分
1-3 能源监测 鼓励用电监测和管理的系统设计 采用主要计量电表监控每月用电情况 采用分户计量电表监控每月用电情况,管理每个关键建筑设施的用电(如公共区域照明、电梯、俱乐部会所、停车场机械通风风扇等)	1 分 2 分
1-4 公共区域和停车场的自然通风 鼓励在公共区域和停车场采用高效节能的通风设计 1-4-1 公共区域交叉通风,如电梯间、走廊和楼梯间 1-4-2 停车场 停车场采用自然通风设计 或 采用机械通风设计时,设置一氧化碳监测器来控制空气质量	1 分 2 分 1 分
1-5 照明 鼓励在公共区域照明设计时,采用高效能的照明灯具, 减少照明能耗,同时也要保证照明照度水平 公共区域人工照明和基准线 (等于规范 SS530 中规定的最大照明功率密度)	照明功率密度与基准线相比,降低 10%,获得 10 分 额外每降低 1%,即获得 0.2 分(得分上限 5 分)
1-6 电梯 鼓励电梯设计采用节能措施 采用变压变频电动机驱动、无人使用时的休眠功能或其他等同设计 采用无齿轮电梯 采用再生式电梯	1 分 1 分 2 分
1-7 再生能源/其他节能措施 鼓励采用再生能源或其他有创新意义或对环境有积极保护意义的节能措施,例如太阳能、风能、热量回收设备、移动感应器、无管道机械通风机、光导管等	(加分项)在公共区域利用再生能源或 其他节能措施替代其他能源, 每 1%即获得 1 分(得分上限 10 分)

续表

评估指标	分值 * 下划线内容为控制项
2 节水	
2-1 节水配件 鼓励采用已经通过新加坡节水绿色标签认证或其他等同节水标准检验的节水配件，包括洗脸盆水嘴、抽水马桶、淋浴器、洗菜池水嘴、所有其他配件	至少 90％的配件通过节水标签认证或其他等同节水标准检验。新加坡节水标签认证等级："很好"为 2 分，"极好"为 3 分 （最高得分 3 分）
2-2 用水监测 鼓励用水监测和管理的系统设计 采用主要计量水表监控每月用水情况 采用分户计量水表监控每月用水情况，跟踪主要用水区域的用水情况（如公共区域冲洗、灌溉系统、游泳池等） 展示宣传海报，鼓励节水做法，防止非法取水	 1 分 1 分 1 分
2-3 节水改善计划 制定计划，包括：根据自己的历史基准线设立节省目标，提供当前用水量的细分、节水措施清单以及未来五年实施相关节水措施的时间表 拟议的相关节水措施所产生的承诺水资源节约量应量化	2 分
2-4 水槽清洗 重复利用每年水箱清洗用水，用于非饮用水，如公共区域清洗，灌溉等	2 分
2-5 灌溉系统 采用可以利用雨水或循环水的灌溉系统进行绿化浇灌，并选择灌溉需求量小的植物，以减少饮用水的消耗 利用非饮用水（包括雨水）进行绿化浇灌 采用节水型灌溉系统 种植耐旱植物	覆盖范围： 覆盖绿化面积的 50％以上，可获得 1 分 覆盖绿化面积的 25％以上，可获得 0.5 分 （最高得分 1 分） （最高得分 1 分） （最高得分 1 分）
2-6 公共区域清洗 采用节水型清洁设备，流量等级为： （a）小于 12L/min （b）小于 8.5L/min 清洁设备的喷枪配备弹簧加载开/关控制装置，以确保当松开喷枪上的弹簧控制装置时，泵和水流立即关闭 利用非饮用水进行公共区域清洗	 1 分 2 分 1 分 1 分
3 可持续运营与管理	
3-1 建筑运营和管理 向居民提供绿色指南，绿色指南应记录减少能源使用，减少水资源使用和减少废物产生的最佳做法 积极实施并定期审查以可持续发展为目标的运营计划： （a）环境政策、清洁策略和时间表 （b）针对禽流感、H1N1 等的标准操作程序（SOPs），包括增加清洗公共区域或设施的频率	2 分 1 分 1 分
3-2 废物管理 鼓励开发中的废物回收利用，以减少垃圾填埋 发放宣传材料，如海报、通告和回收袋，以分类、收集和回收家庭废物，提供分类回收箱，如玻璃、纸张、金属、不可回收废物等： （a）在中心位置 （b）在每个街区 每月监测一般废物和可回收物品的数量 提供废物管理改善计划	 1 分 1 分 1 分 1 分 1 分

续表

评估指标	分值 * 下划线内容为控制项
3-3 公共交通可达性 利用以下措施，来推广使用公共交通或自行车， 以减少私家车使用造成的环境污染： (a)提供通往最近地铁站、电车站、公共汽车站的通道 (b)提供充足的自行车停车位	 1分 1分
3-4 雨水管理 鼓励对雨水径流进行处理，然后排放到公共排水沟 在场地中提供以下 ABC Waters 设计策略： 生物滞留系统 雨花园 人工湿地 具有净化功能的群落生境 * 注意：新加坡正在采用 ABC Waters 管理策略，即 ABC Waters 设计策略，通过植物和土壤介质等自然方式保留和治理水，以改善水质	根据雨水的处理程度得分： 处理总占地面积或铺设面积的30%以上的径流，获得4分 处理总占地面积或铺设面积的20%～30%的径流，获得3分 处理总占地面积或铺设面积的10%～20%的径流，获得2分 处理总占地面积或铺设面积的5%～10%的径流，获得1分 （最高得分4分）
3-5 可持续产品 推广使用本地认证机构认证的环保产品	3分
4 社区和幸福	
4-1 社区参与绿色活动 鼓励居民参与绿色活动	每年至少组织1次绿色活动，获得2分 （* 超金奖必须2次，白金奖必须3次） 额外每年每增加1次绿色活动， 即获得1分(得分上限5分)
4-2 居民反馈和评估 提供有效的居民反馈渠道，即热线、电子邮件等，使居民取得该区的所有权 进行上门满意度调查，以提高公共设施的生活环境质量 对反馈和调查结果进行评估 提供后续行动清单	 2分 1分 1分 1分
4-3 绿化 鼓励加大绿化覆盖率，以减轻热岛效应 绿化覆盖率(GnP)是利用绿化面积指标(GAI)、考虑三维立体绿化覆盖体积之后，得出的数据： 草坪的 GAI=1 灌木的 GAI=3 棕榈树的 GAI=4 树木的 GAI=6 使用由园林落叶等废物堆肥生产肥料	GnP≥0.5，获得1分 额外每增加0.5，即得0.5分(得分上限5分) 1分
4-4 噪声水平 确保室内噪声保持在适当的声级	1分
4-5 照明质量 确保照明水平，以提高可视性和安全性。公共区域的照明等级需符合 CP38 或 SS531 的规定	1分
4-6 垃圾槽位置 设计时把垃圾槽放置在敞开通风区域， 如阳台或公共走廊，以减少垃圾产生的空气污染物	1分

续表

评估指标	分值 * 下划线内容为控制项
5 其他绿色措施	
鼓励采用其他一些具有改革创新意义的、对环保有积极作用的新措施，例如： 气动垃圾收集系统 双垃圾槽区分可回收和不可回收垃圾 建筑外立面自动清洁系统 灰水回收系统 绿色屋顶和垂直绿化 堆肥箱回收有机废物 虹吸式雨水排放系统	（加分项） 高效事项，获得 2 分 中效事项，获得 1 分 低效事项，获得 0.5 分 （得分上限 8 分）

控制项，且控制项的分值比评分项的分值多；管理相关指标都是控制项，改造项目必须获得这个指标内的所有分值。“节水”的控制项分别是每月用水监测、改善计划、节水宣传、清洁设备的种类和性能。“可持续运营与管理”只对管理层面提出强制性要求，设计层面只有评分项。“社区和幸福”中有关于人的社会性和反馈度的指标几乎全是控制项。值得一提的是，该标准在最后强调，超金奖项目必须每年至少组织 2 次绿色活动，白金奖项目则是 3 次。除此之外，“绿化”指标中有 2 分为控制项，其余 5 分为评分项。

2）能效指数（EEI）

“节能”中的能效指数（EEI）全称 Energy Efficiency Index。有关能效指数的建筑能源审计研究是在新加坡国立大学的总建筑性能中心（Centre for Total Building Performance，CTBP）进行。该指数是一个良好的建筑能效，性能指标使业主能够清晰地知道他们的建筑模拟效率和实际效率之间的差值，以及他们的建筑和其他建筑之间的差距，以便业主设定目标。能效指数的计算如下：

$$EEI=(TBEC-DCEC)/(GFA_{\text{excluding carpark}}-DCA-GLA\times VCR)\times(55/OH)$$

式中：

$TBEC$——建筑总能耗，kWh/a；

$DCEC$——数据中心能耗，kWh/a；

$GFA_{\text{excluding carpark}}$——不包括停车场面积的总建筑面积，$m^2$；

DCA——数据中心面积，m^2；

GLA——总可租赁面积，m^2；

VCR——总可租赁面积的加权楼层空置率，%；

55——新加坡办公建筑每周运营时间，h/周；

OH——可租赁区域的加权每周运营时间，不包括数据中心区域，h/周。

3）绿化覆盖率

“绿化”中的绿化覆盖率（GnP）全称 Greenery Provision，后新加坡建设局更新为 Green Plot Ratio（GnPR），采用新加坡国家公园管理局提出的计算方式，将叶面积指数（*LAI*）、种植区覆盖面积和种植区数量相乘计算总叶面积，再除以场地面积得出绿化覆盖率（*GnPR*）。

3.5 《既有建筑绿色改造评价标准》GB/T 51141—2015

3.5.1 编制概况

发布机构：住房和城乡建设部

主编单位：中国建筑科学研究院、住房和城乡建设部科技发展促进中心

编写目的：为既有建筑绿色改造评价提供技术支撑和标准指导。

修编情况：GB/T 51141—2015 第一版于 2015 年发布，2020 年开始修订，新版标准尚未发布。

适用范围：GB/T 51141—2015 适用于改造后为民用建筑的绿色性能评价。同时，以进行改造的既有建筑单体或建筑群作为评价对象，评价对象中的扩建面积不应大于改造后建筑总面积的 50%，否则本标准不适用。

3.5.2 内容简介

GB/T 51141—2015 共包括 11 章，如图 3.7 所示。前 3 章分别是总则、术语和基本规定；第 4～10 章为既有建筑绿色改造性能评价的 7 个一级评价指标，按照既有建筑绿色改造所涉及的专业分为：规划与建筑、结构与材料、暖通空调、给水排水、电

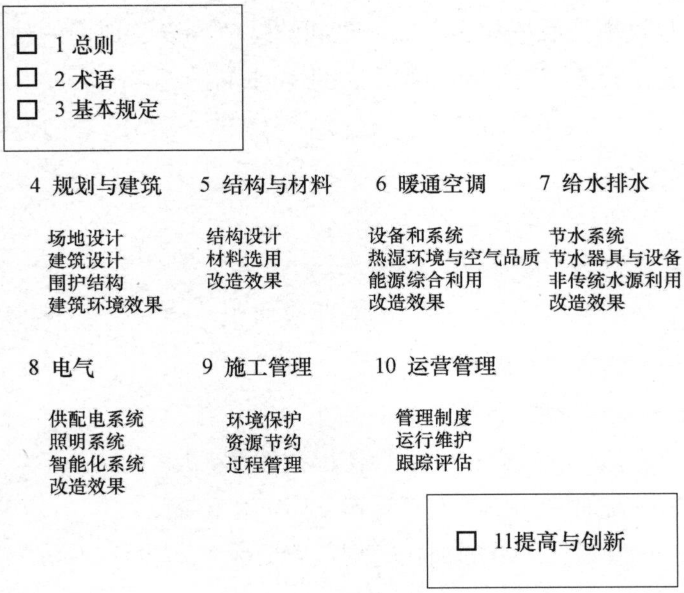

图 3.7 《标准》内容框架

气、施工管理和运营管理；第 11 章是提高与创新，主要考虑涉及绿色建筑资源节约、环境保护、健康保障等的性能提高或创新性的技术、设备、系统和管理措施，通过奖励性加分进一步提升既有建筑绿色改造效果。

既有建筑绿色改造评价指标按照专业划分，其一级指标由规划与建筑、结构与材料、暖通空调、给水排水、电气、施工管理、运营管理 7 大类组成，每类指标均包括控制项和评分项。GB/T 51141—2015 共包括 120 个二级指标，其中控制项 30 条、评分项 90 条，详见表 3.5。

GB/T 51141—2015 评价指标体系（不含加分项） **表 3.5**

	规划与建筑	结构与材料	暖通空调	给水排水	电气	施工管理	运营管理
控制项	场地安全 污染源排放 日照标准 历史建筑和历史街区	非结构构件专项检测 建筑材料及制品 新增纵向受力钢筋	节能诊断 热负荷和逐时冷负荷重新计算 电直接加热设备	专项方案 给排水系统安全可靠 安全非传统水源利用	照明质量 照明功率密度值 高压汞灯和白炽灯	管理体系和组织机构 环境保护计划 安全施工 绿色改造专项会审	节能、节水、节材与绿化管理制度 垃圾管理制度 污染物管理制度 公共设施运行记录
评分项	场地交通 周边生态环境 停车场所和设施 绿化用地 透水地面 室内功能分区 风格统一、装饰简约 室内空间灵活分隔 被动降低能耗措施 围护结构热工性能 功能房间隔声性能 场地内环境噪声 场地风环境 光污染控制 室内噪声 天然采光	结构改造方案 结构改造要求 结构改造技术 土建与装修一体化设计 高强结构材料 高耐久性结构材料 装修简约、材料环保 结构加固和防护材料 可再利用和可再循环材料 预拌混凝土和预拌砂浆 结构抗震性能提升 结构耐久性与设计使用年限相适应	供暖空调机组能效 空调输配系统性能 部分负荷运行能耗 暖通空调用能计量 能源系统管理平台 低成本改造技术 末端独立调节 室内空气净化 自然冷源 余热回收 可再生能源 空调能耗 静态回收期 室内热湿环境	给水系统出水压力 管网漏损 用水分项计量与收费 热水系统 卫生器具 绿化灌溉 空调冷却水系统 非传统水源 景观水体 节水效率增量 场地雨水综合径流系数	用电分项计量 变压器优化运行 火灾报警和漏电保护 电器产品能效等级 谐波抑制装置 间接照明 LED 照明 照明分区控制 可再生能源照明 电梯节能 建筑智能化 照明功率密度值 照度	降尘措施 减振、降噪措施 绿色拆除 用能和节能方案 用水和节水方案 材料工厂加工和现场排版设计 土建装修一体化施工 绿色施工宣传、奖惩制度 设计文件变更 信息化施工技术	物业管理机构认证 能源和水资源管理机构 预防性维护制度及应急方案 能源资源激励机制 绿色建筑宣传 公共设施技术资料 运行管理人员培训和考核 公共设施检查和调试 公共设施清洗 信息化物业管理 机动车停车场管理 能耗统计和能源审计 运行管理跟踪评估 用户满意度调查

既有建筑绿色改造评价体系包括 4 套指标权重。设计评价指标包括建筑与规划、结构与材料、暖通空调、给水排水和电气 5 个一级指标；运行评价指标包括建筑与规

划、结构与材料、暖通空调、给水排水、电气、施工管理和运行管理 7 个一级指标。通过向国内建筑不同领域专家发放调查问卷，利用群体决策层次分析法建立判断矩阵并求解权重值，如表 3.6 所示。

群体决策层次分析法计算一级指标评价权重 **表 3.6**

评价阶段与建筑类型 \ 评价指标		规划与建筑	结构与材料	暖通空调	给水排水	电气	施工管理	运营管理
设计评价	居住建筑	0.25	0.20	0.22	0.15	0.18	—	—
	公共建筑	0.21	0.19	0.27	0.13	0.20	—	—
运行评价	居住建筑	0.19	0.17	0.18	0.12	0.14	0.09	0.11
	公共建筑	0.17	0.15	0.22	0.10	0.16	0.08	0.12

3.5.3 标准亮点

1）绿色改造

GB/T 51141—2015 明确了绿色改造的定义，即以节约能源资源、改善人居环境、提升使用功能等为目标，对既有建筑进行维护、更新、加固等活动。综合分析我国既有建筑存在的问题，将改造目标分为三类：第一是节约能源资源。建筑是能源资源的消耗大户，尤其是在使用阶段的碳排放占自身全寿命周期碳排放比重非常大，改造应该首要解决这个问题。第二是改善人居环境。人的一生大部分时间在建筑内度过，室内环境不仅能够影响人们的身体健康状况，还能够影响学习、工作效率，通过绿色改造，建筑的室内环境质量应该能够满足人们生活和工作的要求。第三是提升使用功能。使用功能是决定建筑形式的基本因素，建筑的使用功能不完善，将严重影响其使用效率，故提升使用功能是建筑改造的目标之一。如果既有建筑一旦出现能源资源消耗过度、人居环境较差、使用功能不完善等问题，就需要采取相应的技术措施对建筑系统、设备和结构进行维护、更新、加固。

2）改造技术选用

我国各地域在气候、环境、资源、经济与文化等方面都存在较大差异，既有建筑绿色改造应结合自身及所在地域特点，采取因地制宜的改造措施，这对 GB/T 51141—2015 条文提出了较高的要求。GB/T 51141—2015 条文不鼓励难度大、费用高的改造技术，而是鼓励在充分利用既有设备、系统等的基础上，合理采取主动和被动措施，提升既有建筑的综合性能。所以，GB/T 51141—2015 按照改造技术对绿色性能的贡献来设置条文和分数，而不是按照改造技术实施的难易程度和成本高低来设置。

3）等级划分

根据绿色建筑发展的实际需求，结合目前有关管理制度，GB/T 51141—2015 将既有建筑绿色改造的评价分为设计评价和运行评价。设计评价的对象是图纸和方案，未涉及施工和运营，所以不对施工管理和运营管理两类指标进行评价，但设计评价时可以对施工管理和运营管理 2 类指标进行预评价，为申请运行评价做准备。运行评价对象是改造后投入使用满一年（12 个自然月）的建筑整体，是对最终改造结果的评价，检验既有建筑绿色改造并投入实际使用后是否真正达到了预期的效果，应对全部 7 类指标进行评价。根据设计评价和运行评价得分对参评项目进行星级评定，鉴于既有建筑可能不对所有专业进行改造，标准不对各指标的最低分进行要求，只要满足所有控制项即可，具体见表 3.7。

既有建筑绿色改造等级划分表　　**表 3.7**

	参评指标	必要条件	得分与星级		
			≥50	≥60	≥80
设计评价	规划与建筑、结构与材料、暖通空调、给水排水、电气	满足所有控制项	一星	二星	三星
运行评价	规划与建筑、结构与材料、暖通空调、给水排水、电气、施工管理、运营管理				

4）改造效果评价

在规划与建筑、结构与材料、暖通空调、给水排水、电气章节中设置了改造效果评价，分值为 25 分左右，目的是不仅要采用某一项技术或措施，还要保证其效果。为了提高效果评价的可操作性，根据改造技术或措施的不同，可选用改造前后性能对比或与相关标准要求相比较。改造前后的性能对比是指，在满足有关标准规范基本要求的前提下，性能水平提升越高得分越多。这种方法主要适用于改造前后均采用相应的设备、系统等，例如建筑功能变化不大，既有办公建筑改造后仍为办公建筑。与相关标准要求相比较是指，只对项目改造后的性能进行评价，达到相关现行标准规范越高的要求得分越多。这种方法主要适用于改造前后采用的设备、系统等变化较大，例如建筑功能发生变化较大，酒店建筑改为办公建筑、工业厂房改为商店建筑等。

3.6 《既有建筑绿色改造技术规程》T/CECS 465—2017

3.6.1 编制概况

发布机构：中国工程建设标准化协会

主编单位：中国建筑科学研究院

编写目的：T/CECS 465—2017 对既有建筑绿色改造具体技术提供支持。

修编情况：T/CECS 465—2017 第一版于 2017 年发布，目前尚未进行修编。

适用范围：T/CECS 465—2017 适用于不同气候区、不同建筑类型的民用建筑绿色改造。工业建筑改造后为民用建筑也适用。

3.6.2 内容简介

T/CECS 465—2017 统筹考虑既有建筑绿色改造的技术先进性和地域适用性，选择适用于我国既有建筑特点的绿色改造技术，引导既有建筑绿色改造的健康发展。T/CECS 465—2017 共包括 9 章，前 2 章是总则和术语；第 3 章为评估与策划；第 4～9 章为既有建筑绿色改造所涉及的各个主要专业改造技术，分别是规划与建筑、结构与材料、暖通空调、给水排水、电气、施工与调试。通过上述内容，规程强调遵循因地制宜的原则进行绿色改造设计、施工与综合效能调试，提升既有建筑的综合品质。

第 1 章　总则

由 4 条条文组成，对 T/CECS 465—2017 的编制目的、适用范围、技术选用原则等内容进行了规定。在适用范围中指出，本规程适用于引导改造后为民用建筑的绿色改造。在改造技术选用时，应综合考虑，统筹兼顾，总体平衡。本规程选用了涵盖不同气候区、不同建筑类型绿色改造所涉及的评估、规划、建筑、结构、材料、暖通空调、给水排水、电气、施工等各个专业的改造技术。

第 2 章　术语

定义了与既有建筑绿色改造密切相关的 5 个术语，具体为绿色改造、改造前评估、改造策划、改造后评估、综合效能调适。

第 3 章　评估与策划

共包括四部分：一般规定、改造前评估、改造策划、改造后评估。一般规定由 6 条条文组成，分别对评估与策划的必要性、内容、方法和报告形式等方面进行了约束。改造前评估由 18 条条文组成，要求在改造前对既有建筑的基本性能进行全面了解，确定既有建筑绿色改造的潜力和可行性，为改造规划、技术设计及改造目标的确定提供主要依据，改造前评估的主要内容见表 3.8。改造策划由 4 条条文组成，在策划阶段，通过对评估结果的分析，结合项目实际情况，综合考虑项目定位与分项改造目标，确定多种技术方案，并通过社会经济及环境效益分析、实施策略分析、风险分析等，完善策划方案，出具可行性研究报告或改造方案。改造后评估由 3 条条文组成，主要对改造后评估的必要性、内容、方法进行了规定。

既有建筑绿色改造前评估内容　　　　表 3.8

类别	内　容
规划与建筑	场地安全性、规划与布局；建筑功能与布局；围护结构性能；加装电梯可行性
结构与材料	结构安全性和抗震性能鉴定；结构耐久性；建筑材料性能
暖通空调	暖通空调系统的基本信息、运行状况、能效水平及控制策略等；可再生能源利用情况和应用潜力；室内热湿环境与空气品质
给水排水	给排水系统的设置、运行状况、分项计量、隔声减振措施等内容；用水器具与设备，包括使用年限、运行效率及能耗、绿化灌溉方式、空调冷却水系统等；非传统水源利用情况和水质安全
电气	供配电系统，包括供配电设备状况、布置方式、电能计量表设置、电能质量等内容；照明系统，包括照明方式及产品类型、控制方式、照明质量、功率密度等；能耗管理系统的合理性；智能化系统配置情况

第 4～9 章分别是规划与建筑、结构与材料、暖通空调、给水排水、电气、施工与调试，是 T/CECS 465—2017 的重点内容，每章由一般规定和技术内容两部分组成，如表 3.9 所示。一般规定对该章或专业的实施绿色改造的基础性内容或编写原则进行了规定和说明，保证既有建筑绿色改造后的基本性能；根据专业不同，各章技术内容分别设置了 2～4 个小节，对相应的改造技术进行了归纳，便于人们使用。例如，第 4 章规划与建筑下面设置了一般规定、场地设计、建筑设计、围护结构、建筑环境，其中场地设计、建筑设计、围护结构、建筑环境属于技术内容。第 4～9 章共包括 137 条条文，其中一般规定 19 条，技术内容 118 条。

T/CECS 465—2017 绿色改造技术目录　　表 3.9

类别	内容
规划与建筑	
一般规定	场地安全治理
	污染源治理
	日照要求
	历史建筑
场地设计	场地内交通环境
	停车场地和设施
	既有住宅小区环境和设施
	绿化景观
	雨水利用措施
	景观水体
建筑设计	建筑空间
	地下空间
	灵活分隔
	无障碍交通和设施
	风格协调和避免过度装饰
	建筑防水
围护结构	保温隔热
	热桥
	玻璃幕墙和采光顶
	门窗
	屋顶
	外遮阳
建筑环境	隔声降噪
	热岛效应
	天然采光
	光污染控制
	自然通风
结构与材料	
一般规定	结构及非结构构件安全、可靠
	抗震加固方案
结构设计	非结构构件
	结构构件
	加固技术
	抗震加固
	增层
	单层排架结构
	多层框架结构
	单跨框架
	砌体结构
	轻质结构采光天窗
	地基基础
材料选用	高强度结构材料
	环保性和耐久性结构材料
	可再利用和可再循环材料
	木结构构件
	装修材料
暖通空调	
一般规定	冷热负荷重新计算
	电直接加热设备
	室内空气参数
	制冷剂
设备和系统	原设备与系统再利用
	新增冷热源机组
	冷热源机组运行策略与性能
	冷水机组出水温度
设备和系统	输配系统性能
	系统分区
	风机
	水系统变速调节
	水系统水力平衡
	冷却塔
	全空气系统
	分项计量
	消声隔振
	低成本改造技术
热湿环境与空气品质	末端独立调节
	室内空气净化
	气流组织
	CO_2 浓度控制
	室内污染物浓度
	地下车库 CO 浓度
能源综合利用	锅炉烟气热回收
	制冷机组冷凝热回收
	排风系统热回收
	自然冷源
	蓄能
	热泵系统
给水排水	
一般规定	综合改造方案
	改造原则
	节水、节能、环保产品
节水系统	水质、水量、水压
	避免管网漏损

续表

类别	内容	类别	内容	类别	内容
节水系统	用水分项计量	供配电系统	配电变压器	一般规定	绿色施工专项方案
	热水系统热源		配电系统安全措施		施工验收
	热水系统选用和设置		电压质量	绿色施工	施工安全
节水器具与设备	2级及以上节水器具		可再生能源发电		部分改造施工措施
	绿化灌溉	照明系统	照明质量		减振、降噪制度和措施
	空调冷却水系统		照明光源		防尘措施
	公用浴室		灯具功率因数		作业时间
	节水用水设备		照明产品		节水施工工艺
非传统水源利用	非传统水源利用		夜间照明设计		施工废弃物减量化、资源化计划及措施
	非传统水源给水系统		控制方式		
	水质安全		可再生能源照明		消防安全
	雨水系统	能耗计量与智能化系统	建筑用能分项计量	综合效能调适	综合效能调适
	景观水体		能源监测管理系统		全过程资料和调适报告
电气			电梯节能控制		调适团队
一般规定	改造原则		智能化系统设计		调适方法
	临时用电保障	施工与调试			综合效能调适验收
供配电系统	供配电系统改造设计	一般规定	施工许可和合同备案		

3.6.3 标准亮点

1）定位和适用范围

既有建筑绿色改造应充分挖掘现有设备或系统的应用潜力，并应在现有设备或系统不适宜继续使用时，再进行局部或整体改造更换，避免过度改造。T/CECS 465—2017 编制前期对我国既有建筑现状和适用技术进行了充分调研，涵盖了成熟的既有建筑绿色改造技术，体现了我国既有建筑绿色改造特点，符合国家政策和市场需求。条文设置避免性价比低、效果差、适用范围窄的技术，尽可能适用于不同建筑类型、不同气候区，防止条文仅可用于某一种情况，最大限度地提高 T/CECS 465—2017 适用性和实际效果。

2）绿色改造评估与策划

为了全面了解既有建筑的现状、保证改造方案的合理性和经济性，T/CECS 465—2017 要求改造前应对既有建筑进行评估与策划。在进行前评估与策划时，按照绿色改造涉及的专业内容，对规划与建筑、结构与材料、暖通空调、给水排水、电气等开展局部或全面评估策划，在评估与策划过程中应注意各方面的相互影响，并出具可行性研究报告或改造方案。评估与策划可以充分了解既有建筑的基本性能，与以后各章改造技术一一对应，是此后具体开展绿色改造工作的基础，保障了改造工作的针对性、合理性和高效性。

3）绿色改造的“开源”问题

“开源”是既有建筑绿色改造中的重要方面之一，T/CECS 465—2017 在节材、节能和节水等方面均提出了相应要求。T/CECS 465—2017 对节材“开源”要求主要体现在选用可再利用、可再循环材料，尤其是充分利用拆除、施工等过程中产生的大量旧材料，具有良好的经济、社会和环境效益。T/CECS 465—2017 对节能“开源”要求主要体现在鼓励可再生能源利用和余热回收，对绿色改造可能涉及的光伏发电、太阳能热水、热泵及余热回收等技术的应用进行了全面考虑，并提出具体的做法和技术指标要求。T/CECS 465—2017 对节水“开源”要求主要体现在合理利用非传统水源，例如在景观水体用水、绿化用水、车辆冲洗用水、道路浇洒用水、冲厕用水、冷却水补水等不与人体接触的生活用水可优先采用非传统水源，并对非传统水源的水质提出要求，保障用水安全。

4）施工管理问题

既有建筑绿色改造施工一般具有施工环境复杂、现场空间受限、工期相对紧张等特点。T/CECS 465—2017 要求根据预先设定的绿色施工总目标进行分解、实施和考核活动，实行过程控制，确保绿色施工目标实现。为保证绿色改造设计的落实和效果，T/CECS 465—2017 规定施工单位要编制既有建筑绿色改造施工专项方案。绿色改造施工完成后，应依据相关标准规范、设计方案及技术要求或专门实验结果进行验收，并对复杂且关联性较强的机电系统进行系统综合效能调适。

3.7 《建筑室内细颗粒物（$PM_{2.5}$）污染控制技术规程》T/CECS 586—2019

3.7.1 编制概况

细颗粒物（$PM_{2.5}$）是指悬浮在空气中，空气动力学当量直径小于等于 2.5μm 的颗粒物，被认为是影响建筑室内空气品质的重要因素之一，且与人体健康显著相关。研究结果表明，长期暴露在 $PM_{2.5}$ 污染环境中，会对人体呼吸系统、心脑血管系统、免疫系统、神经系统、生殖系统等造成伤害。世界卫生组织估计，每年约有 700 万人因接触 $PM_{2.5}$ 污染而死亡。《空气污染与儿童健康：规定清洁的空气》显示，全球 93%的 15 岁以下儿童暴露于超出世界卫生组织空气质量指南规定的 $PM_{2.5}$ 浓度指导值。

为打好污染防治攻坚战、建设美丽中国，国家发布《关于全面加强生态环境保护 坚决打好污染防治攻坚战的意见》等系列文件。与此同时，国家采取了加强工业企业大气污染综合治理、推进散煤治理和煤炭消费减量替代、开展柴油货车超标排放专项整治、强化国土绿化和扬尘管控、有效应对重污染天气等系列措施，大气环境质量得到有效改善。但与发达国家相比，我国室外空气质量及标准限值仍存有一定差距。2018 年世界空气质量报告显示，全球 73 个地区中仅 11 个地区的室外 $PM_{2.5}$ 年均浓度不超过 10$\mu g/m^3$，我国大陆地区室外 $PM_{2.5}$ 年均浓度为 41.2$\mu g/m^3$，排名倒数第 12。现代人们大部分时间是在室内度过，当雾霾天气出现时，人们通常选择在室内活动。因而，建筑室内 $PM_{2.5}$ 污染具有易控、人员暴露时间长、健康效应显著等特点，控制室内 $PM_{2.5}$ 污染更易于保护人体健康。

目前，国内外针对室内 $PM_{2.5}$ 污染控制已做了大量研究，但对于工程应用方面，还没有一套系统的建筑室内 $PM_{2.5}$ 污染控制方法，包括确定 $PM_{2.5}$ 室外计算浓度的方法、用于工程规范性的设计计算方法等。在此背景下，由中国建筑科学研究院有限公司会同有关单位制定了《建筑室内细颗粒物（$PM_{2.5}$）污染控制技术规程》。该规程是根据中国工程建设标准化协会《关于印发〈2017 年第一批工程建设协会标准制定、修订计划〉的通知》（建标协字〔2017〕014 号）要求起草制定的，由中国建筑科学研究院有限公司牵头负责，编制团队由科研院所、高等院校、设计单位、检测单位、施工企业等 18 家单位组成。

3.7.2　内容简介

T/CECS 586—2019 规定了 $PM_{2.5}$ 室内外计算浓度，给出了建筑室内 $PM_{2.5}$ 污染控制设计方法和控制措施，提出了检测和运行维护的相关要求，旨在为工程设计、建设和运营提供技术指导，降低室内人员因暴露于 $PM_{2.5}$ 污染环境下诱发疾病的风险。T/CECS 586—2019 分为 7 章，主要技术内容包括总则、术语、计算浓度、控制措施、设计计算、检测、运行维护。具体介绍如下：

1）总则和术语

第 1 章为总则，由 4 条条文组成，对规程的编制目的、适用范围、总体原则等内容进行了规定。在总体原则中指出，建筑室内 $PM_{2.5}$ 污染控制应结合所在地区的环境空气质量、室内 $PM_{2.5}$ 控制目标、通风系统形式等，进行合理的设计、检测和运维。

第 2 章为术语，定义了与建筑室内 $PM_{2.5}$ 污染控制密切相关的 7 个术语，具体为：细颗粒物（$PM_{2.5}$）、$PM_{2.5}$ 室外计算浓度、$PM_{2.5}$ 室内计算浓度、$PM_{2.5}$ 负荷、穿透系数、$PM_{2.5}$ 去除能力、计重效率。

2）计算浓度

第 3 章为计算浓度，由 2 条条文组成，包括 $PM_{2.5}$ 室外计算浓度和 $PM_{2.5}$ 室内计算浓度。T/CECS 586—2019 规定 $PM_{2.5}$ 室外计算浓度宜采用近 3 年历年平均不保证 5 天的日平均质量浓度。即，将统计期内每一年的 $PM_{2.5}$ 日平均质量浓度分别进行降序排列，去掉 $PM_{2.5}$ 日平均质量浓度最高的 5 天，第 6 天的 $PM_{2.5}$ 日平均质量浓度就是不保证 5 天的 $PM_{2.5}$ 日平均质量浓度；近 3 年平均不保证 5 天的室外 $PM_{2.5}$ 日平均质量浓度的平均值就是历年平均不保证 5 天的 $PM_{2.5}$ 日平均质量浓度。74 个城市 $PM_{2.5}$ 室外计算浓度见表 3.10，对于未列入本表的城市，可取就近城市的 $PM_{2.5}$ 室外计算浓度（表 3.10）。

$PM_{2.5}$ 室外计算浓度 **表 3.10**

城市	$PM_{2.5}$ 室外计算浓度/(μg/m³)	城市	$PM_{2.5}$ 室外计算浓度/(μg/m³)	城市	$PM_{2.5}$ 室外计算浓度/(μg/m³)	城市	$PM_{2.5}$ 室外计算浓度/(μg/m³)
海口	54	江门	100	长春	132	徐州	195
拉萨	58	西宁	101	重庆	133	济南	203
厦门	62	佛山	103	南京	134	沧州	206
昆明	64	宁波	106	苏州	134	哈尔滨	206
深圳	65	衢州	106	连云港	144	天津	212
福州	66	金华	113	扬州	147	太原	229
惠州	68	上海	113	盐城	148	唐山	229
舟山	71	南昌	115	沈阳	149	廊坊	240
珠海	71	呼和浩特	118	青岛	149	北京	241
温州	82	大连	120	镇江	149	衡水	253
贵阳	84	兰州	120	泰州	150	西安	261
台州	84	嘉兴	121	武汉	151	保定	267
中山	85	承德	123	淮安	151	乌鲁木齐	276
丽水	87	南通	125	合肥	152	郑州	277
东莞	92	杭州	126	常州	154	邯郸	283
南宁	93	湖州	127	秦皇岛	154	邢台	288
广州	96	绍兴	128	长沙	156	石家庄	344
张家口	98	无锡	130	成都	165		
肇庆	99	银川	131	宿迁	170		

注：统计区间为2016～2018年。

T/CECS 586—2019将$PM_{2.5}$室内计算浓度分为现行值和引导值两类。现行值为现行国家标准和行业标准要求的$PM_{2.5}$计算日均质量浓度限值，引导值为推荐采用更高标准的$PM_{2.5}$计算日均质量浓度值，详见表3.11。

$PM_{2.5}$ 室内计算浓度 **表 3.11**

等级	现行值/(μg/m³)	引导值/(μg/m³)
Ⅰ级	35	25
Ⅱ级	75	35

注：$PM_{2.5}$室内计算浓度为日均值。

其中，《环境空气质量标准》GB 3095—2012规定的环境$PM_{2.5}$浓度限值（日均值），一级浓度限值为35μg/m³，二级浓度限值为75μg/m³。综合考虑我国现阶段颗粒物污染情况及其健康风险，标准中$PM_{2.5}$室内计算浓度现行值的Ⅰ、Ⅱ级要求与《环境空气质量标准》GB 3095—2012浓度限值一致；引导值的Ⅰ级标准依据为世界卫生组织指导24h平均值（25μg/m³），该值是建立在人体24h和年均暴露安全的基础上，Ⅱ级标准为《环境空气质量标准》GB 3095—2012中一级浓度限值。

建筑使用目标人群对$PM_{2.5}$敏感性强或对室内$PM_{2.5}$浓度控制有高要求的建筑宜

采用Ⅰ级标准值进行设计，使用目标人群对 $PM_{2.5}$ 敏感性较弱或一般性建筑宜至少采用Ⅱ级标准值进行设计。

3）控制措施

第 4 章为控制措施，共包括 3 部分：围护结构、室内污染源、污染控制系统。“围护结构”由 4 条条文组成，分别对建筑出入口、外窗及幕墙气密性、外围护结构缝隙及孔洞等内容进行了规定。“室内污染源”由 3 条条文组成，要求散发大量 $PM_{2.5}$ 设备所在的房间或区域宜采取排风等措施；通过采取禁止室内吸烟、设置吸烟隔离区、减少燃烧型蚊香的使用等措施以控制香烟、蚊香等燃烧产生 $PM_{2.5}$ 污染；同时，厨房应进行有效的油烟排放设计。“污染控制系统”由 4 条条文组成，对新风取风口位置、通风净化系统设置空气净化装置、静电过滤器产生臭氧量等进行了规定。

4）设计计算

第 5 章为设计计算，共包括 2 部分：负荷计算、设备选型。“负荷计算”由 4 条条文组成，包括室内 $PM_{2.5}$ 负荷、新风 $PM_{2.5}$ 负荷、渗透 $PM_{2.5}$ 负荷、室内源 $PM_{2.5}$ 负荷。“设备选型”由 5 条条文组成，对空气净化装置的 $PM_{2.5}$ 去除能力、空气净化装置的过滤效率计算、空气净化器的洁净空气量计算等进行了规定。本章是《规程》的核心章节，以“建筑室内 $PM_{2.5}$ 负荷等于空气处理设备的 $PM_{2.5}$ 去除能力”为基础理论，将建筑 $PM_{2.5}$ 污染控制计算分成建筑室内 $PM_{2.5}$ 负荷计算与空气处理设备的处理能力计算两部分，使 $PM_{2.5}$ 污染控制设计计算方法与室内温度控制设计方法类似。常规舒适性空调系统设计主要控制室内温度、湿度，设计方法已很完善，而 $PM_{2.5}$ 污染控制设计计算，只需在原有空调设计完成的基础上进行。根据已经确定的空调系统形式，可计算出空气处理设备所需的过滤效率，再根据过滤效率进行空气净化装置的选型。

5）检测

第 6 章为检测，共包括 3 部分：检测项目和检测仪器、空气净化装置的过滤效果检测、室内 $PM_{2.5}$ 浓度检测。“检测项目和检测仪器”由 5 条条文组成，其中检测项目包括空气净化装置过滤效果检测和室内 $PM_{2.5}$ 浓度检测，检测仪器对颗粒物测试仪、风速仪的选用进行了规定。“空气净化装置过滤效果检测”由 7 条条文组成，“室内 $PM_{2.5}$ 浓度检测”由 5 条条文组成，该部分协调了国家标准《通风系统用空气净化装置》GB/T 34012 的相关内容，提出了建筑室内 $PM_{2.5}$ 污染控制相应的检测要求。

6）运行维护

第 7 章为运行维护，共包括 2 部分：运行、维护。运行由 4 条条文组成，对运行管理制度、运行管理班组、节能运行策略、自动化监测与管理系统等进行了规定。维护由 7 条条文组成，对维护保养方案、密封部位定期更换或修补、空气净化装置定期清洗或更换、检测装置定期检查、通风管道定期清洗、维护保养档案进行了归纳。

3.7.3 标准亮点

1）室内外设计浓度

首次提出了基于“不保证天数”的 $PM_{2.5}$ 室外设计浓度确定方法，结合 2016～2018 年的室外 $PM_{2.5}$ 浓度监测数据，给出了中国 74 个城市的 $PM_{2.5}$ 室外设计浓度日均值。同时，规定了 $PM_{2.5}$ 室内浓度限值确定原则，提出了 $25\mu g/m^3$、$35\mu g/m^3$、$75\mu g/m^3$ 等不同等级的 $PM_{2.5}$ 室内设计浓度日均值。

2）室内 $PM_{2.5}$ 污染控制的设计计算方法

首次以“$PM_{2.5}$ 负荷”为基础建立了室内 $PM_{2.5}$ 污染控制的设计计算方法，即建筑室内 $PM_{2.5}$ 负荷等于空气处理设备的 $PM_{2.5}$ 去除能力，并以“计重效率”规范设计计算，以此解决室内 $PM_{2.5}$ 污染控制缺少设计方法的问题。

3）节能运行策略

室外 $PM_{2.5}$ 污染具有随机性、时变性、区域性等特点，当室外空气质量优良时，空气净化装置仍处于工作状态会增加风机能耗，进而增加运行费用。因此，可根据 $PM_{2.5}$ 污染控制系统形式、室内外 $PM_{2.5}$ 污染的变化特征，设置旁通和空气过滤部件启闭的室内 $PM_{2.5}$ 污染控制系统节能运行策略，为工程运营提供指导。

3.7.4 结束语

$PM_{2.5}$ 被广泛认为是影响空气质量的重要污染物，已经成为人们高度关注的热点。《规程》填补了我国建筑室内 $PM_{2.5}$ 污染控制方法的空白，期间在北京、天津、上海等城市开展建筑室内 $PM_{2.5}$ 污染控制工程应用，增强了对周边地区的引领带动作用；对整体提升建筑室内 $PM_{2.5}$ 污染控制领域的技术创新能力、支撑行业进步和经济社会发展起到了重要作用。

另外，建筑室内外 $PM_{2.5}$ 污染治理是一项重要的民生工程，降低室内外 $PM_{2.5}$ 污染水平、提升建筑人居环境品质、提高人民群众健康水平和幸福指数，仍需要地方、国家和区域等层面多领域多行业的共同努力。

第4章 低 能 耗

4.1 美国《既有建筑节能标准》ANSI/ASHRAE/IES 100—2018

4.1.1 编制概况

发布机构：美国国家标准学会（ANSI）

主编单位：美国供暖制冷与空调工程师学会（American Society of Heating，Refrigerating，and Airconditioning Engineers，ASHRAE）

编写目的：《既有建筑节能标准》ANSI/ASHRAE/IES 100—2018 为既有建筑节能运行、维护和监控提供改造措施与方案，旨在提高围护结构热工性能，提升用能系统和设备能效。

修编情况：1995 版美国《既有建筑节能标准》ANSI/ASHRAE/IESNA 100 于 2006 年得到更新，又分别于 2015 年、2018 年进行更新，即 ANSI/ASHRAE/IES 100—2015、ANSI/ASHRAE/IES 100—2018，目前最新版为 2018 版。

适用范围：适用于各类既有建筑和建筑群的围护结构和建筑用能系统（但不含建筑内的工业和农业用能系统）改造。

4.1.2 内容简介

ANSI/ASHRAE/IES 100—2018 共包括目的、范围、术语、一般规定、能源管理计划、运行维护要求、用能分析和目标要求、能源审计要求、实施和验证要求、居住建筑和住宅单元、引用标准名录等 11 章，以及 14 个附录。

第 4 章规定了居住建筑和非居住建筑的不同要求、能源管理计划和运行维护方案、具有用能目标和没有用能目标不同的要求等。

第 5 章规定了建筑业主指定一名能源经理来制定、实施建筑的能源管理计划，并规定了能源管理计划的内容，建筑用能计量的要求以及能源经理的职责。

第 6 章规定了运行维护方案的制定和实施，以及租客的改善和设备部件的更换。

第 7 章规定了用能目标的确定，前面所述的用能目标值也是该章内容。

第 8 章规定了能源审计（分具有用能目标和没有用能目标两种情况）及其报告的要求。

第 9 章规定了能源管理计划的制定和实施，以及实施节能措施后的验证。

第 10 章规定了居住建筑的用能指标、运行维护、能源审计、实施和验证、监测。

规范性附录 A 给出了较标准要求稍宽松的用能目标替代值；资料性附录 B 给出了项目按照标准开展节能工作的时间表；规范性附录 C 给出了项目按照标准开展节能工作的表格；资料性附录 D 给出了建筑系统及部件的运行维护要求；资料性附录 E 给出了具体的节能措施；资料性附录 F 给出了判断是否符合标准要求的流程图；资料性附录 G 给出了美国的气候分区；资料性附录 H 给出了简单回收期和全寿命期成本分析的方法；资料性附录 I 给出了建筑用能模拟的要求；资料性附录 J 给出了建筑用能目标偏离水平；资料性附录 K 给出了用能目标值的替代方法及其他燃料的转换值；规范性附录 L 给出了运行维护的实施要求；资料性附录 M 给出了表 7-1 中建筑类型的子类型；资料性附录 N 给出了 2015 版补录 a、b、c、d 对 2018 版标准的变化及 ASHRAE、IES、ANSI 同意补录的执行时间。

4.1.3 标准亮点

修订后的标准对既有居住建筑改造的步骤和过程给出了全面而具体的规定，其几大技术亮点包括：

1）性能要求提升

由标准英文名称来看，2006 版标准中的“节能”一词是 Energy Conservation，而 2018 版标准则明确为能效（Energy Efficientey）。这也与国内外对于建筑节能工作的技术思路一致，建筑节能不仅需要居住者和使用者的温度设定、随手关灯等行为节能，在技术标准中的规定更需依靠对于技术进步、系统性能等的要求，这同时也是为行为节能提供硬件方面的技术支持。

2）行为节能的软件支持

标准充分考虑了建筑运行维护等管理制度和体系如何为其居住者和使用者的行为节能提供软件方面的支持保障，例如提出了能源管理计划、运行维护方案、持续性调试等要求。

3）细分用能目标值

标准针对美国 17 个气候分区、53 类建筑分别提出了用能目标值，并进一步根据建筑功能复合情况、轮班制度等对用能目标值提出了修正系数。由此可见，细分工作也比较到位。

4）全方位用能策略

以上述值为目标，以提高建筑及系统能效和促进人员行为节能为路线，标准提供了用能分析、能源审计、运营管理计划、节能技术措施等全方位的支撑。

该标准与 ANSI/ASHRAE/IES90.1—2013《建筑节能标准（不含低层住宅）》（Energy Standard for Buildings Except Low-Rise Residential Buildings）、2011 年 ASHRAE 手册《暖通空调应用》等技术文件配套。ANSI/ASHRAE/IES 100 与 ANSI/ASHRAE/IES 90.1、90.2（针对低层住宅，现为 2018 年版）系列标准互相配合，

形成了对既有建筑和新建建筑节能的全面覆盖。

4.2 美国《建筑节能标准（低层居住建筑除外）》ASHRAE 90.1—2019

4.2.1 编制概况

发布机构：美国采暖、制冷与空调工程师学会（American Society of Heating，Refrigerating，and Air-conditioning Engineers，ASHRAE）、美国绿色建筑委员会（U. S. Green Building Council，USGBC）、北美照明工程学会（Illuminating Engineering Society of North America，IES），并经美国国家标准协会（American National Standards Institute，ANSI）核准为国家标准

主编单位：美国采暖、制冷与空调工程师学会（American Society of Heating，Refrigerating，and Air-conditioning Engineers，ASHRAE）

编写目的：《建筑节能标准（低层居住建筑除外）》ASHRAE 90.1—2019 规定了设计、施工、运行和维护、可再生能源利用等建筑物的最低建筑节能要求。但不是针对低层居住建筑节能要求。

修编情况：该标准于 1975 年首次颁布，经历了 1980 年、1989 年、1999 年的阶段性修订，相继出台了更新版。ASHRAE 理事会在 1999 年投票决定对该标准进行定期维护，使得此标准每年都能以附录的形式更新，并且定于每三年的秋天出台整体修订版，目前最新版本为 ASHRAE 90.1—2019。

适用范围：适用于新建建筑的系统和设备、既有建筑新增系统和设备的节能设计和施工，但不适用于独户住宅、三层或三层以下的多户结构建筑以及不使用电力和化石燃料的建筑。

4.2.2 内容简介

ASHRAE 90.1 共包括目的，范围，定义、缩写、首字母缩略语，管理和实施，建筑维护结构，暖通空调，生活热水，动力，照明，其他设备，能耗预算方法，参考标准等 12 章，以及 9 个附录。与既有建筑相关的技术内容详见表 4.1。

4.2.3 标准亮点

1）暖通空调改造

既有建筑中采暖、通风、空调和制冷设备更换时，新设备的更换应符合以下原则：系统的简化方法选择；设备效率、验证和标识要求；区域恒温控制；设定点重叠限制；非工作时间控制、区域隔离；通风系统控制；防冻系统和融冰系统；单层设备的高承载区通风控制；加热或冷却前庭；走入式冷藏库或冷冻库；户外空气省煤器；集成省煤器；省煤器加热系统；风机效率；风机气流控制；分马力风机电机；锅炉调节；冷水机组和锅炉分离；风机速度控制。

既有冷却系统的更换不能降低省煤器的能效等级。

2）动力改造

既有建筑增建或改建时，新增设备或系统应与新建建筑要求一致；既有设备改造时，应适当降低性能要求。

3）照明改造

本章适用于以下内容：建筑物的内部空间；建筑物电力系统供电的外部照明。

照明更换：对于内部空间的任何照明系统的更换，空间应符合本章对照明功率密度允许值和适用控制要求的规定；对于建筑物供电的外部照明系统更换应符合本章对照明区域中照明功率密度允许值以及适用的控制要求的规定。

内部和外部灯具功率：用于计算已安装的内部照明功率或外部照明功率应按以下标准确定：除永久安装的镇流器、变压器或类似设备之外，灯具的功率应按照生产厂商标识的功率最大值计算；基于辅助制造商给的参考值或认可的实验室测试值或标识的最大功率值，具有永久安装或远程镇流器/驱动器，变压器或类似设备灯具的功率应为最大灯/辅助组合的工作输入功率。

4）其他设备改造

既有建筑的改建：其他建筑物服务设备或系统的更改应符合本章正在改建的建筑物特定部分及系统的要求；任何符合本章要求的新设备，与变更一起安装作为现有设备或控制设备的直接替换，应符合适用于该设备或控制装置的特定要求。

ASHRAE 90.1 主要技术内容　　　　**表 4.1**

	必选要求（第 4 节）	指定性要求（第 5 节）	性能化要求
建筑围护结构（第 5 章）	隔热；开窗和门；密封性	不透明面积；屋顶隔热；高档墙体隔热；低档墙体隔热；地板隔热；不透明门	无
暖通空调（第 6 章）	设备效率、识别和标识要求；控制和诊断；空调系统施工和隔热；步入式冷藏库和冷冻库；冷冻展示箱	省煤器；采暖和制冷限制；空气系统设计和控制；循环加热系统设计和控制；废热排放设备；能源回收；排气系统；辐射供暖系统；旁通加热限制；门开关；制冷系统	无
节水（第 7 章）	设备效率；热水管道保温；热水系统控制；池水；热收集器	空间加热和热水；热水设备；高容量热水系统的建筑物	无
动力（第 8 章）	电压降；自动控制；电力能源监测；低压干式配电变压器	无	无
照明（第 9 章）	照明控制；建筑外部照明；功能测试；住宅单位	无	无
其他设备（第 10 章）	电动机；供水增压系统；电梯；自动电梯和载客传送带；整个建筑能源监测	无	无

4.3　英国《提升既有建筑能效——设备安装、管理与服务规程》

4.3.1　编制概况

发布机构：英国标准学会

主编单位：英国标准学会

编写目的：《提升既有建筑能效——设备安装、管理与服务规程》PAS2030 为“绿色方案”中节能措施（Energy Efficiency Measures，EEM）的安装和实施提供技术支持，其主要用户为“绿色方案”工程商。

修编情况：PAS2030 最早发布于 2012 年 2 月（局部修订的第二版发布于 2012 年 12 月），现行的 2014 年版发布于 2014 年 1 月。英国标准学会将在每年度的 4 月和 10 月对标准进行例行的局部修订。

4.3.2 内容简介

PAS2030（2014 年版）包括：范围、参考标准、术语、安装过程、安装过程管理、提供服务、符合性声明、标准实施工作所涉及的技术文件等 8 章，另有节能措施汇总、建筑热工节能措施、建筑设备节能措施、建筑电气节能措施、工程信息核对表等 5 个附录（第 2、3、4 个均为规范性附录）。值得说明的是，规程前 8 章内容虽仅 14 页，但其附录内容却约有 150 页，技术内容非常翔实。

4.3.3 标准亮点

1）安装过程及管理

第 4 章“安装过程”包括：方法说明，节能措施设计说明，工程地点信息，安装方法，安装设备与工具，检验、操作与存储，提供运行说明，中期检查，人员，分包商，调试，移交，控制，文档记录保存。

第 5 章“安装过程管理”包括：运行和过程监管，安装前调查，中期检查工作，安装过程变更，过程连续性计划，过程控制，内部审计与纠正工作，安装过程记录，商务与财务自律。

2）提供服务

第 6 章“提供服务”包括：投诉程序，客户互动。

3）节能措施

附录中汇总的节能措施包括：热工类的夹芯墙体保温、防风、节能门窗、外墙保温、平屋顶保温、地板保温、复合墙体保温、内墙保温、阁楼保温、坡屋顶保温、遮阳设施、内衬；设备类的冷水机组、燃气冷凝式锅炉、燃油冷凝式锅炉、烟气热回收装置、供暖系统保温、暖通空调与热水系统控制、热水系统、通风热回收、辐射采暖（非家用）、地板采暖、热风采暖、节水龙头；电气类的蓄热式电加热器、照明系统与控制、变速风机和水泵（非家用）。

4.4 英国《建筑规范 L 部分及 L1B 部分》

4.4.1 编制概况

发布机构：英国政府负责英格兰的相关立法和行政管理，而威尔士政府则相应地负责威尔士相关立法和行政管理。

主编单位：英国国家建筑规程研究所（National Building Specification，NBS）

编写目的：确保执行相关立法中规定的政策。

修编情况：《建筑规范》L部分即节能分部。在其2002年版中，仅区分了住宅和非住宅建筑，并未区分新建和既有，即只有L1部分和L2部分；而在其2006年版中，就已进一步区分了新建建筑和既有建筑，因此有L1A、L1B、L2A、L2B等4个部分；于2010年10月1日起生效的2010年版，仍分为此4个部分，但对其中内容的修订也不少。除一些具体技术内容的补充和指标值的提升（详见下节）以外，在技术上较大的修改内容包括：形成对于节能标准的有效补充；补充对于历史风貌建筑的要求；补充对于阳光房和门廊的要求；扩展对于新增和更换保温层的要求；补充对于游泳池池底的要求。

需要注意的是，适用于英格兰及威尔士地区的《建筑规范》L部分的新建建筑部分（即L1A和L2A两部分）2013年版已于2014年4月6日生效。而其既有建筑部分（即L1B和L2B两部分）目前的现行版本虽仍为2010年版，但却是在2015年3月再版的，纳入了2010、2011、2013等年度的多处修改内容，故可理解为局部修订版本。

4.4.2 内容简介

《建筑规范L部分及L1B部分》一共有7个章节，第一章中明确本规范涉及的内容，以及建筑的适用范围。第二章列出《建筑规范》所涵盖的相关法律法规。第三章为既有建筑的一般性指导，包括关键词的定义、规范中适用和不适用的建筑类别、通知工作的程序、材料和工艺的选择、健康和安全问题。第四章包括指导、合理安排各类建筑工程。第五章是热工构件的导则。第六章主要为1000m^{2}以上的建筑进行相应的改造提供指导。第七章为屋主提供相应的资料，以帮助他们在使用中达到建筑节能标准。

4.4.3 标准亮点

1）屋宇设备

在改造的设计阶段，L1B批准文件要求屋宇设备各项指标按照《住宅建筑服务合规指南》（*Domestic Building Services Compliance Guide*）（下文简称《指南》）中相关的合理规定进行选型和安装。《指南》包括了6个方面：供热和热水系统、机械通风系统、制冷与空调系统、室内照明系统、室外照明系统、可再生能源系统。

① 供热和热水系统：英国的居住建筑普遍采用单户集中供暖系统的形式，为提高室内供暖系统的效率这方面，目前主要是推广燃烧效率更高的冷凝式燃气锅炉（Condensing Boiler）。《指南》规定，锅炉的热效率不得低于92%。热水储存水箱的热损耗上限按下式计算

$$Q=1.15\times(0.2+0.051V^{2/3}) \tag{1}$$

热损耗应在能效标识上体现出来。当住宅面积大于 150m^2 时，需划分成至少两个集中供热区域，每个区域有单独的锅炉供热。当住宅面积小于 150m^2 时，则看作一个集中供热区域，采用一个锅炉供热。在管道保温方面，管道的散热量应符合表 4.2。

管道的散热量规定 **表 4.2**

管径/mm	散热上限/(W/m)	管径/mm	散热上限/(W/m)
8	7.06	28	10.07
10	7.23	35	11.08
12	7.35	42	12.19
15	7.89	54	14.12
22	9.12		

② 机械通风系统：对于住宅间歇通风，排风机的单位风量耗功率不能超过 0.5W/(L/s)。连续性通风中排风机的单位风量耗功率不能超过 0.7W/(L/s)，送风机的单位风量耗功率不能超过 0.5W/(L/s)。对于带有热回收的通风设备，则单位风量耗功率不能超过 1.5W/(L/s)。

③ 制冷与空调系统：风冷空调在制冷工况时，EER 不能低于 2.4，而水冷空调在制冷工况时，EER 不能低于 2.5。

④ 室内外照明系统：政府鼓励居民在室内使用节能的灯具。《指南》规定，室内 3/4 的灯具应为节能灯具。室内外的照明灯具每消耗 1W 的电，至少平均输出 45lm 的亮度。

⑤ 可再生能源系统：政府鼓励使用可再生能源供热，如太阳能热水系统；并鼓励居民在住宅内使用热回收装置，通过热循环来减少供需差距。

在试运行阶段，需要测定固定屋宇设备系统的效率，测试方法应根据《住宅建筑服务合规指南》(*Domestic Building Services Compliance Guide*) 来确定。一般而言，由安装人员来承担试运行工作，但亦可由第三方来承担。无论由何人执行试运行工作，工作人员都应按照正规程序进行。经过测试和调试后，测试数据需整理成认证报告。认证报告需在 5 天内交给 BCB (建筑控制机构)，由 BCB 具有资质的检查员来鉴定是否符合《建筑规范 L 部分》(Building Regulation Part L) 要求。若存在质量鉴定数据缺失，BCB 将采取相应措施来确定该工程是否满足鉴定要求，满足要求的工程将获得鉴定证书。当屋宇设备的安装工作由符合鉴定资质的个人负责时，该工作人员亦可充当批准检查员承担鉴定工作，即将试运行的认证报告交由其鉴定，这种情况下需在 30 天内将认证报告交给该批准检查员。

2) 扩建或改造的既有居住建筑节能规定

英国制定了强制性的建筑节能标准，要求住宅建筑外墙必须采取双层保温措施，屋顶要铺设保温材料，外窗要做成双层中空玻璃窗，地板要铺隔热保温材料。鼓励热电联产，实现社区几栋建筑物与一个中心热源联系，走综合能源供应途径。

英国《建筑规范》规定，在一般情况下，窗户、天窗和门的面积不能超过扩建总面积的 25%；已扩建完的不受该限制。

① 门窗 U 值

为达到更高的节能标准，英国规定外窗用低辐射双层中空玻璃塑窗。英国建筑节能法规对既有居住建筑门窗进行了规定，扩建和翻修所涉及的门窗应符合表 4.3 要求。

英国建筑节能法规对扩建或改造的既有居住建筑门窗 U 值规定　　表 4.3

设　备	标准/[W/(m^2·K)]
窗、屋顶天窗或者采光天窗	WER 等级 C 以上或者 U 值=1.6
玻璃面积超过 50%的门	1.8
其他门	1.8

② 围护结构 U 值

既有居住建筑扩建或改造，其围护结构热工性能要达到设计标准，并应符合表 4.4 的限值要求。

扩建的既有居住建筑围护结构各部位 U 值的规定　　表 4.4

围护结构	标准/[W/(m^2·K)]	围护结构	标准/[W/(m^2·K)]
墙	0.28	平屋顶或者完整保温层的屋顶	0.18
倾斜的屋顶—顶棚上水平面保温层	0.16	地板	0.22
倾斜的屋顶—椽水平面保温层	0.18	游泳池	0.25

③ 保温层 U 值的规定

英国建筑节能法规对扩建或改造的既有居住建筑保温层值进行了规定，具体见表 4.5。若既有保温层全部更换，更换的保温层 U 值应符合表 4.5（a）的规定；既有保温层不变，在此基础上附加新的保温层，附加的保温层 U 值应符合表 4.5（b）的规定。

既有居住建筑保温材料 U 值规定　　表 4.5

围护结构	(a)更换的保温材料 U 值/[W/(m^2·K)]	(b)附加的保温材料 U 值/[W/(m^2·K)]
墙—空心墙保温	0.70	0.55
墙—外保温或者内保温	0.70	0.30
地板	0.70	0.25
倾斜的屋顶—顶棚上水平面保温层	0.35	0.16
倾斜的屋顶—椽水平面保温层	0.35	0.18
平屋顶或者完整保温层的屋顶	0.35	0.18

4.5 英国 RdSAP2012

4.5.1 编制概况

发布机构：英国政府负责能源及气候变化部门

编写目的：RdSAP（Reduced Data SAP for existing dwellings）给既有住宅提供符合英国节能规范（Energy Performance of Buildings Directive）的方法。

修编情况：节能标准评估程序 SAP2012 是有关新建住宅的建筑规范，自 2014 年 4 月 6 日起适用于英格兰，同年 7 月 31 日起适用于威尔士，2015 年 10 月 1 日起适用于苏格兰。另外，SAP2012 还作为评价建筑节能性能的标准。大部分既有住宅年代久远，缺少一些建筑信息，导致设计师无法完成完整的 SAP 计算。对此政府出台了 RdSAP2012，简化了 SAP2012 的数据系统。其中，缺失的建筑信息可以采用 RdSAP2012 的数据收集，根据标准中给出的方法，找到相对应的默认值，作为输入数据导入完整的 SAP 计算。本规范中没有涉及的数据，若其他相关规范中有明确规定，可以直接用于计算。

适用范围：RdSAP2012 适用于既有居住建筑能耗计算。

4.5.2 内容简介

RdSAP2012 由 17 部分组成，分别是 S1 住宅类型、S2 住宅年代、S3 住宅面积、S4 换气次数的参数、S5 住宅结构类型和传热系数、S6 温室、S7 太阳辐射、S8 外窗和外门、S9 房间数量和居住面积、S10 空间供暖及水的加热、S11 附加项目、S12 电价、S13 气候数据、S14 数据化整、S15 能效证书（EPC）附录、S16 改进措施、S17 数据收集。

S1 住宅的类型大致分为独栋房屋、平房、公寓、复式住宅、公园之家等几种类型。根据住宅建筑形式大致分为分离式住宅（detached）、半分离式住宅（semi-detached）、对侧两面为外墙的住宅（mid-terrace）、相连两面为外墙的住宅（enclosed end-terrace）、仅有一面为外墙的住宅（enclosed mid-terrace）、三面均为外墙的住宅（end-terrace）。

S2 根据住宅建筑的年代和地区，将住宅建筑分为 A-L 不同的年龄段，见表 4.6。

住宅建筑年龄段划分 **表 4.6**

年龄段	建造年份		
	英格兰和威尔士	苏格兰	北爱尔兰
A	1900 年前	1919 年前	1919 年前
B	1900～1929 年	1919～1929 年	1919～1929 年
C	1930～1949 年	1930～1949 年	1930～1949 年
D	1950～1966 年	1950～1964 年	1950～1973 年
E	1967～1975 年	1965～1975 年	1974～1977 年
F	1976～1982 年	1976～1983 年	1978～1985 年
G	1983～1990 年	1984～1991 年	1986～1991 年
H	1991～1995 年	1992～1998 年	1992～1999 年
I	1996～2002 年	1999～2002 年	2000～2006 年

续表

年龄段	建造年份		
	英格兰和威尔士	苏格兰	北爱尔兰
J	2003～2006 年	2003～2007 年	(not applicable)
K	2007～2011 年	2008～2011 年	2007～2013 年
L	2012 年以后	2012 年以后	2014 年以后

S3 住宅的面积是由建筑的主体部分以及建筑的扩展部分来决定的，其中建筑的水平尺寸，可以通过室内外进行测量。

S4 与住宅换气次数相关的参数在标准表中均可查出。

S5 除了阁楼的保温外，在任何可能的情况下都应该对建筑进行测量，避免既有住宅出现“未知保温材料”的情况。RdSAP 根据住宅的实际情况（包括住宅主体、扩建部分、阁楼空间）、住宅的年龄段以及不同的保温隔热材料，确定围护结构的传热系数。

S6 与建筑相关联的温室，根据标准需计算在房屋面积、体积之内。对于独立的温室和有固定采暖器的温室，采暖器需有能效等级证书，但不在 RdSAP 节能系统中计算。

S7 太阳辐射的计算参数与 SAP 计算参数完全一致。

S8 根据外窗的类型、外窗的传热系数和太阳辐射系数在本章的对应表中均可查得。对于窗户的防风性能，默认双层及以上的玻璃为防风外窗，单层玻璃则为非防风外窗。

S9 房间的个数可以约等于居住房间的个数，房间的面积比与房间个数有关，具体参数可以在本章节对应的表格中查得。

S10 空间供暖系统的参数可以采用厂家参数或取自于有效的数据库，但这个值可能会和 RdSAP 系统中提供的数据有差别。对于燃气、燃油锅炉、微热电联产、热泵等不同的供热系统，设备参数需参照规范取得准确数值。但对于采用沼气以及生物质或植物油中提炼的生物柴油作为燃料的设备、矿物油、液体生物燃料的设备，设备参数只能从数据库中选取。

在房屋采用太阳能热水器、燃气热水器和废水余热回收系统时，计算方式与 SAP 相同。对于不同容量的热水箱，根据规范选取相应值导入 RdSAP 系统。

S11 附加项目中主要阐述了使用太阳能板和风力发动机时，设备参数的计算方法。对于风力发动机，目前 RdSAP 没有提供详细的数据库，所以采用默认值进行计算。

S12 电表的设置在英国可分为单电表、双电表、未知电表等多种形式，如果电表为单电表，电价就按照标准计算。其他情况需根据标准进行换算。

S13 在 RdSAP 中采用和 SAP 相同的气候数据，具体气候数据可以从 SAP 中读取。

S14 在将 RdSAP 中数据扩展到完整的数据导入 SAP 系统进行计算前，对传热系数、构建面积、房屋高度等参数进行调整。

S15 在英国，SAP/RdSAP 计算必须在建筑能效证书（EPC）中进行记录（根据 2010 年《建筑条例》第 29 条）。如果某一特征，例如墙体类型或供暖系统，不属于简化数据的一部分，则应选择相似的特征。具体的解释在本章的附录中均可找到。

S16 在每一次修订现有规范时，改进措施均会被考虑以改善 SAP 的能效评估。此部分的附录中记录了改进措施以及如何评估这些改进措施对能源效益的影响。

S17 最后一章节为收集数据的信息列表，大部分既有住宅缺少的信息在本章的列表中都能找到对应的信息及默认值。

4.5.3 标准亮点

英国，既有居住建筑的改造难点之一在于房屋年代久远，与建筑相关的参数缺失，无法进行完整的 SAP 节能设计。对此，在 RdSAP 系统中，收集了大量的数据，帮助既有住宅补齐相关参数，辅助改造设计。

在 RdSAP 能效评估系统中，S4～S8 对围护结构传热系数、保温材料的选取、外窗（包括温室中的外窗）传热系数、遮阳系统都有非常详细的要求。规范中，根据房屋的年代，将房屋分为 A～L 不同的年龄段，根据不同年龄段、建筑结构及保温材料，确定围护结构的传热系数，具体实例可见表 4.7～表 4.9。

外墙传热系数——英格兰和威尔士 **表 4.7**

年龄段	A	B	C	D	E	F	G	H	I	J	K	L
Wall type												
Stone: granite or whinstone as built	a	a	a	a	1.7b	1.0	0.60	0.60	0.45	0.35	0.30	0.28
Stone: sandstone or limestone as built	a	a	a	a	1.7b	1.0	0.60	0.60	0.45	0.35	0.30	0.28
Solid brick as built	1.7	1.7	1.7	1.7	1.7	1.0	0.60	0.60	0.45	0.35	0.30	0.28
Stone/solid brick with 50mm external or internal insulation	0.55	0.55	0.55	0.55	0.55	0.45*	0.35*	0.35*	0.30*	0.25*	0.21*	0.21*
Stone/solid brick with 100mm external or internal insulation	0.32	0.32	0.32	0.32	0.32	0.28*	0.24*	0.24*	0.21*	0.19*	0.17*	0.16*
Stone/solid brick with 150mm external or internal insulation	0.23	0.23	0.23	0.23	0.23	0.21*	0.18*	0.18*	0.17*	0.15*	0.14*	0.14*
Stone/solid brick with 200mm external or internal insulation	0.18	0.18	0.18	0.18	0.18	0.17*	0.15*	0.15*	0.14*	0.13*	0.12*	0.12*
Cob(as built)	0.80	0.80	0.80	0.80	0.80	0.80	0.60	0.60	0.45	0.35	0.30	0.28
Cob with 50mm external or internal insulation	0.40	0.40	0.40	0.40	0.40	0.40	0.35*	0.35*	0.30*	0.25*	0.21*	0.21*
Cob with 100mm external or internal insulation	0.26	0.26	0.26	0.26	0.26	0.26	0.24*	0.24*	0.21*	0.19*	0.17*	0.16*
Cob with 150mm external or internal insulation	0.20	0.20	0.20	0.20	0.20	0.20	0.18*	0.18*	0.17*	0.15*	0.14*	0.14*

续表

年龄段	A	B	C	D	E	F	G	H	I	J	K	L
Cob with 200mm external or internal insulation	0.16	0.16	0.16	0.16	0.16	0.16	0.15*	0.15*	0.14*	0.13*	0.12*	0.12*
Cavity as built	1.5	1.5	1.5	1.5	1.5	1.0	0.60	0.60	0.45	0.35	0.30	0.28
Unfilled cavity with 50mm external or internal insulation	0.53	0.53	0.53	0.53	0.53	0.45	0.35*	0.35*	0.30*	0.25*	0.21*	0.21*
Unfilled cavity with 100mm external or internal insulation	0.32	0.32	0.32	0.32	0.32	0.30	0.24*	0.24*	0.21*	0.19*	0.17*	0.16*
Unfilled cavity with 150mm external or internal insulation	0.23	0.23	0.23	0.23	0.23	0.21	0.18*	0.18*	0.17*	0.15*	0.14*	0.14*
Unfilled cavity with 200mm external or internal insulation	0.18	0.18	0.18	0.18	0.18	0.17*	0.15*	0.15*	0.14*	0.13*	0.12*	0.12*
Filled cavity	0.7	0.7	0.7	0.7	0.7	0.40	0.35	0.35	0.45†	0.35†	0.30†	0.28†
Filled cavity with 50mm external or internal insulation	0.37	0.37	0.37	0.37	0.37	0.27	0.25*	0.25*	0.25*	0.25*	0.21*	0.21*
Filled cavity with 100mm external or internal insulation	0.25	0.25	0.25	0.25	0.25	0.20	0.19*	0.19*	0.19*	0.19*	0.17*	0.16*
Filled cavity with 150mm external or internal insulation	0.19	0.19	0.19	0.19	0.19	0.16	0.15*	0.15*	0.15*	0.15*	0.14*	0.14*
Filled cavity with 200mm external or internal insulation	0.16	0.16	0.16	0.16	0.16	0.13	0.13*	0.13*	0.13*	0.13*	0.12*	0.12*
Timber frame as built	2.5	1.9	1.9	1.0	0.80	0.45	0.40	0.40	0.40	0.35	0.30	0.28
Timber frame with internal insulation	0.60	0.55	0.55	0.40	0.40	0.40	0.40†	0.40†	0.40†	0.35†	0.30†	0.28†
System build as built	2.0	2.0	2.0	2.0	1.7	1.0	0.60	0.60	0.45	0.35	0.30	0.28
System build with 50mm external or internal insulation	0.60	0.60	0.60	0.60	0.55	0.45	0.35*	0.35*	0.30*	0.25*	0.21*	0.21*
System build with 100mm external or internal insulation	0.35	0.35	0.35	0.35	0.35	0.32*	0.24*	0.24*	0.21*	0.19*	0.17*	0.16*
System build with 150mm external or internal insulation	0.25	0.25	0.25	0.25	0.25	0.21*	0.18*	0.18*	0.17*	0.15*	0.14*	0.14*
System build with 200mm external or internal insulation	0.18	0.18	0.18	0.18	0.18	0.17*	0.15*	0.15*	0.14*	0.13*	0.12*	0.12*

a See equations in S5.1.1

b Or from equations in S5.1.1 if that is less.

* wall may have had internal or external insulation when originally built; this applies only if insulation is known to have been increased subsequently (otherwise 'as built' applies)

† assumed as built

If a wall is known to have additional insulation but the insulation thickness is unknown, use the row in the table for 50mm insulation.

屋顶传热系数表 **表 4.8**

Age band	Assumed Roof U-value(W/m²K)[a]					
	Pitched, slates or tiles, insulation between joists or unknown	Pitched, slates or tiles, insulation at rafters	Flat roof[b]	Room-in-roof, slates or tiles	Thatched roof[c]	Thatched roof, room-in-roof
A,B,C,D	2.3(none)	2.3[1]	2.3[1]	2.3[1]	0.35	0.25
E	1.5(12mm)	1.5[1]	1.5[1]	1.5[1]	0.35	0.25
F	0.68(50mm)	0.68[1]	0.68[1]	0.80[1]	0.35	0.25
G	0.40(100mm)	0.40[1]	0.40[1]	0.50[1]	0.35	0.25
H	0.30(150mm)	0.35[1]	0.35[1]	0.35[1]	0.35	0.25
I	0.26(150mm)	0.35[1]	0.35[1]	0.35[1]	0.35	0.25
J	0.16(270mm)	0.20	0.25	0.30	0.30	0.25
K	0.16(270mm)	0.20	0.25[2]	0.25[2]	0.25[2]	0.25[2]
L	0.16[3](270mm)	0.18	0.18	0.18	0.18	0.18

[a] If the roof insulation is"none"use U=2.3 (all roof types).

[b] Applies also to roof with sloping ceiling

[c] If there is also retro-fitted insulation between the rafters reduce the U-value to $1/(1/U_{table}+R_{ins})$ where R_{ins} is 0.7m²K/W for 50mm, 1.4m²K/W for 100mm and 2.1m²K/W for 150mm. If retro-fit insulation present of unknown thickness use 50mm.

[1] The value from the table applies for unknown and as built. If the roof is known to have more insulation than would normally be expected for the age band, either observed or on the basis of documentary evidence, use the lower of the value in the table and:

50mm insulation 0.68

100mm insulation: 0.40

150mm or more insulation: 0.30

[2] 0.20W/m²K in Scotland

[3] 0.15W/m²K in Scotland

外窗传热系数（U-value）及太阳透光率指标（g-value） **表 4.9**

Glazing	Installed	Glazing gap	U-value (window)	U-value (roof window)	g-value
Single	any	—	4.8	5.1	0.85
Double glazed unit	England & Wales: before 2002, Scotland: before 2003 N. Ireland: before 2006	6mm in PVC frame, or any in non-PVC frame	3.1	3.3	0.76
		12mm in PVC frame	2.8	3.0	
		16mm or more in PVC frame	2.6	2.8	
Double glazed unit	England & Wales: 2002 or later, Scotland: 2003 or later N. Ireland: 2006 or later	any	2.0	2.2	0.72

续表

Glazing	Installed	Glazing gap	U-value (window)	U-value (roof window)	g-value
Secondary glazing	any	any	2.4	2.6	0.76
Triple glazing	any	any	1.8	2.0	0.68
Double or triple, known data	any	any	As provided in RdSAP data set		

4.6 德国《建筑节能条例 2014》

4.6.1 编制概况

发布机构：Federal Ministry of Transport, Building and Urban Development, Federal Ministry of Economics and Technology

编写目的：为不同类型建筑的能源框架计算以确定一次能源消耗。

修编情况：德国自 1977 年起就制定了自己的指定型建筑能效要求。在 2002 年实施 EPBD 后，德国首次颁布自己的绩效型建筑规范。规范的 2012 年版和支持政策涉及很多进步方面，包括与气候有关的低碳化最大 U 值、强制计算机模拟、气密性要求、激励方案、频繁锅炉和暖通空调系统测试、严格的 EPC 计划、自愿性低能耗分类，以及制定了在 2020 年前建造气候友好型建筑物的国家目标。

适用范围：适用于德国居住建筑、商业建筑以及公共建筑等新建及既有建筑改造一次能耗计算。规范涉及的建筑能源形式由建筑耗能或产能组成，包括暖通空调系统、热水、照明（仅限非住宅）、生物气候设计和可再生能源。

4.6.2 内容简介

《建筑节能条例 2014》主要内容包括：

第一章 概述，包含该法规的目的、界定范围以及各项条款的定义。

第二章 新建建筑，包含居住建筑、非居住建筑、用电来源、建筑气密性、建筑隔热性以及小型建筑相关要求。

第三章 包含翻新、扩建、拆除的要求，以及周边建筑、暖通空调。

第四章 工程要求。包含锅炉安装、热水管道安装以及冷却和通风要求。

第五章 能源要求。

第六章 能源证书，包含各种原则、要求、能耗，以及现代化建议。

第七章 共同点，包含混合用途建筑、技术法规、各种特殊说明等条例。

第八章 过渡条款和能源绩效证书。

4.6.3 标准亮点

1）节能改造衡量标准

德国对既有建筑的节能改造，也有清晰的衡量标准。德国对既有建筑“较大工程改造”的定义为：

① 当既有建筑外围护结构面积超过 25%以上进行改造时，或当改造工程造价（包括外围护结构、暖通、照明、热水设备等同节能有关的各项工程）超过建筑本身总造价（不含土地成本）25%以上的既有建筑进行改造工程时，必须满足 EnEv2007 新规范的要求。

② 改造后的外围护结构导热系统必须满足 EnEv2007 附件 3 的要求值。

③ 既有建筑改造之后，其整体能耗不超过同等新建筑最高允许能耗的 40%，即可认为达到节能标准。

④ 如果对既有建筑进行改造有加建部分，且加建建筑体积超过 $30m^3$，加建部分必须满足节能新规范对新建建筑的节能要求。

2）强制性改造义务

德国节能新规范不但对既有建筑改造列出规定，还从社会总体利益出发，对某些既有建筑提出了强制性的改造义务，包括以下条款：

① 截至 2006 年 12 月 31 日以前，所有外露的暖气管道和热水管道必须进行外保温，减少传输过程中的热量损失。德国居住建筑中一般在建筑上方设计阁楼，可放置物品，不住人的阁楼地面也要进行保温处理，减少建筑能量损失。

② 截至 2008 年 12 月 31 日以前，凡于 1978 年 12 月 31 日前投入使用的非节能采暖锅炉设备，必须淘汰、停止使用。

③ 其他技术措施。

新修订的 EnEv2007 同原有的 EnEv 相比较，在技术体系、技术指标方面并没有显著的改变。但最核心的变化就是推出了利于市场化、方便实际操作的“建筑能源证书体系”。其主要特点体现在几个方面：

① 新建建筑审批时，必须出具建筑能源证书；

② 既有建筑改造过程中，建筑体积超过 $100m^3$ 的加建建筑必须出具建筑能源证书；

③ 既有建筑的较大规模改造，必须出具建筑能源证书；

④ 建筑物买卖时，必须出具建筑能源证书；

⑤ 公共建筑的能源证书必须在该建筑的公共部分悬挂以便于监督；

⑥ 证书有效期为 10 年，超过有效期需要重新依据实际情况办理新的证书。

4.7 德国《超低能耗被动房标准》

4.7.1 编制概况

发布机构：德国被动房研究所（PHI）

主编单位：德国被动房研究所（PHI）

编写目的：为超低能耗被动房提供技术支撑。

被动房最初是指在寒冷的气候条件下，建筑不需要采暖设备，仅通过围护结构保温就能实现较舒适的室内环境。1996年，菲斯特博士在德国达姆施塔特建立了被动房研究院（PassiveHouse Institute简称PHI），该研究院作为独立的科研学术机构，提供设计咨询、技术支持及后续跟踪研究，是被动式建筑研究领域的权威机构。同时，被动房研究院编制出版了被动房设计手册（PHPP，Passive House Planning Package）、被动房计算软件、被动房评价认证标准、被动房部品认证标准，并不断进行设计方法和认证标准的维护和更新，并对达到被动房标准的建筑、建筑部品（门窗、保温系统、空调、新风设备等）进行认证。该标准涵盖了完整的由被动房研究所（PHI）所定义的建筑节能标准，本标准随同被动房的规划设计软件包（PHPP）版本9的发行而生效。德语版的PHPP版本9在2015年4月17日公开发行。

4.7.2 内容简介

《超低能耗被动房标准》共分为三章，主要内容如下：

第一章　导读

1.1　标准划分

1.2　标准版本的更新点

1.3　生效时间

第二章　标准

2.1　被动房标准

2.2　被动式节能改造（EnerPHit）标准及特殊条例

2.3　被动房研究所节能建筑标准

2.4　所有标准的通用最低要求（包含过温频率、相对湿度过高频率、最低保温要求以及用户满意度）

2.5　PHPP计算的边界条件

第三章　建筑认证技术条例

3.1　审核方法

3.2　上交材料［包含被动房的规划设计软件包（PHPP）、建筑设计材料、建筑详图和连接节点详图、门窗、新风系统、采暖/制冷、生活热水和排水、电气设备和照明、可再生能源、气密性建筑外围护结构、漏风检测和密封确认书（仅针对EnerPHit被动式节能改造和预认证）、照片、特殊条例（仅针对被动式节能改造）、经济性计算（仅针对被动式节能改造）、通用最低要求的满足证明以及施工负责人声明］

3.3　发布翻新的预认证（包括预认证流程、许可的翻新流程、防潮保护：对中间状态的要求以及预认证上交材料）

4.7.3 标准亮点

1）高效隔热

应用良好的保温材料包裹整个建筑，包括屋顶、墙体、地板或地下室顶板。典型的保温水平因气候而异，通常情况下，屋面的保温应优于墙面，墙面优于底板。不透明的外围护结构的 U 值必须小于 0.15W/(m^2·K)；即当室内外温差为 10℃时，外墙散热量不超过 1.5W/m^2。

2）高品质的窗户

使用高品质低辐射（Low-E）玻璃，用惰性气体充填。透明的围护结构（窗户、幕墙等，含窗框）的 U 值必须小于 0.8W/(m^2·K)，总能量穿透率 G 值小于 50%。

3）建筑气密性设计

周密考虑气密设计，建立一个非常气密的外围护结构。所有节点和接口都要设计为气密。气密可以避免不适感，减少温湿调节能耗需求，提高室内空气品质，并降低未经控制的潮湿气流损害热围护结构的风险。通常在每个被动房气密外围护完成后，都要以“鼓风门测试”测量气密性（在室内外 50Pa 压差的条件下，每小时的换气次数小于 0.6）。

4）无热桥设计

所有建筑外围护结构，如阳台造成的突出混凝土板、挑檐、女儿墙、飘窗等出挑部件，在非采暖制冷的地下室中顶板的砌体内墙等必须严格保温处理，窗户应安装在保温层内。地下室保温层选择既能承重又能保温的材料。尽可能使保温层以均匀的保温效果围绕整个建筑，选择高度隔热的断桥窗框，避免热桥。

5）带热回收的新风系统

通过有热交换的机械通风系统，持续提供新风。热回收的效率应达到 75%以上，该效率受气候环境影响。对于冬季严寒或夏季潮湿的气候，应使用含湿度回收的能量回收通风系统即全热交换新风系统。

6）规划设计要求

除去上述提及要求之外，以下各方面在整个规划过程中都应加以考虑：

① 紧凑的建筑围护结构，尽量减小外表面面积。避免不必要的突出处，例如飘窗、塔楼。预留足够的楼层净空高度，但安装施工设计方式应避免产生额外的构造高度。

② 每户住宅单元中，送风和回风房间应合理安排，避免送风管与回风管交叉。在每户单元中将浴室和厨房集中在同一侧，可以减少供水和污水管道长度，简化散热器连接。热水管越少，管道热损失也就越少。

③ 在平面布置中常有一个或多个中央起居室。这些空间并不一定需要专门的送风和回风连接。

④ 在采暖为主的气候区，尽量将热水系统置于热围护结构之内。在制冷为主的气候区，尽量将热水系统置于热围护结构之外。

⑤ 选择足够的开窗面积，以获得充足的光照以及通风。每个居室、卧室等主要房间至少有一扇可开启窗户，尽量保证建筑对流通风降温。除非必要，不要把窗户分割为多个小块。

⑥ 东西向窗（±50°）和水平窗（坡度小于75°）的窗地比小于15%，南向窗的窗地比小于25%，超过限值须设置遮阳系数大于75%的可移动式遮阳设施。

7）被动房认证要求

一栋建筑需满足以下要求才能被认证为被动房：

① 空间供热能源需求每年不超过每平方米净生活空间（处理面积）15kW 时，或每平方米高峰需求 10W。

在需要主动冷却的气候条件下，空间冷却能量需求需与上述热需求大致匹配，并附加除湿余量。

② 可再生可再生一次能源需求（按 PHI 法计算），用于所有家庭应用（供暖、热水和家庭用电）的总能源，每年不得超过被动式经典住宅每平方米处理面积 60kWh。

③ 在气密性方面，在 50Pa（ACH50）下，每小时最多可换 0.6 次空气，通过现场压力测试（加压和减压两种状态）验证这一点。

④ 在冬季和夏季，所有生活区的热舒适都必须得到满足，一年当中不超过 10% 的时间超过 25℃。有关一般质量要求（软标准）的完整概述，可参见 Passipedia。

8）室内环境指标

被动房室内环境舒适度核心指标包括：

① 室内温度 20～26℃；

② 新风需求≥30m^3/h・人；

③ 二氧化碳浓度≤1000ppm；

④ 围护结构内表面与室内温差小于 4.2℃；

⑤ 噪声值要小于 25dB。

在室内出风口的送风温度不得低于 17℃。必须保证均匀流过的所有领域和所有房间（通风效率），通风设计应满足空气卫生要求（DIN1946）。

4.8 丹麦《建筑规范 BR18》

4.8.1 编制概况

发布机构：丹麦交通、建筑和住房部

主编单位：丹麦交通、建筑和住房部

编写目的：在遵守欧盟相关规范外，丹麦经过多年的研究和实践，不断依据现状更新适合本国的建筑规范。2018 年 2 月 4 日由丹麦交通、建筑和住房部颁布的 BS0200-00353 号文件作为现行规范，其中对供暖和空调装置、可再生能源的应用、被动式加热和冷却元件、遮阳、室内空气质量、充足的自然光和建筑物的设计等 22 项做了明确的等级规定及量化方法。此外，《建筑规范 BR18》指出，居住建筑节能改造后的能源效率限值与经济可行性需要同时被满足。

修编情况：2018 年 2 月开始实施。

适用范围：该规范适用于以下类型的建筑工程：1）新建筑物的建造。2）扩建的建筑物。3）对建筑法或建筑法规重要的建筑物的重建和其他变更。4）对建筑法或建筑法规重要的建筑物使用功能的变更。5）拆除建筑物。6）现有建筑物的维护，改建和其他会对建筑物的能耗产生影响的建筑活动。该规范不适用于：1）交通用途的桥梁、隧道公路、铁路和其他设施由当局或法人负责对建筑公司进行审批，包括执行这些工程所需的临时建筑和设施。2）供电系统的主人，用于电气装置的普通桅杆，包括道路照明系统和公共电车跑道的桅杆。3）在停靠点等处的读取屏幕。4）用于供应电力的变压器站和电缆柜，燃气运输的计量和压力调节站，供排水和区域供热系统的泵站和增压系统，以及用于公共交通的无线电，小木屋和接力室，要求其面积不超过 $30m^2$，高度不超过 3.0m。5）由紧急事务管理局执行或批准的警报系统的警报器单元。6）与邻区相隔的栅栏墙，不超过 1.8m 的道路。

4.8.2 内容简介

《建筑规范 BR18》中关于建筑能耗的部分主要分为四大章节，分别是：基本规定、建筑更换使用功能的节能要求、建筑改造和更换建筑部件的节能要求以及既有建筑的改造等级。

4.8.3 标准亮点

1）基本规定

在基本规定中共有第 250～263 条对建筑能耗提出了基本要求，具体为：

250. 必须对建筑物进行规划、执行、重建和维护，以避免在供暖、热水、空气调节、通风和照明等方面不必要的能源消耗。

251. 必须对建筑物进行规划、执行、重建和维护，以便能源需求不超过能源限额，其中包括建筑物对供暖、通风、冷却、热水和照明供应的总需求。对于多种能源消耗必须使用第 252 和 253 条中的能耗权重因子进行加权求和。必须基于《丹麦建筑研究院 213 建筑能耗》的指令提供建筑物的能耗计算依据。

对于扩建、改建使用、改建、临时可移动的展馆和避暑别墅，第 267～292 条的规定可同样用作能源限额。

252. 在建筑物中，在计算总能耗时，必须对各种能源供应形式进行加权。使用以下加权因子：

• 电力为1.9；

• 区域供暖为0.85。对于改建建筑，区域供暖系数为1.0；

• 对于其他形式的热量，使用1.0因子，同时兼顾相关设备的效率。

253. 当将新建筑物连接到现有的锅炉（也为现有建筑物供应）时，加权因子为1.0。区域加热系数可用于利用来自生产设备等的废热。

254. 以下规定适用于以下对应的房间或建筑物：

• 对于有废热提供的临近建筑空间必须依据其使用功能进行隔热，例如锅炉房和面包店；

• 对于没有温度控制或者只需要将温度升高到5℃以上的临近房间的建筑空间必须依据其使用功能进行隔热；

• 对于未供暖或者只需要将温度升高到5℃以下的建筑不需要满足供暖隔热。

对于建筑物和建筑部件，包括门窗，必须进行合理的设计，以便热量损失不会因以下原因而显著增加：

• 结构中的水分；

• 通过入口进入的未加考虑的气流。例如商店、办公室和酒店的入口部分；

• 通过建筑部分进入的未加考虑的气流。例如暴露在风中的隔热部件；

• 热桥。

256. 对于能量计算，应进行以下计算假设：

• 在计算传输面积、传输损耗和热损失限值时，必须使用DS 418中关于建筑物热损失的计算方法；

• 在记录各个建筑部件的U值时，必须包括冷桥对能耗的影响。

257. 建筑围护结构最低要求

必须对各个建筑部件进行隔热，使热损失系数不超过附件2规定的值，具体见表4.10。在某些情况下，例如，对于高层建筑或地面土壤条件较差的情况，不能满足线性热传导的条件。在这些情况下，如果没有水分和冷凝问题，则可以使用更高的传热系数。

建筑维护结构传热系数限值　　**表4.10**

建筑部分	U值/[W/(m^2·K)]
外墙和地下室墙	0.30
地板间隔和相邻两房间温差为5℃或更高的隔墙	0.40
庭院地板、地下室地板和露天或通风爬行空间的地板分隔	0.20
地板下的地板分隔，临室为供暖室	0.50
顶棚和屋顶结构，包括屋顶斜坡下的橱柜，平屋顶和直接抵靠屋顶的倾斜墙壁	0.20
没有玻璃的外门。参考尺寸为1.23m×2.18m	1.40

续表

建筑部分	U 值/[W/(m² · K)]
外门玻璃。参考尺寸为 1.23m×2.18m	1.50
对于外门或通向未供暖临室的门，或通向临室温差在 5℃以上的门	1.80
天窗	1.40
玻璃面墙的绝缘部件。要求是玻璃中心 U 值	0.60
地板分隔和墙壁与冷冻室分隔	0.15
地板分隔和冷藏室分隔	0.25
滑动和折叠门。参考尺寸分别为 2.50m×2.18m	1.5
加热到至少 5℃的房间周围的基础	0.40
外墙和窗户或外门，大门和四周之间的组装部件	0.06
屋顶结构与天窗或天窗之间的组装部件	0.20

258. 窗户、玻璃墙、天窗和玻璃屋顶的一般最低要求

窗户、玻璃墙、天窗和玻璃屋顶必须符合以下能源性能要求：

• 对于窗户和玻璃墙，能耗的参考值不得低于 17kWh/(m² · a)。能耗的计算公式为 $E_{ref}=196.4\times g_w-90.36\times U_w$。$g_w$ 为窗户玻璃传热系数；

• 对于天窗和玻璃屋顶，能耗的参考值不得低于 0kWh/(m² · a)。能耗的计算公式为 $E_{ref}=345\times g_w-90.36\times U_w$。

参考值计算时采用的窗户、玻璃墙、天窗和玻璃屋顶的参考尺寸为 1.23m×1.48m。对于玻璃釉面墙和玻璃屋顶，能耗公式是根据剖面系统的中心线计算的。

259. 居住建筑、宿舍、酒店等的能耗限值

对于居住建筑、宿舍、酒店和类似建筑物，建筑物对供暖、通风、制冷和热水供应的总需求不得超过 30.0kWh/m²+1000kWh/a/空调区地板面积。

260. 除住宅外的建筑物的能耗限值

• 对于第 259 条未涵盖的建筑物，必须减少建筑物对供暖、通风、制冷、生活热水和照明制冷和热水供应的总需求不得超过 41.0kWh/m²+1000kWh/m² 供暖地板面积。

• 对于第 259 条未涵盖的且需要控制温度在 5.0 至 15.0℃的建筑物，计算时室温取 15℃。

• 对于未被 259 条涵盖的建筑物，或建筑物具有较高水平的照明，额外的通风要求、热水耗量大或长时间使用的房间层高较大的建筑物，能耗限值需要补充根据相应公式计算出的能耗。

261. 在多功能混合用途建筑中，建筑物的总能耗面积应按照不同的使用功能分别划分。在确定建筑物的能耗限值时应按各部分限值的总和来计算。

262. 对于多功能混合用途建筑，如果一种主要用途大于等于 80%。那么该建筑可划分为该类型建筑。

263. 对于温控在 15℃或更高温度的新建筑物，建筑围护结构的泄漏量不得超过 1.0L/s。室内外压差控制值为 50Pa。

2）改造后使用功能改变的节能要求

第 267～269 条对建筑改造时改变使用功能时，各建筑构配件的节能性能提出了要求，具体如下：

267. 如果更改使用功能后的建筑物能耗较大，可以使用第 259～266 条的能耗限值。或者使用第 268 条中的建筑部件的 U 值要求。

268. 采暖房间的建筑部件必须使用与采暖房间温度相对应的热损失系数，详见表 4.11。

建筑改造建筑维护结构的一般最低要求 **表 4.11**

建筑部分	U 值/[W/(m^2 · K)]	
	房间温控 $T>15$℃	房间温控 5℃ $<T<15$℃
外墙和地下室邻接地面墙	0.15	0.25
房间温差为 5℃或更高的空间的地板间隔和隔墙	0.40	0.40
庭院或地下室与通风空间的隔墙	0.10	0.15
顶棚和屋顶结构，包括斜墙、平屋顶和支撑屋顶的倾斜墙壁	0.12	0.15
对室内外温差为 5℃或以上的房间的外墙（不适用于小于 500cm^2 的通风口）	1.40	1.50
天窗	1.40	1.80
隧道或类似的构件	2.0	2.0
	线损[W/mK]	
外墙和窗户或外门之间的热桥	0.03	0.03
屋顶结构与天窗或天窗之热桥	0.10	0.10

269. 在建筑整体或部分变更使用时，建筑条件可能无法达到表 3-5 中的限值。在这种情况下，必须找到其他替代性的能耗解决方案以满足能耗限值。

3）建筑扩建的节能要求

在既有建筑改造时，如果存在扩建的部分，应符合标准第 271～273 条的要求，具体如下：

271. 在进行建筑扩建时，能耗须小于建筑的能耗限值。能耗限值应根据建筑物的总面积计算。或者遵从第 268 条中的建筑部件的 U 值要求或第 272 条的热损失限值。对于第 268 条的使用条件是外门窗的总面积，包括天窗、天窗、玻璃墙和玻璃屋顶不超过 22％的空调区域的地板面积。

272. 如果扩建部分的建筑部件 U 值不能满足第 268 条要求，则扩建部分必须满足建筑能耗限值。

273. 扩建部分的窗户可以按真实的窗户热损失系数来计算，也可以以 U 值为

1.2 W/(m^2·K) 来计算。

4）建筑改造和更换建筑部件的节能要求

第 274～279 条对建筑改造和更换建筑部件的各建筑构配件的保温性能、投资回收期等提出了要求，具体如下：

274. 在建筑改造时，必须确保该改造具有一定的经济效益，并确保建筑不会因为改造而存在受潮损害。能耗限值可以参考第 279 条中的规定或满足第 280～282 条中既有建筑改造等级。

275. 当每年节约成本×回收期/改造成本大于等于 1.33 时，此改造被认为是具有经济效益的。

276. 当增加建筑能耗时，如果有补偿性建筑能源，则该建筑能被允许增加能耗。

277. 更换建筑部件或装置时，无论是否具有经济效益，必须遵循第 279 条对于相应建筑部件的规定。

278. 作为受保护古文物一类的教堂和建筑物不受第 274～282 条规定的约束。

279. 建筑物的重建和其他变更必须符合附件 2 规定的 U 值和线损的要求，详见表 4.12。窗户、玻璃门墙、门、玻璃屋顶和天窗必须符合第 257 和 258 条的要求。

建筑物翻新和其他变化的围护结构的最低要求　　表 4.12

建筑部分	U 值/[W /(m^2·K)]
外墙和地下室邻接地面墙	0.18
房间温差为 5℃或更高的空间的地板间隔和隔墙	0.40
庭院或地下室与通风空间的隔墙	0.10
顶棚和屋顶结构，包括斜墙、平屋顶和支撑屋顶的倾斜墙壁	0.12
对室内外温差为 5℃或以上的房间的外墙（不适用于小于 500cm^2 的通风口）	1.40
天窗	1.65
隧道或类似的构件	2.0
建筑部分	线损[W/mK]
外墙、窗户或外门、大门之间的热桥	0.03
屋顶结构与天窗或天窗之间的热桥	0.10

5）既有建筑的改造等级

第 280～282 条对建筑改造的能耗等级评价进行了规定，具体如下：

280. 以下条款适用于现有建筑物的改造达标等级；

- 能耗降低不应低于 30.0kWh/m^2/a。
- 建筑物的总能源供应中必须有可再生能源。

281. 房屋、宿舍、酒店等的改造可划分为：

- 2 级改造水平，当空调区域的供暖、通风、制冷和热水总能耗不超过 70.0kWh/m^2/a+2200kWh/a/空调区域地板面积；

• 1 级改造水平，当空调区域的供暖、通风、制冷和热水总能耗不超过 52.5kWh/m^2/a+1650kWh/a/空调区域地板面积。

282. 第 281 条未涵盖的办公室、学校、机构和其他建筑物可归类为：

• 2 级改造水平，当空调区域的供暖、通风、制冷和热水总能耗不超过 95kWh/m^2/a+2200kWh/a/空调区域地板面积；

• 1 级改造水平，当空调区域的供暖、通风、制冷和热水总能耗不超过 71.3kWh/m^2/a+1650kWh/a/空调区域地板面积。

4.9 《既有居住建筑节能改造技术规程》JGJ 129—2012

4.9.1 编制概况

发布机构：中华人民共和国住房和城乡建设部

主编单位：中国建筑科学研究院

编写目的：为不同气候区既有居住建筑节能改造提供技术支持。

修编情况：本规程的编制是对《既有采暖居住建筑节能改造技术规程》JGJ 129—2000 的全面修订。

夏热冬冷地区的居住建筑冬季采暖夏季空调以及夏热冬暖地区的居住建筑夏季空调越来越普遍，为了提高采暖空调能源利用效率，改善室内热环境，夏热冬冷地区和夏热冬暖地区的既有居住建筑节能改造需求迫切。而《既有采暖居住建筑节能改造技术规程》JGJ 129—2000 适用地域限制在严寒和寒冷地区。因此，对 2000 版规程的修订以及增加新的技术内容，将规程的适用地域范围拓宽，并更名为《既有居住建筑节能改造技术规程》，标准号为 JGJ/T 129—2012。

适用范围：本标准适用于不同气候区既有居住建筑的节能改造。

4.9.2 内容简介

JGJ/T 129—2012 是为贯彻国家有关建筑节能的法律、法规和方针政策，改变既有居住建筑室内热环境质量差、采暖空调能耗高的现状，采取有效的节能技术措施，提高既有居住建筑围护结构的保温隔热能力，改善既有居住建筑采暖空调系统能源利用效率，改善居住热环境以及节能减排而制定。改造的范围主要是围护结构保温、隔热性能和采暖空调设备（系统）的能效。通过改造降低采暖空调设备的运行能耗。

主要内容包括 7 个章节：总则；基本规定；节能诊断；节能改造方案；建筑围护结构节能改造；供热采暖系统节能与计量改造（严寒、寒冷地区集中采暖建筑）；施工验收。各章节主要内容如下：

第 1 章　总则

主要对规程编制的目的、适用范围和实施方法等进行了规定。在适用范围方面，本规程从原来的严寒和寒冷地区的既有供暖居住建筑扩展到各个气候区的既有居住建筑，但重点还是在严寒地区和寒冷地区。此外，由于温和地区气候条件较好，居住建筑目前实际的供暖和空调设备应用较少，所以没有单独列出章节。如果实际中，温和地区部分居住建筑的供暖空调能耗比较高，需要进行节能改造，则可以参照气候条件相近的相邻寒冷地区、夏热冬冷地区和夏热冬暖地区的规定实施。

第 2 章　基本规定

主要对既有居住建筑节能改造的原则、判定方法、改造前的诊断、改造后应达到的标准、改造的范围，以及参与的第三方机构、技术和材料选择的要求进行了规定。本规程是一本技术规程，同时考虑到既有建筑节能改造的情况远比新建建筑复杂，所以规程没有像新建建筑的节能设计标准一样设定节能改造的节能目标，只是解决“既有居住建筑如果要进行节能改造，应该如何去做”的问题，改造工作涉及的其他方面均应符合国家相关标准规范的要求。

第 3 章　节能诊断

主要从能耗现状调查、室内热环境诊断、围护结构的节能诊断、严寒和寒冷地区集中供暖系统的节能诊断等方面做出了规定。规程首先规定既有居住建筑节能改造前应进行节能诊断，并规定了节能诊断的内容包括：实地调查室内热环境、围护结构的热工性能、供暖或空调系统的能耗及运行情况等。还规定了节能诊断报告的主要内容，以及诊断应采用的方法标准。

诊断主要采用现场调查、检测和计算分析等手段，还可以采取问卷等辅助方法。规程规定了诊断各个部分应当收集的资料、现场检查的内容、现场测试的参数和依据的标准，需要计算的参数和依据的标准，以及各阶段应当完成的主要结果。计算分析部分需要对拟改造建筑的能耗状况及节能潜力做出分析，作为制定节能改造方案的重要依据。我国幅员辽阔，不同地区气候差异很大，居住建筑室内热环境诊断时，应根据建筑所处气候区，对诊断内容进行选择性检测。检测方法依据《居住建筑节能检验标准》JGJ/T 132 的有关规定。围护结构的节能诊断应依据各地区现行的节能标准或相关规范，重点对围护结构中与节能相关的构造形式和使用材料进行调查，取得第一手资料，找出建筑能耗高的原因和导致室内热环境较差的各种可能因素。针对严寒和寒冷地区的集中供暖系统，应对目前的集中供暖系统进行全面的调查，掌握目前集中供暖系统的运行状况，并对相关的参数进行现场的检测。

第 4 章　节能改造方案

本章按照不同气候区分别规定了节能改造应达到的判定指标和依据的标准。并对改造方案应当包括的主要内容、改造设计的参数、评估项目和方法进行了规定。规程规定改造方案应根据不同气候区节能诊断的结果和预定的节能目标，制定相应地区既有居住建筑节能改造的方案。严寒和寒冷地区应按现行行业标准《严寒和寒冷地区居住建筑节能设计标准》JGJ 26 中的静态计算方法，对建筑实施改造后的供暖耗热量指标进行计算。严寒和寒冷地区既有居住建筑的全面节能改造方案应包括建筑围护结构节能改造方案和供暖系统节能改造方案。夏热冬冷地区应按现行行业标准《夏热冬冷地区居住建筑节能设计标准》JGJ 134 中相关规定，对建筑实施改造后的供暖和空调能耗进行计算。夏热冬冷地区既有居住建筑节能改造方案应主要针对建筑围护结构。夏热冬暖地区应按现行行业标准《夏热冬暖地区居住建筑节能设计标准》JGJ 75 中相关规定，对建筑实施改造后的空调采暖能耗进行计算。夏热冬暖地区既有居住建筑节能改造方案应主要针对建筑围护结构。

第 5 章　建筑围护结构节能改造

本章主要对围护结构节能的部位、方法、技术、产品，以及主要的构造技术要求作出了规定。在既有居住建筑节能改造中，提高围护结构的保温和隔热性能对降低供暖、空调能耗作用明显。在围护结构改造中，屋面、外墙和外窗应是改造的重点，架空或外挑楼板、分隔供暖与非供暖空间的隔墙和楼板是保温处理的薄弱环节，应给予重视。《严寒和寒冷地区居住建筑节能设计标准》JGJ 26 对围护结构各部位的传热系数限值均作了规定。为了使既有建筑在改造后与新建建筑一样成为节能建筑，其围护结构改造后的传热系数应符合该标准的要求。在夏热冬冷地区，外窗、屋面是影响热环境和能耗最重要的因素，进行既有居住建筑节能改造时，节能投资回报率最高，因此，围护结构改造后的外窗传热系数、遮阳系数，屋面传热系数必须符合行业标准《夏热冬冷地区居住建筑节能设计标准》JGJ 134 的要求。外墙虽然也是影响热环境和能耗很重要的因素，但综合投资成本、工程难易程度和节能的贡献率来看，对外墙适当放松，可能节能效果和经济性会最优，但改造后的传热系数应符合行业标准《夏热冬冷地区居住建筑节能设计标准》JGJ 134 的要求。夏热冬暖地区墙体热工性能主要影响室内热舒适性，对节能的贡献不大。外墙改造采用保温层保温造价较高、协调工作和施工难度较大，因此应尽量避免采用保温层保温。此外，一般黏土砖墙或加气混凝土砌块墙的隔热性能已基本满足《民用建筑热工设计规范》GB 50176 要求，即使不满足，通过浅色饰面或其他墙面隔热措施进行改善一般均可达到规范要求。

第 6 章　供热采暖系统节能与计量改造（严寒、寒冷地区集中采暖建筑）

主要对于严寒和寒冷地区的集中供暖系统和计量改造中的对象、性能要求、技术措施作出规定。要求应对现有的不符合现在节能要求的集中供暖系统进行节能改造，集中供暖系统的节能改造主要包括热源及热力站节能改造、室外管网节能改造及室内系统节能与计量改造。热源及热力站的节能改造尽可能与城市热源的改造同步进行，这样有利于统筹安排、降低改造费用。当热源及热力站的节能改造与城市热源改造不同步时，可单独进行。单独进行改造时，既要注意满足节能要求，还要注意与整个系统的协调。室外热水管网热媒输送主要有以下三方面的损失：（1）管网向外散热造成散热损失；(2) 管网上附件及设备漏水和用户放水而导致的补水耗热损失；(3) 通过管网送到各热用户的热量由于网路失调而导致的各处室温不等造成的多余热损失。管网的输送效率是反映上述各个部分效率的综合指标。提高管网的输送效率，应从减少上述三方面损失入手。当室内供暖系统需节能改造，且原供暖系统为垂直单管顺流式时，应充分考虑技术经济和施工方便等因素，宜采用新双管系统或带跨越管的单管系统。既有居住建筑节能改造过程中，楼栋热力入口应安装热计量装置，这样便于确定室外管网的热输送效率及用户的总耗热量，作为热计量收费的基础数据。

第 7 章　施工验收

规定了既有居住建筑节能改造后，进行节能改造工程施工质量验收依据的标准为国家标准《建筑节能工程施工质量验收规范》GB 50411。验收的内容主要包括围护结构节能改造工程及严寒和寒冷地区集中供暖系统节能改造工程中的相关分项技术指标。

4.9.3　标准亮点

1) 适用范围

本规程以相应的居住建筑节能设计标准为基础，将规程的适用范围从原来的严寒和寒冷地区的既有供暖居住建筑扩展到各个气候区的既有居住建筑，但重点还是在严寒地区和寒冷地区且温和地区无独立章节，需要参考相邻寒冷地区、夏热冬冷地区和夏热冬暖地区的标准。

2) 能耗范围

居住建筑能耗主要包括供暖空调能耗、照明及家电能耗、炊事和热水能耗等。由于居住建筑使用情况复杂，全面获得分项能耗比较困难，规程所指的改造主要是围护结构及空调供暖系统，因此诊断环节主要调查居住建筑的供暖和空调能耗。

3) 改造依据

规程主要解决“如何进行改造”的问题。改造的依据主要是相关的居住建筑节能设计、检测、验收标准，将其作为改造目标确定、节能诊断、方案制定、改造内容、评估和验收的依据。

4) 以保证室内热环境为基础

规程的主要目标是通过改造降低既有居住建筑的供暖、空调能耗，但将建筑室内热环境要求贯穿于诊断、方案、设计、实施和验收等全部环节之中。规程在保证室内环境的基础上降低建筑能耗。因此，规程不但包括节能要求，也将热环境、保温、隔热性能作为考虑的内容。

4.10　《既有采暖居住建筑节能改造能效测评方法》JG/T 448—2014

4.10.1　编制概况

发布机构：中华人民共和国住房和城乡建设部

主编单位：北京住总集团有限责任公司、江苏天宇建设集团有限公司

编写目的：本标准在总结实际工程应用经验的基础上，结合现阶段我国颁布的供热计量和节能改造相关的法律、法规政策性文件，以及我国的供热系统形式等特点，从方便用户角度出发，以技术先进、经济合理、操作性强、安全适用、管理方便为原则，力求通过实施改造安装的热计量设备，重点考核供热系统的实际运行效果，测试分析运行管理中存在的问题。标准注重实用性、可操作性和标准化，方便在既有居住建筑节能计量改造工程中应用和推广。

修编情况：由住房和城乡建设部于 2014 年 9 月 29 日发布，2015 年 4 月 1 日开始实施，尚未修订。

适用范围：标准适用于既有居住建筑集中采暖系统节能改造（包括围护结构改造、热计量改造和采暖系统节能改造）效果以及节能运行效果的能效测评工作。

4.10.2 内容简介

JG/T 448—2014 包括 7 章和 2 个资料性附录，在给出了术语和定义，规定了测试条件、数据采集方法的基础上，按采暖效果、采暖能耗和节能技术进行章节划分，针对供热系统的各项性能指标分别规定，层次清晰，重点突出，方便使用。具体内容如下：

1 范围

2 规范性引用文件

3 术语和定义

4 基本要求

5 采暖效果测评方法

6 采暖能耗测评方法

7 节能技术应用测评方法

附录 A（资料性附录）供热计量数据采集要求

附录 B（资料性附录）测评报告

第 1 章“范围”规定了本标准的适用范围，即，适用于既有居住建筑集中采暖系统节能改造（包括围护结构改造、热计量改造和采暖系统节能改造）效果以及节能运行效果的能效测评工作。

第 2 章“规范性引用文件”列出了标准引用相关标准，包括《建筑采暖通风空调净化设备计量单位及符号》GB/T 16732、《采暖、通风、空调、净化设备 术语》GB/T 16803、《建筑物围护结构传热系数及采暖供热量检测方法》GB/T 23483、《供热系统节能改造技术规范》GB/T 50893 和《居住建筑节能检测标准》JGJ/T 132。

第 3 章“术语和定义”根据计量仪表功能和测评方法，改写了一些标准中的术语定义，且新制订了很多术语定义，如建筑物流量平衡系数、建筑物温差平衡系数等。

第 4 章“基本要求”对测试时建筑情况及基本信息、安装的仪表情况及其数据采集功能、室内温度采集等测试条件进行了规定，对供热计量仪表数据的采集整理提出了要求（附录 A），并给出了测评报告的规定格式（附录 B）。供热计量仪表数据的采集整理包括热量表数据采集、补水系统数据采集、电能计量装置数据采集三部分，其中电能计量装置数据采集分为锅炉房或热力站电能计量装置数据的采集整理和循环水泵数据的采集整理。

第 5 章“采暖效果测评方法”，针对采暖期间室内外日平均温度的采集、计算和评价进行了规定。一是对室内日平均温度低于当地保障采暖室温下限的住户比例和高于小区日平均温度 2K 的住户比例进行统计并分析原因；二是针对每栋建筑绘制楼层—温度坐标图和楼栋—温度坐标图，将散点回归成直线，将直线斜率记为温度垂直失调度（L_{tv}）和温度水平失调度（L_{th}）录入测评报告中，分析室外温度变化引起的失调状况；三是对比往年数据分析节能改造前后的采暖效果变化。

第 6 章“采暖能耗测评方法”包括节能改造前后锅炉房的燃料消耗量对比、建筑物围护结构评价、采暖建筑单位面积耗电量对比、采暖系统补水率评价四部分内容，其中锅炉房燃料消耗量和耗电量根据 GB/T 50893 的规定进行检测和判定，作为围护结构评价指标之一的采暖建筑单位面积供热量也按 GB/T 50893 的规定进行检测和判定，除此之外，围护结构的评价基数和采暖系统的运行补水率则为本标准首次提出的计算方法和公式，并将被录入测评报告中。

第 7 章“供热节能技术应用测评方法”中规定对供热管网输送效率、水力平衡技术、供热量调节技术和变流量调节技术进行测试和评价。

供热管网的输送效率要求不小于 90%，同时还要与其他小区和本小区往年历史数据作比较。

水力平衡效果则按建筑物温差平衡系数和建筑物流量平衡系数两方面加以分析，当温差平衡系数大于 120%或低于 80%时，要检查楼内水力平衡情况，判定水流量偏低或偏高，根据判定结果调节其热力入口的流量，改善水力平衡状况。

供热量调节技术一方面根据建筑物的当日供热运行过量系数判定是否存在供热过量或不足的情况，分析供热量规律和节能潜力，另一方面通过采暖季供热运行过量系数对节能运行效果进行评价，系数越大说明节能运行效果越差。

变流量调节技术则是基于仪表获得数据的情况，选择三种方法中适用的一种对其进行评价，即采用采暖期流量调节系数、采暖期平均温差系数或采暖期平均耗电输热比三个指标中的一个与其他小区和本小区往年数据进行比较，对变流量调节技术进行评价。

4.10.3　标准亮点

该标准的创新点主要有两点，一是首次针对系统运行效果，提出了多项原创性计算方法和公式，二是首次提出了很多能效测评方法、包括建筑物围护结构测评方法、水力平衡技术的 2 种测评方法，供热量调节测评的供热运行过量系数、变流量调节技术的 3 种测评方法，各项测评方法数据要求清晰、计算方法简单、可操作性强、测评结果统一。

1）围护结构测评方法

如前所述，作为围护结构评价指标之一的采暖建筑单位面积供热量按 GB/T 50893 的规定进行检测和判定，围护结构的评价基数则为本标准首次提出的计算方法和公式，并将被录入测评报告中。

围护结构的评价基数计算方法见公式（1）～公式(3)，当计算得到的数值较大时，说明围护结构可能存在较严重的热工缺陷，需要用红外成像仪，按照相关标准规定的方法对围护结构进行检测。采暖系统运行补水率则按公式（4）进行计算，并要求一次网运行补水率不大于 0.5%，二次网运行补水率不大于 1.0%。

$$L_{hdd}=\min(\overline{q}_{a},\overline{q}_{(a+1)},\overline{q}_{(a+2)},\overline{q}_{(a+3)},\cdots,\overline{q}_{b}) \tag{2}$$

$$q_{d}=\frac{\Delta Q_{d}\times 10^{9}}{24\times 3600\times A\times(\overline{t_{di}}-\overline{t_{do}})} \tag{3}$$

$$\overline{q_{d}}=\frac{q_{(d-1)}+q_{d}+q_{(d+1)}}{3} \tag{4}$$

式中：

L_{hdd}——建筑物围护结构评价基数，W/(m^2·K)；

q_d——d 日的当日建筑物供热系数，W/(m^2·K)；

ΔQ_d——d 日的建筑物采暖供热量，为次日零时和当日零时的显示热量值之差，GJ；

A——建筑物建筑面积，m^2；

$\overline{q_d}$——d 日（采暖期内某一日）的 3 日建筑物供热系数平均值，W/(m^2·K)；

$\overline{t_{di}}$——d 日的楼栋日平均温度，℃；

$\overline{t_{do}}$——d 日室外日平均温度，℃；

$\overline{q}_a$——当地法定采暖期开始后第 10 天的 3d 建筑物供热系数平均值，W/(m^2·K)；

$\overline{q}_b$——当地法定采暖期结束前第 10 天的 3d 建筑物供热系数平均值，W/(m^2·K)。

2）水力平衡技术

水力平衡效果则按建筑物温差平衡系数（公式 5）和建筑物流量平衡系数（公式 6、公式 7）两方面加以分析，当温差平衡系数大于 120%或低于 80%时，要检查楼内水力平衡情况，判定水流量偏低或偏高，根据判定结果调节其热力入口的流量加以改善水力平衡状况。

$$L_{hb1,j}=\frac{\Delta t_{j}\div\Delta T_{j}\times n}{\sum_{i=1}^{n}(\Delta t_{i}\div\Delta T_{i})}\times 100\% \tag{5}$$

式中：

$L_{hb1,j}$——第 j 栋建筑物温差平衡系数，%；

Δt_i——第 i 栋建筑物的供回水温差，K；

ΔT_i——第 i 栋建筑物的采暖系统设计温差，K；一般情况下散热器系统取 20K，地面辐射供暖系统取 10K；

Δt_j——第 j 栋建筑物的供回水温差，K；

ΔT_j——第 j 栋建筑物的采暖系统设计温差，K；一般情况下散热器系统取 20K，地面辐射供暖系统取 10K；

n——参与水力平衡比较的建筑物数量。

$$L_{hb2,j}=\frac{g_j}{g_i}\times 100\% \tag{6}$$

$$g=G/A \tag{7}$$

式中：

$L_{hb2,j}$——第 j 栋建筑物流量平衡系数，%；

g_j——第 j 栋建筑的平均循环水量，$(m^3/h)/m^2$；

g_i——系统总管的平均循环水量，$(m^3/h)/m^2$；

G——累积循环水量，m^3/h；

A——建筑物的建筑面积，m^2。

3）供热量调节技术

供热量调节技术一方面根据建筑物的当日供热运行过量系数（公式 8，公式 9）判定是否存在供热过量或不足的情况，分析供热量规律和节能潜力，一方面通过采暖季供热运行过量系数（公式 9）对节能运行效果进行评价，系数越大说明节能运行效果越差。

$$H_d=\frac{\Delta Q_d-Q_d}{Q_d}\times 100\% \tag{8}$$

$$Q_d=24\times 3600\times A\times (T_i-\overline{T_{do}})\times L_{hdd}\div 10^9 \tag{9}$$

式中：

H_d——d 日的当日供热运行过量系数，%；

ΔQ_d——d 日的建筑物采暖供热量，为次日零时和当日零时的显示热量值之差，GJ；

A——建筑物的建筑面积，m^2；

T_i——该小区室内设计采暖温度，℃；

$\overline{T_{do}}$——d 日的室外日平均温度，℃；

L_{hdd}——建筑物围护结构评价基数，$W/(m^2\cdot K)$。

$$L_{HD}=\sum_{d=1}^{D}\frac{H_d}{D}\times 100\% \tag{10}$$

式中：

D——采暖季天数，d；

L_{HD}——采暖季供热运行过量系数，%。

4）变流量调节技术

如第2章所述，变流量调节技术是根据能够获得的仪表数据，选择三种方法中适用的一种对其进行评价，即采用采暖期流量调节系数（公式11）、采暖期平均温差系数（公式12）或采暖期平均耗电输热比（公式13）三个指标中的一个与其他小区和本小区往年数据进行比较，对变流量调节技术进行评价。当流量调节系数数值越大，平均温差系数数值越小或平均耗电输热比数值越大时，说明变流量调节效果越差，需要进一步检查水泵配置和变流量调节工况。

$$L_{p1}=\frac{G_b-G_a}{24\times D\times g_{max}}\times 100\% \tag{11}$$

式中：

L_{p1}——采暖流量调节系数，%；

G_a——采暖开始日热量表上的显示累计流量，m^3；

G_b——采暖结束日热量表上的显示累计流量，m^3；

D——b、a 两个日期之间的天数，d；

g_{max}——采暖期内该热量表上读取的最大瞬时流量值，m^3/h。

$$L_{p2}=\frac{238\times(Q_b-Q_a)}{G_b-G_a}\div\Delta T\times 100\% \tag{12}$$

式中：

L_{p2}——采暖期平均温差系数，%；

Q_a——采暖开始日累计热量，GJ；

Q_b——采暖结束日累计热量，GJ；

ΔT——采暖系统设计温差，K；一般情况下，散热器系统取20K，地面辐射系统取10K。

$$L_{p3}=\frac{0.0036\times(E_b-E_a)}{Q_b-Q_a}\times 100\% \tag{13}$$

式中：

L_{p3}——采暖期平均耗电输热比，%；

Q_a——采暖开始日显示热量值，GJ；

Q_b——采暖结束日显示热量值，GJ；

E_a——采暖开始日循环水泵电能计量装置累计值，kWh；

E_b——采暖结束日循环水泵电能计量装置累计值，kWh。

4.11 《既有民用建筑能效评估标准》DG/TJ 08-2036—2018

4.11.1 编制概况

既有民用建筑量大面广，了解其能源使用状况和利用效率，掌握其建筑节能水平，是制定相关建筑节能政策、推动既有民用建筑节能改造时间的依据。因此，迫切需要制定科学、合理的能效评估方法和标准，对既有民用建筑的能效水平进行评估，并对节能改造的效果进行评价。

国内既有建筑评价领域第一部技术标准《既有民用建筑能效评估标准》DG/TJ 08—2036—2008 于 2008 年 7 月 1 日实施，至今已有 10 余年时间。考虑到建筑节能行业新理念、新技术、新材料的发展，以及相关标准、政策文件等的发布实施，既有民用建筑能效评估工作发生了新的变化，因此，有必要对标准进行修订，以适应当前既有民用建筑能效评估工作的发展形势，持续有效地助推既有民用建筑能效评估工作的进一步发展。

根据上海市城乡建设和交通委员会《关于印发〈2014 年上海市工程建设规范和标准设计编制计划〉的通知》（沪建交〔2013〕1260 号）的要求，由上海市房地产科学研究院会同有关单位进行了广泛的调查研究，认真总结实践经验，并参照国内外相关标准和规范，在反复征求意见的基础上，对上海市工程建设规范《既有民用建筑能效评估标准》DG/TJ 08-2036—2008 进行修订，形成《既有民用建筑能效评估标准》DG/TJ 08-2036—2018。

DG/TJ 08-2036—2018 适用于既有民用建筑的能效评估，对于实施节能改造的民用建筑，可以按本标准规定的能效评估方法和标准，分别对改造前后的建筑能效进行评估，通过比较改造前后建筑能效水平的变化来评判节能改造的效果。工业用地上的科研、办公设施可参照本标准执行，特殊建筑，如数据中心等不适用本标准。

4.11.2 内容简介

DG/TJ 08-2036—2018 的主要内容包括总则、术语、基本规定、能效评估依据、能效评估方法、既有居住建筑能效评估、既有公共建筑能效评估。

1）总则

明确本标准编写目的、适用范围等。

2）术语

对既有民用建筑、既有民用建筑能效、民用建筑能效评估、单项判定、综合评分五个关键术语的含义进行了解释。

既有民用建筑能效是指建筑物的能源利用效率，综合反映建筑物围护结构热工性能与供暖、通风和空调系统、供配电及照明系统等用能系统的效率，以及可再生能源利用系统的情况。

民用建筑能效评估是指对改造前后的建筑围护结构，供暖、通风和空调系统，供配电与照明系统的能源利用效率以及可再生能源利用系统情况等方面的评判活动。

单项判定是对建筑物围护结构热工性能、用能设备和系统能效等单项进行评估的活动。

综合评分是对建筑物能源利用效率水平进行评估的活动。

3）基本规定

对能效评估共性要求进行了规定，明确评估指标构成。

既有民用建筑能效评估分为单项判定和综合评分，既有民用建筑单项判定的评定结果为达标或不达标，评定结果不达标时宜进行单项改造。

既有民用建筑综合评分指标体系由围护结构热工性能，供暖、通风和空调系统，供配电与照明系统，动力系统，其他等5类指标组成。

综合评分指标体系5类指标的总分均为100分。当参评建筑评分项内容不涉及时，该项不参评。5类指标各自得分Q_1、Q_2、Q_3、Q_4、Q_5按参评建筑该类指标的实际得分值除以适用于该建筑的评分项总分值再乘以100分计算。当参评建筑综合评分总得分小于50分时，宜根据评估结果对参评建筑进行节能改造。

4）能效评估依据

既有民用建筑的能效评估依据包括建筑基本信息、建筑类型、围护结构热工性能、用能设备性能参数及系统能效、可再生能源利用情况。

建筑围护结构热工性能、用能设备性能参数及用能系统能效应根据实地查勘情况和抽样实测数据确定，对不宜作实测的参数，可检查其相关资料和历史数据，经计算求得。

另外，本标准明确了既有民用建筑能效评估、实施节能改造后的既有民用建筑能效评估需要准备的资料以及既有民用建筑能效评估报告主要内容。

5）能效评估方法

确立了既有民用建筑能效评估的步骤、评估对象、评估内容、评估方法等。

既有民用建筑能效评估的步骤包括资料收集、现场查勘、性能检测、计算分析、形成评估报告等。

既有民用建筑能效评估应以单栋建筑为对象。

既有民用建筑能效评估涉及的内容包括建筑主要朝向，居住空间的通风开口面积与该房间地板面积的比例，外墙热工性能，屋面传热系数，外窗（透明幕墙、屋顶透明部分）传热系数和综合遮阳系数，外窗气密性，照明系统，供暖、通风和空调系统，电梯系统，可再生能源的应用以及能耗监测信息系统等。

对于每项评估内容，确立相应的评估方法，比如针对外墙热工性能，提出依据设计资料或现场查勘结果确定外墙构造形式；外墙平均传热系数按现行上海市工程建设规范《居住建筑节能设计标准》DGJ 08—205 附录 A、《公共建筑节能设计标准》DGJ 08—107 附录 A 规定的计算方法计算得到；外墙热工缺陷应采用红外热像法进行现场检测，现场检测按现行上海市工程建设规范《建筑围护结构节能现场检测技术规程》DG/TJ 08—2038 执行。

6）既有居住建筑能效评估

确立了既有居住建筑能效评估单项判定和综合评分指标体系、评分规则。

单项判定部分对外墙、屋面、外窗等围护结构需要节能改造的条件进行了规定，并明确了空调、供配电及照明设备更新改造的条件。例如外窗，提出当外窗的传热系数不符合表 4.13 的规定时，宜对外窗进行节能改造。

外窗的传热系数 **表 4.13**

建筑	窗墙比	传热系数 $K/[W/(m^2 \cdot K)]$
体形系数≤0.40	窗墙比≤0.20	≤4.7
	0.20<窗墙比≤0.30	≤4.0
	0.30<窗墙比≤0.40	≤3.2
	0.40<窗墙比≤0.45	≤2.8
	0.45<窗墙比≤0.60	≤2.5
体形系数>0.40	窗墙比≤0.20	≤4.0
	0.20<窗墙比≤0.30	≤3.2
	0.30<窗墙比≤0.40	≤2.8
	0.40<窗墙比≤0.45	≤2.5
	0.45<窗墙比≤0.60	≤2.3

综合评分部分涵盖围护结构、供暖、通风和空调系统、供配电与照明系统、动力系统以及其他几个部分。对于围护结构，确立建筑最佳朝向、通风开口面积比例的分值，外墙、屋面、外窗不同热工性能区间的分值；对于供暖、通风和空调系统，确立采用高性能冷热源机组、分户设置室温调控装置等不同节能措施的分值；对于供配电与照明系统，确立采用节能变压器、谐波控制措施、照明自动控制措施等的分值；对于动力系统，确立采用变频、高效给水泵的分值；另外，还对太阳能热水系统、太阳能光伏系统、地源热泵空调系统应用的评分规则进行了明确。

7）既有公共建筑能效评估

确立了既有公共建筑能效评估单项判定和综合评分指标体系、评分规则。

单项判定部分对外墙（包括非透明幕墙）、屋面、外窗（包括透明幕墙）等围护结构需要节能改造的条件进行了规定，并明确了空调冷热源设备、输配系统、供配电与照明设备、能耗监测信息系统更新改造的条件。例如，提出当冷水机组或热泵机组实际性能系数（*COP*）低于现行国家标准《冷水机组能效限定值及能源效率等级》GB 19577 的能效限定值，且机组改造或更换的静态投资回收期小于或等于 8 年时，宜进行相应的改造或更换。

综合评分部分涵盖围护结构、供暖、通风和空调系统、供配电与照明系统、动力系统以及其他几个部分。对于围护结构，确立外墙（包括非透明幕墙）、屋面、外窗（包括透明幕墙）不同热工性能区间的分值；对于供暖通风与空调系统，确立冷热源设备、输配系统、末端系统的评分规则；对于供配电与照明系统，确立采用节能变压器、谐波控制措施、照明自动控制措施等的分值；对于动力系统，确立采用变频、高效给水泵、节水卫生器具、分用途用水计量装置等的分值；另外，还对太阳能热水系统、太阳能光伏系统、地源热泵空调系统、能耗监测信息系统应用的评分规则进行了明确。

4.11.3　标准亮点

1）针对不同类型既有民用建筑的特点，构建了适用于分步改造和综合改造的能效评估体系，提出了单项判定和综合评分的评估依据、评估方法、评估内容和判定方法，如图 4.1 所示。表 4.14 给出了既有居住建筑综合评估内容。

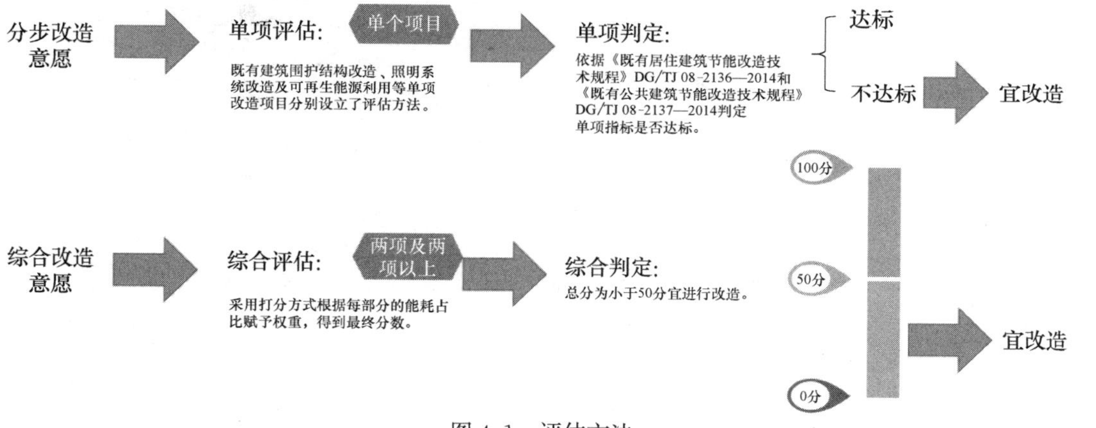

图 4.1　评估方法

既有居住建筑综合评估内容　　　　**表 4.14**

指标类别	既有居住建筑主要指标及权重						
围护结构	朝向	通风开口面积比	外墙传热系数	屋面传热系数	外窗传热系数	外窗综合遮阳系数	外窗气密性
	5	5	24	16	30	10	10
供暖、通风和空调系统	室内温湿度	冷热源机组性能	室温调控	无电加热	排风热回收		
	20	50	10	10	10		
供配电与照明系统	供配电系统			照明系统			
	三相平衡	变压器能效	谐波控制	照度和照明功率密度	控制方式		
	10	20	10	30	30		

续表

<table>
<tr><td>指标类别</td><td colspan="6">既有居住建筑主要指标及权重</td></tr>
<tr><td rowspan="3">动力系统</td><td colspan="6">给水排水</td></tr>
<tr><td colspan="4">变频水泵</td><td colspan="2">高效水泵</td></tr>
<tr><td colspan="4">50</td><td colspan="2">50</td></tr>
<tr><td rowspan="3">其他</td><td colspan="4">太阳能热水</td><td rowspan="2">太阳能光伏</td><td rowspan="2">地源热泵
空调系统</td></tr>
<tr><td>太阳能
保证率</td><td>集热系
统效率</td><td>贮热水箱
热损因数</td><td>热水
温度</td></tr>
<tr><td>10</td><td>10</td><td>10</td><td>10</td><td>20</td><td>40</td></tr>
</table>

2）基于调研及大数据统计分析结果，确立了不同类型既有民用建筑综合评分指标权重系数。由于居住建筑围护结构的好坏对建筑能耗的影响占主导作用，且用能设备一般业主自行采购，不具备改造条件，因此对围护结构赋予较高的权重，且依据空调负荷比例确定外窗、屋面、外墙等不同围护结构的权重，如图 4.2 所示。

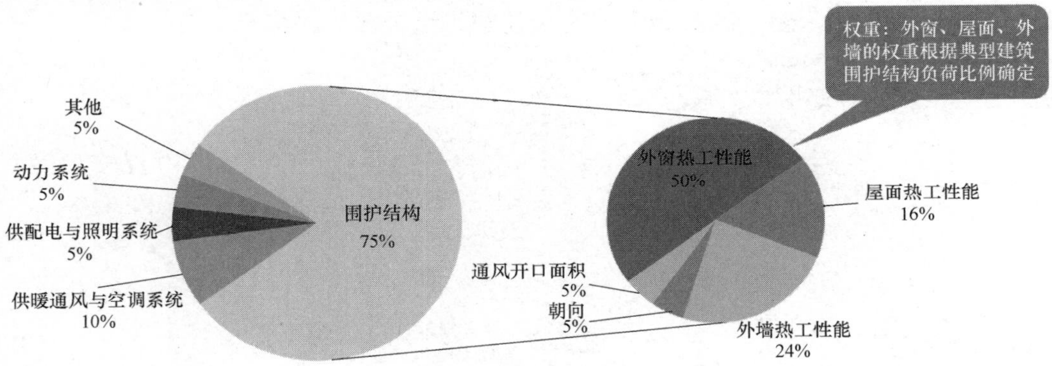

图 4.2　居住建筑权重

4.11.4　结束语

建筑节能领域的技术发展和上海市既有建筑节能改造工作的持续深入推进，对既有民用建筑能效评估方法和评估内容等都提出了新的要求。编制组基于当前上海市建筑节能发展形势，经过广泛调研、反复论证，构建了适合于不同既有民用建筑、可操作性强的能效评估技术体系，编制了《既有民用建筑能效评估标准》DG/TJ 08-2036—2018，为既有民用建筑能效水平量化、改造效果评估提供了技术依据，对于推动既有建筑节能改造、提升建筑能效水平具有重要意义。

4.12　《既有居住建筑低能耗改造技术规程》T/CECS 803—2021

4.12.1　编制概况

建筑节能是国家节约能源、保护环境工作的重要组成部分，对于落实国家能源生产和消费革命战略、推进节能减排和应对气候变化、增加人民群众幸福感和获得感，具有重要的现实意义和深远的战略意义。2014 年 3 月，中共中央、国务院发布《国家新型城镇化规划（2014—2020 年）》，提出加快既有建筑节能改造。2017 年 1 月，国务院印发的《“十三五”节能减排综合工作方案》（国发〔2016〕74 号）指出，要充分认识做好“十三五”节能减排工作的重要性和紧迫性，实施建筑节能先进标准领跑行动，强化既有居住建筑节能改造。2017 年 3 月，住房和城乡建设部印发的《建筑节能与绿色建筑发展“十三五”规划》（建科〔2017〕53 号）提到，加快提高建筑节能标准及执行质量，稳步提升既有建筑节能水平。

就居住建筑而言，我国从 20 世纪 80 年代开始颁布实施居住建筑节能设计标准。首先在北方集中供暖地区（即严寒和寒冷地区），于 1986 年试行新建居住建筑供暖节能率 30%的设计标准，1996 年实施供暖节能率 50%的设计标准，2010 年实施供暖节能率 65%的设计标准，2019 年实施供暖节能率 75%的设计标准。夏热冬冷地区居住建筑节能设计标准于 2001 年实施，要求供暖、空调节能率 50%；修订版的标准于 2010 年实施。夏热冬暖地区居住建筑节能设计标准于 2003 年实施，要求供暖、空调节能率 50%；修订版的标准于 2013 年实施。温和地区居住建筑节能设计标准于 2019 年实施。

受在建时技术水平和经济条件等原因的限制，加之围护结构部件和设备系统的老化、维护不及时等原因，既有居住建筑室内热环境质量相对较差、能耗较高。相应地，国家开展实施了既有居住建筑节能改造，并于 2000 年 10 月 11 日发布了行业标准《既有采暖居住建筑节能改造技术规程》JGJ 129—2000，修订版的标准于 2013 年 3 月 1 日起实施，即行业标准《既有居住建筑节能改造技术规程》JGJ/T 129—2012。截至目前，居住建筑节能标准体系已基本形成，为不同气候区居住建筑开展节能工作提供主要依据和技术支撑。

经济的发展和生活水平不断的提高，使得用能等需求不断增长，建筑能耗总量和能耗强度上行压力不断加大，这对做好节能改造工作提出了更新、更高的要求。为贯彻国家节能改造有关的法律、法规和政策方针，引导既有居住建筑低能耗改造，根据中国工程建设标准化协会《关于印发〈2017 年第二批工程建设协会标准制订、修订计划〉的通知》（建标协字〔2017〕031 号）的要求，由中国建筑科学研究院有限公司会同有关单位对《既有居住建筑低能耗改造技术规程》进行起草制定。目前，规程已经发布，标准号为 T/CECS 803—2021。

4.12.2　内容简介

T/CECS 803—2021 统筹考虑既有居住建筑低能耗改造技术的先进性和适用性，选择适用于不同气候区、不同类型既有居住建筑的改造技术，引导既有居住建筑低能耗改造健康发展。T/CECS 803—2021 共包括 7 章和 1 个附录，主要技术内容包括：

总则、术语、基本规定、诊断评估、改造设计、施工验收、运行维护等。具体介绍如下：

1）总则、术语

第 1 章为总则，由 4 条条文组成。对规程的编制目的、适用范围、技术选用原则等内容进行了规定。在适用范围中指出，本规程适用于各气候区城镇的既有居住建筑低能耗改造。并强调，既有居住建筑低能耗改造应结合诊断评估结果进行设计，按照因地制宜的原则选用适宜的技术。

第 2 章为术语，定义了与既有居住建筑低能耗改造密切相关的 4 个术语，包括“既有居住建筑”“低能耗改造”“预防性维护”“跟踪评估”。其中，“低能耗改造”是指将建筑的围护结构、用能设备及系统等进行改造，依据建筑所处的气候区，其能耗水平应与行业标准《严寒和寒冷地区居住建筑节能设计标准》JGJ 26—2018 一致，或较行业标准《夏热冬冷地区居住建筑节能设计标准》JGJ 134—2010、《夏热冬暖地区居住建筑节能设计标准》JGJ 75—2012、《温和地区居住建筑节能设计标准》JGJ 475—2019 降低 30%。该术语定量表征了既有居住建筑改造后的能耗水平，同时考虑了与国家居住建筑节能设计标准的衔接。

2）基本规定

第 3 章为基本规定，由 8 条条文组成。对既有居住建筑低能耗改造的原则、流程、所选用的技术和产品、承担单位及技术人员、资料存档等内容进行了规定。其中，既有居住建筑低能耗改造项目实施前，应对建筑能耗现状、室内热环境、围护结构、建筑设备系统等进行诊断评估，并出具综合评估报告。同时还应根据诊断评估结果，从技术可行性、经济实用性等方面进行综合分析，制定合理可行的改造方案。

3）诊断评估

第 4 章为诊断评估，是改造设计前重要的一个环节，共包括 5 部分：能耗现状调查、室内热环境诊断、围护结构诊断、建筑设备系统诊断和综合评估。“能耗现状调查”由 3 条条文组成，分别对能耗现状调查对象、调查方法、采集指标进行了规定。“室内热环境诊断”由 4 条条文组成，分别对室内热环境诊断的内容、方法、工况等进行了约束。“围护结构诊断”由 3 条条文组成，分别对围护结构现状调查的内容、热工性能诊断的内容及方法进行了规定。“建筑设备系统诊断”由 6 条条文组成，明确了暖通空调系统、给水排水系统、供配电系统、公共部位照明系统、能源计量系统、可再生能源利用情况等重点诊断的内容。“综合评估”由 2 条条文组成，要求既有居住建筑应在能耗现状调查、室内热环境诊断、围护结构诊断、建筑设备系统诊断的基础上进行综合评估；既有居住建筑低能耗改造完成后，还应对其低能耗性能再次进行评估。

4）改造设计

第5章为改造设计，共包括4部分：建筑、暖通空调、给水排水、电气，对不同气候区既有居住建筑低能耗改造所选用适宜性技术进行了详细规定。

“建筑”由14条条文组成，对严寒地区、寒冷地区、夏热冬冷地区、夏热冬暖地区、温和地区的外围护结构主要部位热工性能参数、外窗气密性等级、保温隔热措施、遮阳措施等进行了针对性的约束，为不同气候区建筑本体的改造提供技术指导。

“供暖、通风及空调”由9条条文组成，对集中供暖系统、厨房及卫生间通风系统、空调系统等改造原则进行了规定，对改造后设备的能效进行了约束。

“给水排水”由5条条文组成，对给水排水的设备、供水方式、生活热水热源等选择原则进行了规定。并要求集中生活热水供应系统的设备和管道应采取有效的保温措施。

“电气”由8条条文组成，要求电气系统改造设计时应对机电设备用电负荷进行计算，并应对供配电系统的容量、供电线缆截面和保护电器的动作特性、电能质量等参数重新进行验算。同时，要求更换后的变压器、改造后的配电系统和照明系统等应满足低能耗的相关规定。

5）施工验收和运行维护

第6章为施工验收，分为施工要点、验收要点两节，共12条条文。重点规定了与既有居住建筑低能耗改造密切相关的要求，如围护结构热桥控制、气密性保障等关键做法及验收方法。

第7章为运行维护，共包括运行、维护两节，共10条条文。分别对运行管理单位、运行管理人员、用户等进行了约束，如建筑管理单位应对运行管理人员进行专业技术培训和考核、用户在建筑或设备使用过程中注意的事项。

4.12.3 标准亮点

1）定位和适用范围

规程编制组前期对我国既有居住建筑现状和节能改造技术进行了广泛调查研究，认真总结实践经验，参考有关国外和国内先进标准，首次给出了既有居住建筑“低能耗改造”的定位。同时，综合考虑气候特点、经济条件、技术水平、建筑年代等多因素，提出了本规程的适用范围，即各气候区城镇的既有居住建筑低能耗改造。

2）关键技术

T/CECS 803—2021规范了不同气候区既有居住建筑低能耗改造的设计指标体系，以及相关的技术措施、材料、设备及产品等。T/CECS 803—2021解决了我国既有居住建筑低能耗改造中标准缺失、新建标准不适用等问题，完善了既有居住建筑改造的标准体系，旨在更好地指导我国既有居住建筑低能耗改造技术的落地和推广。

3）标准创新性

T/CECS 803—2021涉及建筑、暖通空调、给水排水、电气等各专业，规范了诊断评估、改造设计、施工验收和运行维护等全过程，为既有居住建筑低能耗改造提供有力的技术支撑。专家审查委员会一致认为，T/CECS 803—2021 的编制对推动我国既有居住建筑低能耗改造具有重要作用，总体达到国际先进水平。

4.12.4 结束语

我国既有居住建筑覆盖地域广，各气候区气候差异性大，且不同年代建造的既有居住建筑建设标准不一，应因地制宜地开展既有居住建筑低能耗改造工作。既有居住建筑低能耗改造是一项重大的民生工程和发展工程，对满足人民群众美好生活需要、推动惠民生扩内需、促进经济高质量发展具有十分重要的意义。T/CECS 803—2021 的编制为量大面广的既有居住建筑低能耗改造提供了有力的技术支撑和标准参考。

另外，中国建筑科学研究院有限公司还牵头承担了“十三五”国家重点研发计划课题“既有居住建筑低能耗改造关键技术研究与示范”（2017YFC0702904），该课题针对既有居住建筑围护结构保温隔热性能差、建筑设备能耗高、可再生能源利用程度低等典型问题展开技术攻关，构建了具有气候适应性和地区适用性的既有居住建筑低能耗改造技术集成体系，研发了既有居住建筑改造用高性能产品，并结合 T/CECS 803—2021 进行了工程示范，具有显著的经济效益、社会效益和生态效益。

第5章 适 老 化

5.1 美国《可持续高性能医疗设施建筑的设计、建造及运行标准》ASHRAE 189.3—2017

5.1.1 编制概况

发布机构：美国暖通空调工程师协会

主编单位：美国暖通空调工程师协会、美国医疗工程协会

编写目的：《可持续高性能医疗设施建筑的设计、建造及运行标准》（*Design, construction, and operation of sustainable high-performance healthcare facilities*）ASHRAE 189.3—2017规定了设计、建造及运行可持续高性能医疗建筑的一般性程序、方法和要求。

修编情况：ASHRAE 189.3—2017由美国暖通空调工程师协会的一个标准工作组编写，并于2017年2月22日及3月1日获美国医疗工程协会和美国暖通空调工程师协会批准通过，2017年4月1日美国国家标准委员会批准通过。

适用范围：适用于新建医院建筑及既有医院建筑的扩建和改造。

5.1.2 内容简介

ASHRAE 189.3—2017主要有七方面的内容：（1）选址的可持续性措施；（2）用水效率的提升措施；（3）用能效率的提升；（4）室内环境质量的提升措施；（5）建筑对材料和资源的影响；（6）建造和运行计划；（7）排放和污染物控制。

5.1.3 标准亮点

1）内部装修

在养老服务设施的内部装修方面，ASHRAE 189.3—2017要求：①建筑建造所使用的材料和产品应当满足VOCs排放的相关要求，并应定期进行检测；②施工建造过程中使用的黏合剂、密封剂、墙面涂料及地板覆盖材料等应当满足CDPH/EHLB规范的相关规定；③建筑内所使用的家具材料应该满足ANSI/BIFMA规范的相关规定。

2）节约用水

ASHRAE 189.3—2017中，对主要用水设备的容量进行了规定，如单冲水马桶的容量不应超过4.8L，小便器的容量不应超过1.9L等。此外，ASHRAE 189.3—

2017 允许医疗设备或其他需要冷却系统的设备，冷却水源可使用饮用水，但系统形式应是闭式的独立系统。

3）暖通系统

ASHRAE 189.3—2017 要求：①居住型医疗建筑应当有独立的新风系统，保证建筑内部的新风量；②主要风系统使用排风热回收装置；③主要的房间应当安装自动控制系统，根据室内人员状态对设备进行控制；④制冷机组不使用氯氟烃 CFC 相关的制冷剂。

4）自动控制

ASHRAE 189.3—2017 要求医疗建筑中所有病房和检查房间都应该安装自控系统。当人员离开时，自控系统应保证房间内照明电源在 30min 之内关闭，温度控制器对室内温度设定点进行重设，保证通风系统在保证重要房间和邻室的压力关系的同时，尽量减少不必要的通风，达到节能的目的。

5）照明系统

在养老服务设施的照明系统方面，ASHRAE 189.3—2017 要求：①医疗建筑中重要安全应急场所应当保证照明设施的持续开启；②主要空间的照明强度应当满足 ASHRAE 90.1 的相关要求。

6）其他

此外，养老服务设施还需要满足：①锅炉的空气质量排放标准应当满足相关要求；②建筑内如果使用发电机组，其所燃料应当满足相关要求。

5.2 美国《通用住宅设计》

5.2.1 编制概况

发布机构：美国通用设计中心

主编单位：美国通用设计中心

编写目的：《通用住宅设计》（*Universal Design in House*）引导设计的住宅和环境不带有特定性和专有性，不论年龄、体格、机能等条件的差异都可以被使用。这同“居家养老”所要求住宅应能“适应人一生的居住需求”的思想是一致的。

修编情况：2004 年美国通用设计中心制定出《通用住宅设计》，截至目前尚无修订。

适用范围：面向所有人居住的住宅设计标准。

5.2.2 内容简介

1）适用范围

美国《通用住宅设计》是面向所有人居住的住宅设计标准，分为结构性特征和非结构性特征。结构性特征是指房屋在新建和更新时必须考虑的特征；非结构性特征是花费较少，并且很容易加入到已建好的房屋中的特征。

2）通行空间环境

美国《通用住宅设计》适用于独立式住宅设计，大多是导向性的建议，没有给出具体的尺寸，并对住宅以后做适老性改造提出了建议。

高差：建筑至少保证1个无高差出入口（车库、庭院出入口除外）；场地缓坡、地面构件和坡道可最大1/20的坡度；门槛应无高差。

轮椅通行空间：出入口内外应留有不小于1.50m×1.50m的开阔平坦空间（如果使用自动助力门可以小一些）；所有房间留足转向空间（直径1.50m）。

房间的分配：至少1间卧室和易达的浴室应该位于接近地坪层入口的位置（同层的应该有厨房，起居室等）。

3）信号信息、设备环境

美国《通用住宅设计》在住宅环境设备方面比较详细，所选用的住宅设备科技水平较高，包括一些远程自控装置。开关和照明：开关面板最高点距离地面不超过1.37m高，其所在的位置的地板前面要有至少0.76m×1.22m大小的净空间；入户门外有照明并有运动感应控制照明；室内温度控制器最高1.22m，照明开关安装在1.12～1.22m高度；应有易触式摇杆或免手动开关；在床和办公桌旁，住宅房间内每一边都要有为电脑等电子设备使用的电源插座；电源插座位置高度不低于0.46m；厨房工作台面应有眩光值达标的专用照明灯。安全警报装置：门铃、婴儿监视、烟感等使用可听可视的警报器；应设置宽视角的观察器和电视监控器。

4）器具等操作环境

美国《通用住宅设计》对厨房、浴室、卫生间、盥洗室等的阐述非常详细，更深入到厨卫设备和家具设施的细部设计的层面，强调它们的可调节性能。盥洗室/卫生间：在盥洗室的前面和一边有大于0.91m的净空间，盥洗室的中心到任何一面墙壁的距离都要有大于0.46m的净空间：面盆的台面不低于0.81m：台面下应有高0.74m的容膝空间，容膝空间可以利用活动的梳妆台面或推拉门作为管道挡板，防止腿部烫伤、划伤：面盆尽可能靠近台面前缘安装，或采用壁挂式面盆：镜子底部距离地板应该大于0.91m，顶部不小于1.83m：通长的镜子是最佳的选择。

5.3 日本《应对长寿社会的住宅设计指南》

5.3.1 编制概况

编写目的：《应对长寿社会的住宅设计指南》（*Housing Design Guidelines in the Society of Longevity*）为随年龄增长而出现身体机能下降或发生残疾时，通过对原住宅稍加修改，仍可继续居住的住宅设计提供依据，以形成与老龄化相适应的住宅体系。

修编情况：日本为贯彻普及 1994 年推行的《关于建筑无障碍化特定建筑物的有关规定》（通称《爱心建筑法》），于 1995 年制定了《应对长寿社会的住宅设计指南》。该指南是面向所有人居住的住宅设计标准，分为基本标准和推荐标准。基本标准是在一般设计中必须考虑的事项；推荐标准则是那些可以进一步提高安全性、舒适性，及日常生活中需要护理时的更合理结构的事项。

适用范围：既有居住建筑适老化改造。由于住宅要适应年龄变化、机能变化，尽可能满足终生的需求，因而在住宅建造和设计时将老年人的需求考虑进去，方便老年人生活；但在建设之初不必全部做到，可以做“潜伏设计”，随年龄增长逐步实现。

5.3.2 内容简介

1）通行空间环境

日本《应对长寿社会的住宅设计指南》对集合住宅和独立式住宅都有涉及，但更侧重对集合住宅的要求。高差：当室外通道存在高差时，应尽量修建坡道；公用走廊应留有轮椅活动空间，并无高差；住宅内的地面原则上应采用无高差结构，但门厅出入口、浴室入口、阳台入口不在此限。轮椅通行空间：居住区内的主要通道、住宅的出入口应考虑到行人及轮椅乘坐者通行安全、方便；公用走廊的有效宽度应尽量在 1.40m 以上；走廊的拐弯处与不能直接进出的出入口相连处，应留有轮椅活动空间。房间的分配：门厅、厕所、盥洗室、浴室、更衣室、起居室、餐厅及老年人寝室应就近布置同一层，房间附近有电梯时，可不在同一层。

2）信号信息、设备环境

日本《应对长寿社会的住宅设计指南》列出了满足日常生活的基本设备设施要求，同时也考虑到了无障碍居住的要求，一些具体的尺寸指标比《通用住宅设计》标准详细。开关和照明：电气设备中开关、插座等应安装在便于操作的位置处，并应尽量选用宽体开关及光敏开关；室外通道、公用部分及住户内的照明设备应安装在安全的部位，并应确保有足够的照度；室外楼梯与户内楼梯的照明应采用多灯形式，以防止踏步表面出现阴影；应采用三路开关；公共楼梯、户内楼梯、日式房间入口台阶边框处、通道台阶等处应安有脚灯。安全警报装置：应配备用于火灾等的紧急报警装置等；厨房的煤气器具应选用可自动断气的安全装置；厨房应安有漏气检测器和火灾报警器，厕所和浴室内应尽量配备救助警报装置；厨房应设有自动灭火装置或自动灭火喷洒装置等；老年人寝室内应配有救助警报装置。

3）器具等操作环境

日本《应对长寿社会的住宅设计指南》基本上对各个方面都有涉及，但对浴室、厨房设计的要求较少，对相关设备设施的考虑也不多。盥洗室/卫生间：应选用坐便器，坐便器的一侧宜留有护理用空间，或预留改造出护理用的可能：厕所出入口应不影响紧急救助，净宽和进深应大于 1.35m：应选用可以坐着洗漱的洗面台：更衣室（洗衣机放在其他地方时，应在其附近）内应设有正式洗濯前预先冲洗的水池。

5.4 《老年人居住建筑设计标准》GB 50340—2016

5.4.1 编制概况

发布机构：中华人民共和国住房和城乡建设部、中华人民共和国国家质量监督检验检疫总局

主编单位：中华人民共和国住房和城乡建设部

编写目的：《老年人居住建筑设计标准》GB 50340—2016 是为适应我国老龄化的趋势，以老年人的生理和心理两方面的居住需求为依据，制定的专门的老年居住建筑设计标准，对住宅无障碍的设计考虑最为详细。

修编情况：GB 50340—2016 由住房城乡建设部于 2016 年 10 月 25 日发布，自 2017 年 7 月 1 日起实施，原国家标准《老年人居住建筑设计标准》GB/T 50340—2003 和行业标准《老年人建筑设计规范》JGJ 122—99 同时废止。

适用范围：适用于老年人居住建筑的设计及改造。

5.4.2 内容简介

本规范主要技术内容是：1. 总则；2. 术语；3. 基本规定；4. 基地与规划设计；5. 公共空间；6. 套内空间；7. 物理环境；8. 建筑设备。本规范修订的主要内容是：明确了老年人居住建筑的定义及适用范围；增加了术语；扩展了节能、室内环境、建筑设备的内容；加强了老年人日常居住安全方面条文的强制力。

5.4.3 标准亮点

1）适用范围

GB 50340—2016 面向老年人居住的特殊建筑。且鉴于我国的国情，GB 50340—2016 涉及的居住建筑主要是集合住宅类。

2）通行空间环境

GB 50340—2016 在内容安排和具体指标设置上接近日本标准，但由于它针对的是老年公寓、养老院等带有一定公共性质的老年人专用建筑，个别条文描述更细致，偏重无障碍设计，同时更为关注材料的耐久性及日常维护，以及色彩对老年人的心理影响。高差：步行道路有高差处、人口与室外地面有高差处应设坡道；过道地面及其与各居室地面之间应无高差；过道地面应高于卫生间地面，标高变化不应大于 20mm，门口应做小坡以不影响轮椅通行。轮椅通行空间：室外坡道的起止点、建筑出入口内外、公用走廊两端应有不小于 1.50m×1.50m 的轮椅回转面积；坡道设置排

水沟时，水沟盖不应妨碍通行轮椅和使用拐杖；公用走廊的有效宽度不应小于1.50m；仅供1辆轮椅通过的走廊有效宽度不应小于1.20m。房间的分配：老年人居住套型或居室宜设在建筑物出入口层或电梯停靠层。

3）信号信息、设备环境

GB 50340—2016对各方面都有涵盖，有些方面比《应对长寿社会的住宅设计指南》更详细。开关和照明：公共部位应设照明，除电梯厅和应急照明外，均应采用自熄开关；宜采用带指示灯的宽板开关，长过道、卧室宜安装多点控制的照明开关，浴室、厕所可采用延时开关，高度宜为1.10m；在卧室至卫生间的过道，宜设置脚灯。卫生间洗面台、厨房操作台、洗涤池宜设局部照明；卧室、起居室内应设置不少于两组的二极、三极插座；卫生间内应设置防溅型三极插座；起居室、卧室内的插座位置不应过低，设置高度宜为0.60～0.80m；电气系统应采用埋管暗敷，每套设电表和配电箱并设置短路保护和漏电保护装置，医疗用房和卫生间应做局部等电位联结；每套应设置不少于1个电话终端出线口。安全警报装置：燃气为燃料的厨房、公用厨房，应设燃气泄漏报警装置，宜采用户外报警式，将蜂鸣器安装在户门外或管理室等易被他人听到的部位；应选用安全型灶具；使用安装熄火自动关闭燃气装置的燃气灶；居室、浴室、厕所应设紧急报警求助按钮；有条件时，老年人住宅和老年人公寓中宜设生活节奏异常的感应装置；安全监控设备终端和呼叫按钮宜设在大门附近，呼叫按钮距地面高度为1.10m。

4）器具等操作环境

GB 50340—2016适用于集合住宅，以卫生间的形式统一阐述，洗浴设施方面条文较少，对室内设施、家具、器具等的细部设计欠缺考虑。盥洗室/卫生间：卫生间与老年人卧室宜近邻布置：卫生间入口的有效宽度不应小于0.80m：卫生洁具的选用和安装位置应便于老年人使用，便器安装高度不应低于0.40m；浴盆外缘距地高度宜小于0.45m，浴盆一端宜设坐台：宜设置适合坐姿的洗面台，并在侧面安装横向扶手。

5.5 《老年人照料设施建筑设计标准》JGJ 450—2018

5.5.1 编制概况

发布机构：中华人民共和国住房和城乡建设部、中华人民共和国国家质量监督检验检疫总局

主编单位：哈尔滨工业大学

编写目的：为适应我国老年人照料设施建设发展的需要，提高老年人照料设施建筑设计质量，符合安全、健康、卫生、适用、经济、环保等基本要求，制定JGJ

450—2018。

修编情况：JGJ 450—2018 自 2018 年 10 月 1 日起实施。

适用范围：该标准适用于新建、改建和扩建的老年人全日照料设施和老年人日间照料设施，为满足我国养老基本服务发展要求，提高老年人照料设施的建筑设计质量，提供性能化、目标化、功能化的技术依据。

5.5.2 内容简介

JGJ 450—2018 的定位兼顾养老服务体系中的机构养老和社区养老设施，适用于新建、改建和扩建的设计总床位数或老年人总数不少于 20 床（人）的老年人全日照料设施和老年人日间照料设施建筑设计，主要面向经过评估的重度失能、中度失能和轻度失能老年人。新标准的技术内容分为 7 章：总则、术语、基本规定、基地与总平面、建筑设计、专门要求、建筑设备。

5.5.3 标准亮点

1）强化适老安全保障

安全性要求位于新标准一系列基本要求的首位，标准中强化安全性的条文贯穿始终，并专门设置“6.3 安全疏散与紧急救助”一节。为了避免火灾发生时因防火分区封闭，造成老年人无法得到工作人员协助，存在安全疏散隐患，新标准在要求满足《建筑设计防火规范》GB 50016 的相关安全疏散规定基础上，新标准第 6.3.2 条补充了“每个照料单元的用房均不应跨越防火分区”的规定。另外，在避免老年人烫伤的保护措施上，第 7.1.5 条规定“散热器、热水辐射供暖分集水器必须有防止烫伤的保护措施”，必须暗装或加防护罩，以及第 7.3.10 条对电气安全防护的具体措施做出规定等。

2）促进老年人健康

① 日照。老年人需要在室内获得基本日照，新标准第 5.2.1 条规定：“居室应具有天然采光和自然通风条件，日照标准不应低于冬至日日照时数 2h。”考虑到我国各个气候区域对日照的实际需求存在差异，从实际情况出发，规定“当居室日照标准低于冬至日日照时数 2h 时，老年人居住空间日照标准应按下列规定之一确定：同一照料单元内的单元起居厅日照标准不应低于冬至日日照时数 2h；同一生活单元内至少 1 个居住空间日照标准不应低于冬至日日照时数 2h”。

② 室内环境质量。在专门设置的“6.2 室内装饰”一节中，引入室内环境污染物浓度限量，对氡、游离甲醛、苯、氨、总挥发性有机化合物（TVOC）等影响人体健康的污染物浓度加以控制。

③ 声环境质量。为满足健康建筑的基本要求，提高老年人照料设施建筑的声环境质量，专门设置“6.5 噪声控制与声环境设计”一节。规定了场地选址的环境噪声限值、室内外允许噪声级、相邻房间的空气隔声限值、用房空场混响时间等性能化指

标等。第 6.5.3 条强调了“老年人照料设施的老年人居室和老年人休息室不应与电梯井道、有噪声振动的设备机房等相邻布置”，并提倡利用自然环境声景观提升老年人舒适性。此外，第 7.1.5 条规定“卫生洁具和给排水配件应选用节水型低噪声产品。给水、热水管道设计流速不宜大于 1.00m/s，排水管应选用低噪声管材或采用降噪声措施”，以减少设备管线的噪声干扰。

3）方便老年人使用

为保障老年人日常活动的可达性，专门增设“无障碍设计”一节，在满足《无障碍设计规范》GB 50763 的相关要求基础上，强调了满足老年人步行、使用助行器和轮椅，及视力障碍老年人行动的安全性与可达性要求，并补充了室内外地面工程防滑性能化指标。确定 0.8m 为无障碍通行的最小净宽尺寸，为方便轮椅老年人使用，第 5.7.3 条规定“含有 2 个或多个门扇的门，至少应有 1 个门扇的开启净宽不小于 0.80m”；为满足不同身体状况老年人的无障碍通行需求，第 6.1.3 条规定“当轮椅坡道的高度大于 0.10m 时，应同时设无障碍台阶”。

该标准以满足轮椅等助行器及担架通行作为确定交通空间最小尺寸的原则。第 5.6.3 条对走廊做出规定：“老年人使用的走廊，通行净宽不应小于 1.80m，确有困难时不应小于 1.40m；当走廊的通行净宽大于 1.40m 且小于 1.80m 时，走廊中应设通行净宽不小于 1.80m 的轮椅错车空间，错车空间的间距不宜大于 15.00m”；第 5.6.4 条对电梯的设置做出规定：“二层及以上楼层、地下室、半地下室设置老年人用房时应设电梯，电梯应为无障碍电梯，且至少 1 台能容纳担架”。第 5.6.5 条进一步明确了“电梯应作为楼层间供老年人使用的主要垂直交通工具”。

4）保持环境卫生预防疾病传播

该标准专门设置“6.4 卫生控制”一节，主要为老年人生活用房满足卫生间距，物品运送洁污分流，医疗废物的存放与运送等建筑设计措施提供技术依据。第 7.1.1 条规定了老年人照料设施给水系统供水水质应符合现行国家标准的规定。非传统水源可用于室外绿化及道路浇洒，但不应进入建筑内老年人可触及的生活区域，避免老年人误饮中水。

5）适应“互联网+”养老服务创新

为建立医养结合绿色通道的发展要求，需要有功能实用、技术适时、安全高效、运营规范和经济合理的建筑智能化技术措施作保障。本标准专门设置“7.4 智能化系统”一节，对信息设施系统、公共安全系统、照护与健康管理平台的建立做出规定。

5.6 《既有住宅加装电梯工程技术标准》T/ASC 03—2019

5.6.1 编制概况

1）背景和目的

据全国老龄工作委员会统计，至2017年底，中国老年人口（60岁以上）数量为2.41亿人，占全国总人口的17.3%，2017年新增老年人口首次超过1000万。调研发现，既有多层住宅中的老年居民相对集中，在人口老龄化的社会背景下，改善楼内垂直交通的重要性、紧迫性更为凸显。受在建时技术水平与经济条件等限制，我国6层及以下的既有住宅普遍没有安装电梯，部分7～11层的既有住宅也未安装电梯，无电梯住宅中的居民对增设电梯、改善出行条件的愿望越来越迫切。

近年来，国家高度重视加装电梯这一民生工程，在《“十三五”推进基本公共服务均等化规划》（国发〔2017〕9号）、《“十三五”国家老龄事业发展和养老体系建设规划》（国发〔2017〕13号）、《国务院办公厅关于加强电梯质量安全工作的意见》（国办发〔2018〕8号）等政策中均提出鼓励或规范加装电梯工作。在2018年政府工作报告中首次提到“鼓励有条件的加装电梯”，2019年，政府工作报告再次提及“支持加装电梯”。全国各地也出台了一系列指导意见、管理办法、实施方案，明确了政府补贴以推进既有住宅加装电梯工作的实施。

在上述背景下，由中国建筑科学研究院有限公司会同有关单位制定的《既有住宅加装电梯工程技术标准》，经中国建筑学会标准工作委员会批准发布，编号为T/ASC 03—2019，并于2019年7月1日起实施。《标准》编制组针对既有住宅加装电梯的诸多特点与难点进行了广泛和深入研究，可有效指导既有住宅加装电梯的评估、设计、施工、验收、运行和维护等方面工作。T/ASC 03—2019的发布实施，旨在规范既有住宅加装电梯工程的建设，提升既有住宅的使用功能，改善居住品质，增强人民幸福感和获得感。

2）国内外现状

① 国外相关电梯标准概况

国外发达国家新建建筑数量较少，既有建筑较多，且社会老龄化问题凸显，在20世纪中期，国外就已经开始关注无障碍出行问题。调研发现，英国在20世纪50年代就规定4层及以上的建筑应设电梯，高于6层应设2部电梯。美国于1997年统一建筑标准，要有求4层以上的住宅，需有能容纳担架的电梯；3层以上或顶层到底层垂直距离超过7.6m的建筑，至少应配置一个可使用的电梯。瑞典1977年制定大楼设计与改造规范，规定高于2层楼层应提供电梯，并于1983年在政府规划中设立特别基金，成立改造电梯工作组。日本于1999年成立单元型公共住宅电梯开发调查委员会，2000年制定单元型公共住宅电梯认定规范。德国规定由公共资金赞助的福利住房或私人投资兴建的5层及以上都必须按无障碍规范设置电梯或做好潜伏设计。2004年，新加坡政府预算50亿元翻新改造、加装电梯，居民负担费用的5%～12%。

② 国内电梯相关标准情况如表5.1所示。

表5.1为国内相关电梯规范列表。上述标准以电梯产品类标准居多。在《既有住

宅建筑功能改造技术规范》JGJ/T 390—2016 中，虽有涉及“加装电梯”内容，但是对于既有住宅加装电梯的针对性技术内容偏少。总体来看，国内关于既有住宅建筑加装电梯标准的适用性规定、施工及验收、检测、使用维护等规定相对缺乏，需要进一步规范、明确加装电梯的设计方法及要点、技术措施和产品及加装电梯的检测、验收及运行管理。

国内有关电梯的标准规范　　表 5.1

序号	规范名称	编号
1	《电梯、自动扶梯、自动人行道术语》	GB/T 7024—2008
2	《电梯主参数及轿厢、井道、机房的型式与尺寸第 1 部分：Ⅰ、Ⅱ、Ⅲ、Ⅵ类电梯》	GB/T 7025.1—2008
3	《电梯主参数及轿厢、井道、机房的型式与尺寸第 2 部分：Ⅳ类电梯》	GB/T 7025.2—2008
4	《电梯主参数及轿厢、井道、机房的型式与尺寸第 3 部分：Ⅴ类电梯》	GB/T 7025.3—1997
5	《电梯制造与安装安全规范》	GB 7588—2003
6	《电梯技术条件》	GB/T 10058—2009
7	《电梯试验方法》	GB/T 10059—2009
8	《电梯安装验收规范》	GB/T 10060—2011
9	《提高在用电梯安全性的规范》	GB 24804—2009
10	《电梯、自动扶梯和自动人行道维修规范》	GB/T 18775—2009
11	《安装于现有建筑物中的新电梯制造与安装安全规范》	GB 28621—2012

5.6.2　内容简介

T/ASC 03—2019 共 6 章，分别为：总则、术语、基本规定、设计（包括总平面、建筑、结构、机电）、施工与验收、运行维护。

1）总则和术语

总则部分对《标准》的编制目的、适用范围、目标等内容进行了规定。《标准》旨在提升既有住宅的使用功能，改善居住品质，规范既有住宅加装电梯工程的建设。《标准》适用于 6 层及以下既有住宅加装电梯工程的设计、施工、验收和运行维护。既有住宅加装电梯工程应做到安全、耐久、适用、经济。

术语部分定义了与既有住宅加装电梯密切相关的 4 个术语，分别是电梯井道、装配式电梯井道、平层停靠、层间停靠。

2）基本规定

T/ASC 03—2019 基本规定部分，从既有住宅现状需求出发，对加装电梯可行性评估报告、地质勘察资料、设计施工资质、过程及验收资料存档等方面进行了规定。主要内容包括：

既有住宅加装电梯前应根据既有住宅的设计、施工资料及现场查勘情况进行加装电梯可行性评估，并出具评估报告。既有住宅加装电梯应根据既有住宅现状和住户需求，选择适宜的加装电梯方案。既有住宅加装电梯可行性评估报告应包括下列主要内容：

① 加装电梯对消防通道、场地及空间、日照、绿化等的影响；

② 既有住宅结构的现状、工作状态以及加装电梯对既有住宅结构安全性的影响；

③ 加装电梯部位现有设备管线等现状；

④ 加装电梯的可行性和建议。

既有住宅加装电梯设计前应收集既有住宅的地质勘察资料，当地质勘察资料缺失或资料不足时，宜补充勘察。当有可靠依据时，也可参照相邻工程的勘察资料。此外，《标准》要求既有住宅加装电梯工程的设计、施工等单位应具有相应资质。既有住宅加装电梯工程的评估、设计、施工、验收资料应存档。

3）设计

第四章“设计”是 T/ASC 03—2019 的核心内容之一，包括总平面、建筑、结构、机电四小节内容。

① 总平面

总平面共 5 条内容。从用地红线、消防、环境、设备管线及日照等方面进行了原则性规定。

用地红线之内为建设许可的法定用地范围，加装电梯不应超出法定用地范围。

加装电梯的位置应尽可能避免占用消防车道，如受条件限制需占用现有消防车道的，可以采用消防车道改道等措施，但需满足消防车的原有通行条件。加装电梯及相关的增设建筑部分，改造后的间距应仍能满足建筑之间防火间距的要求。加装电梯的井道、电梯厅及连廊、平台等新建部分，与周边建筑之间的防火间距应符合现行国家标准《建筑设计防火规范》GB 50016 的相关规定。

既有住宅建筑之间的空间资源有限，加装电梯应综合考虑新增的社区功能（如停车位、适老设施等），紧凑合理规划布局。鼓励采取加装电梯与场地绿地、道路、停车位进行同步或一体化改造，鼓励加装电梯小型化等，在提高垂直交通便利性的同时，综合提升环境品质。

关于日照部分的内容，受电梯设备的限制，电梯井道顶端局部凸出于原建筑难以避免。局部凸出对相邻建筑日照影响有限。加装电梯要减少对相邻建筑日照的影响，如采取小体量无机房电梯。同时，从实际出发，对井道顶部凸出于原建筑部分不计入住宅日照计算。不计入日照计算的，仅限于电梯井道，不包括连廊平台等其他部分。

② 建筑

建筑部分内容共 12 条。重点对加装方式及加装注意事项进行了规定。加装电梯受既有住宅条件情况限制较多。因现场情况复杂，应对使用需求和现场情况进行充分研究，制定合理适用的加装方案。加装电梯位置可连接在公共楼梯间，借用原有的垂直公共交通流线入户；也可连接在住户外窗、阳台等处，形成新的入户流线。加装电梯与公共楼梯间外墙连接时：应保障原楼梯间的疏散条件，或应符合现行国家标准《建筑设计防火规范》GB 50016 的相关规定；不应降低原楼梯间的排烟条件，或应符合现行国家标准《建筑防烟排烟系统技术标准》GB 51251 的相关规定；楼梯间、电梯厅、连廊的可开启外窗或开口部分与住户外窗之间的距离不宜小于 1.0m；当小于 1.0m 时，应设置防盗栏杆，同时应满足防火要求。此外，此部分内容还对防止视线干扰、电梯紧急救援通道、给排水、防水层以及安全防护等做出了细致规定。

③ 结构

结构部分包含 8 条条文。结构也是《标准》的核心内容之一。加装电梯的井道结构可采用钢结构、混凝土结构或砌体结构形式。加装电梯的新增结构与既有住宅结构之间可采用脱开、水平拉接或附着等连接方式。加装电梯新增结构与既有住宅结构的水平拉接或附着连接应设置在楼层或楼梯间休息平台处，并宜采用扩底型锚栓、特殊倒锥形化学锚栓或植筋等方式锚固于构造柱、圈梁、框架梁、框架柱等混凝土构件中（图 5.1a），且锚固应满足相关标准和设计要求。当连接点处的基材为砌体时，应采用穿墙对拉螺杆的锚固方式（图 5.1b）。

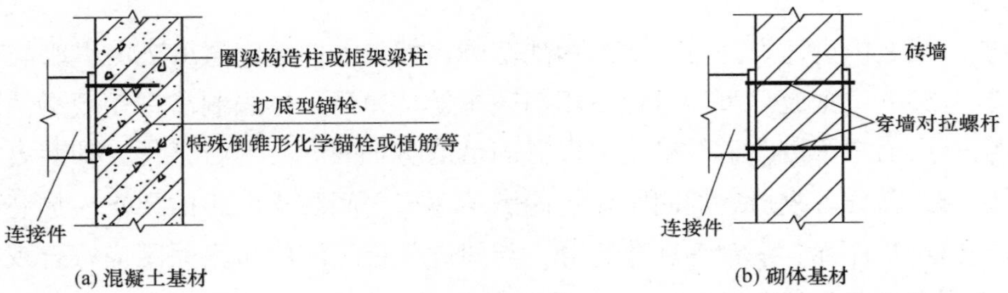

图 5.1　连接构造

其中，水平拉接构造可参照图 5.2 执行。以上规定均是为了确保连接的可靠。

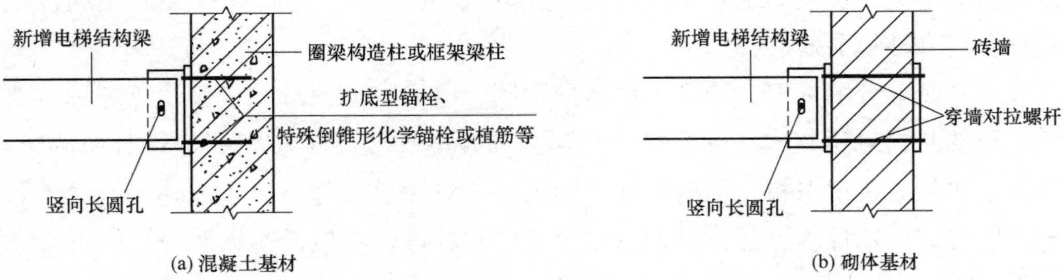

图 5.2　水平拉接构造

此外，本部分内容还就沉降差以及对既有住宅结构的影响等相关内容进行了细化要求。

④ 机电

机电部分共8条条文，重点对计量电表、井道照明、噪声、通风等做出了要求。同时，建议电梯轿门安装光幕和安全触板、电梯配置停电自动救援操作装置、电梯物联网安全系统。

4）施工验收

除满足一般新建电梯的施工验收要求以外，重点就施工前的安全防护、快速绿色施工、加装电梯新增结构与既有住宅结构相连等要求进行了具体规定。

5）运行维护

除满足一般新建电梯的运行维护要求以外，特别对与主体结构连接部位后锚固件的有效性以及既有住宅加装电梯除电梯轿厢外，其他工作区域应仅允许被授权人进入等进行了要求。

5.6.3 标准亮点

1）明确了定位及适用范围

T/ASC 03—2019在编制过程中进行了广泛调研，并借鉴了国内外相关标准和工程实践经验。标准适用于6层及以下既有住宅加装电梯工程的设计、施工、验收和运行维护。既有住宅加装电梯工程应做到安全、耐久、适用、经济。

2）不应降低原有标准水平

本标准是对既有多层住宅加装电梯，但从消防车道、日照、疏散、防排烟等方面，明确提出要保证不降低原有标准水平，例如不应降低消防车原有通行条件、不应降低相邻建筑原有的日照水平、不应降低原楼梯间的疏散条件、不应降低原楼梯间的排烟条件等。

3）结构设计安全、灵活

保障既有住宅结构安全是《既有住宅加装电梯工程技术标准》的重要内容，例如采用装配式井道结构，加装电梯的新增结构与既有住宅结构之间可采用脱开、水平拉接或附着等连接方式，加装电梯新增结构的基础宜与既有住宅结构基础脱开等。

T/ASC 03—2019的技术内容科学合理，创新性和适用性较强，符合我国相关政策法规的要求，与现行相关标准相协调，填补了既有住宅加装电梯国家层面工程技术标准的空白。

5.6.4 结束语

既有住宅加装电梯是一项民生工程，制定符合我国国情的技术标准，提出既满足安全要求，又满足住宅和住户个性化要求的加装电梯技术方案，是推动加装电梯顺利进行的有力支撑。T/ASC 03—2019编制组针对既有住宅加装电梯的诸多特点与难点，进行了广泛和深入研究。T/ASC 03—2019的发布实施，旨在规范既有住宅加装电梯工程的建设，提升既有住宅的使用功能，改善居住品质，增强人民幸福感和获得感。

5.7 《适老化居住空间与服务设施评价标准》

5.7.1 编制概况

《适老化居住空间与服务设施评价标准》的编制目的是：为适应我国居住区适老化建设发展的需要，提高老年人居住环境质量，对住区居住空间与服务设施是否符合安全、健康、卫生、适用、经济、环保等要求进行评价，制定本标准。

本标准适用于建成并运行一年以上的居住区之适老性评价。住区适老性评价应由两名以上建筑学、城乡规划、养老服务及相关专业从业人员执行，以现场实地评价为主、文件图纸评价为辅，保证评价工作公平有效开展。

根据中国工程建设标准化协会《2018 年第一批工程建设协会标准制订、修订计划》（建标协字〔2018〕015 号）的要求，由中国建筑设计研究院有限公司、天津大学会同有关单位共同编制《适老化居住空间与服务设施评价标准》（以下简称《标准》），2020 年 12 月 5 日，《标准》通过审查，现已向中国工程建设标准化协会报批。

5.7.2 内容简介

住区居住空间和服务设施的适老化评价考察的是居住区是否适合老年人居住生活的综合性能指标。本标准一般应以居住小区或五分钟、十分钟生活圈居住区为评价对象，亦可用于十五分钟生活圈居住区评价。住区适老化评价为运行评价（也称后评价），应在居住小区通过竣工验收并投入使用一年以上后进行。

本标准共分 7 章，主要内容包括：

1. 总则；

2. 术语；

3. 基本规定，包括评价的基本要求、评价方法与等级划分；

4. 养老与医疗服务设施；

5. 其他服务设施，包括市政公用设施、文体活动设施、交通设施、商业设施、教育设施、公共管理服务设施、物业设施；

6. 住区室内外公共空间，包括环境质量、交通规划与配置、景观配置、活动场所、其他配套设施、标识系统；

7. 住宅空间，包括无障碍或老年住宅数抽样、住宅伤害防控设计、住宅套内空间设计、室内物理环境。

5.7.3 标准亮点

当前老旧社区的改造是热门话题，但是居住区的适老化改造却缺乏相应的评价标准工具，本标准的研发和编制正是为解决这个迫切需求。

《标准》体系的构建方法具有科学性，改善了以往评价指标往往不区分主次或是层次分析法比较主观的缺点，基于统计学方法赋予各级指标不同权重，并且不同层级的指标依据其宏观或微观的特征采用更适合的构建方法，重视相对客观的调研数据支撑的科学性，因此具有较好的创新价值。

《标准》具有系统性、体系化的特点，涵盖了适合老年人生活需求的各个方面内容，分为三级评价指标层次，具体评价指标的类型分为必备项、基础项、宜设项、加分项。

《标准》还具有实用性的特点，适合政府部门、专业评价机构、设计机构、开发运营单位对既有住区适老性的评估。

5.7.4 结束语

为了应对日益严峻的老龄化问题，我国明确提出“建立以居家为基础、社区为依托、机构为支撑的社会养老服务体系”。要实现居家养老，需要为老年人创造满足其多样化需求的住区环境。因此，对既有住区进行适老化改造，无疑是实现居家养老的重要途径。该《标准》适用于对建成并运行一年以上居住区的适老化性能进行评价，包括安全卫生、健康舒适、生活便利、环境宜居、人文关怀等指标。

《标准》的制定基于国内外的住区改造政策以及大量的实地调研考察数据支撑，吸取以往改造案例的经验和教训，构建了住区居住空间与服务设施的适老性评价标准体系，并且基于统计学方法为不同层级的各评价指标赋予了不同的权重，具有科学性、系统性、实用性。《标准》实施将为居住区适老化性能提供有效的评价依据，为推动我国居住区适老化建设与改造提供技术支撑，经济效益和社会效益显著。

5.8 《城市既有建筑改造类社区养老服务设施设计导则》T/LXLY 0005—2020

5.8.1 编制概况

（1）背景和目的

1）社区养老服务设施是养老体系的发展重点

中国人口老龄化正处于加速发展之中，“十三五”期间提出建立“居家为基础、社区为依托、机构为补充”的多层次养老服务体系。社区养老服务设施是中国养老体系的发展重点，将惠及96％～97％的老年人口，为居家养老提供坚实的服务平台与支撑。近年来，社区养老服务设施的需求数量和质量逐年提升，其重要性愈发凸显。对于社区养老服务设施的建设来说，当下的迫切需求是提升其建筑设计水平及建筑环境品质，使其能够为老年人提供更好的养老服务，从而更好地实现其功能作用。

2）基于既有建筑改造的社区养老服务设施是建设的“重中之难”

由于历史发展原因，城市既有社区的人口老龄化压力往往高于新建社区，对社区养老服务设施的需求量增长迅速，但由于其用地、用房资源普遍十分紧张，新建项目难以在此实现。因此，许多社区只能利用既有建筑进行改造。相较于新建项目，既有建筑改造类社区养老服务设施往往面临的问题更多、更加复杂，是发展的“重中之难”，急需相关研究的推进与支撑。

3）弥补现行标准规范中改造项目相关内容的严重不足

对于社区养老服务设施的建设，现行标准规范中，针对改造项目的相关内容严重不足，大多数条文是针对新建项目设立，其规定往往要求过高、灵活性普遍较小，难以适用于改造项目。而且，相较于新建项目，改造项目具有其特殊的设计要点，需要解决的问题侧重点也不尽相同。因此，改造项目需要更具针对性的标准规范与更具指导意义的导则指南，只有充分考虑改造项目特殊性，才能为改造项目的建设提供更加有力的支撑。

按照《中华人民共和国标准化法》的管理规定和《中国老年学和老年医学学会团体标准管理办法》的要求，《城市既有建筑改造类社区养老服务设施设计导则》被批准为本学会团体标准，标准编号为 T/LXLY 0005—2020，2020 年 11 月 30 日发布，自 2020 年 12 月 1 日起实施。

（2）适用范围

T/LXLY 0005—2020 适用于城镇地区、立足于社区、为居家老年人提供综合性日间养老服务且是利用原有用房进行改造建设的设施。《导则》侧重于为建设单位、设计人员和管理人员提供技术参考，为未来的改造实践提供支持。

（3）编制工作

T/LXLY 0005—2020 编写是基于课题组对现有社区养老服务设施的调研以及工程实践经验而成。在 T/LXLY 0005—2020 编写之初，课题组广泛开展国内外相关项目现场调研，取得翔实的一手资料，其中包括对北京、上海、山东、浙江等上千个案例的考察，充分了解当前社区养老服务设施在改造过程中的重难点。同时也对德国、意大利、日本等相关国外项目进行了现场调研，总案例数达百余个。

除调研外，本导则还依托于项目组所主持和参与的十余项社区养老服务设施的改造实践经验，扎实的工程反馈为 T/LXLY 0005—2020 的编写提供技术支持。

5.8.2 内容简介

（1）主要内容概述

T/LXLY 0005—2020 立足于社区，适用于城镇地区为居家老年人提供综合性日间养老服务且是利用原有用房进行改造建设的设施。基于案例调研和经验采集，从相关实践中反馈的常见问题出发，旨在为利用原有用房进行建设的社区养老服务设施提供关键性的建筑改造设计策略。其主要章节按照实际项目设计过程展开，主要章节如下：1. 总则；2. 术语；3. 社区养老服务设施的基本描述；4. 既有建筑改造类设施设计原则；5. 原有用房的常见类型和问题；6. 做好设计前的改造条件评估；7. 结合原有规模合理配置功能；8. 优化外部交通保障疏散安全；9. 设计无障碍出入口方便通达；10. 改善室内日照采光通风条件；11. 挖掘空间潜力扩大使用面积；12. 组织环形交通形成回游流线；13. 消除实现屏障塑造开放空间；14. 解决室内无障碍的关键难点；15. 巧用室内设计解决原有缺陷；16. 室内空间的适老化设计要则；17. 重点空间的室内针对性设计；18. 增强外观的识别性和熟悉感；19. 协调结构设备与空间适用性；20. 拓展和完善老年人活动场地；21. 应用新技术保障运营可持续；22. 可弥补空间改造局限的设备。

(2) 各章节主要内容介绍

总则：主要介绍本导则编写目的、适用范围、编写原则等相关情况。

术语：对相关专业术语的名词解释。

社区养老服务设施的基本描述：简要介绍社区养老服务设施的设施定位、服务对象、设施方式、服务功能、室内外空间构成等，并附上相关案例，使读者初步了解此类设施。

既有建筑改造类设施设计原则：强调既有设施改造类设施与新建设施的不同，突出改造项目应采用改造条件评估与改造设计并行、因地制宜、各专业协同设计、空间与家具设备的协同等设计原则与理念。

原有用房的常见类型和问题：对既有建筑改造类项目的原有用房进行分析，归纳其用房类型和现存问题。

做好设计前的改造条件评估：介绍既有建筑改造类项目原有用房评估内容，包括用房适用性评估和周边环境影响评估。

结合原有规模合理配置功能：结合原有用房的规模，合理选择相应的服务功能与配套空间，并为规模受限又需要更多服务功能的设施提供改造技术策略。

优化外部交通保障疏散安全：明确社区养老服务设施的出入口要求，当设施与外部交通开口受限时，提出相应改造策略解决交通疏散难题。

设计无障碍出入口方便通达：明确社区养老服务设施出入口的无障碍设计要求，针对原有用房出入口无障碍问题提出改造策略。

改善室内日照采光通风条件：针对原有用房日照不足、采光通风不良提出相应改造策略。

挖掘空间潜力扩大使用面积：针对原有用房面积不足提出相应改造策略以提高空间利用率。

组织环形交通形成回游路线：利用原有用房现有条件，提出回游路线改造策略。

消除实现屏障塑造开放空间：总结社区养老服务设施内各空间开放性要求，并针对原有用房空间特点，塑造公共开放空间。

解决室内无障碍关键难点：针对室内通行空间、无障碍卫生间提出相应无障碍改造策略。

巧用室内设计解决原有缺陷：针对原有用房层高不够、面宽较窄、内部采光不佳等问题，通过室内灯光照明、材料、家具等室内设计策略改善空间品质。

室内空间的适老化设计要则：从室内装饰、室内材料、室内色彩、光环境设计、室内家具选型、室内标识和展示等多个方面提出改造策略，打造适老、舒适的室内环境。

重点空间的室内针对性设计：对接待厅、餐厅、活动空间、日间休息室、走廊等老年人主要活动区域，提出室内改造策略。

增强外观的识别性和熟悉感：通过建筑立面的改造策略，营造具有识别性和熟悉感的设施外观。

协调结构设备与空间的适用性：评估原有用房的结构特点，提出加固设施建筑结构的策略，并与空间设计相适应。

拓展和完善老年人活动场地：明确老年人活动场地设计要求，对原有活动场地提出针对性改造策略。

应用新技术保障运营可持续：加入绿色技术设备和智慧系统设备，实现设施可持续发展。

可弥补空间改造局限的设备：提供相应适老化设备产品清单以弥补空间改造的局限。

5.8.3 标准亮点

既有建筑改造类设施由于其原有用房的局限性，在用房改造的过程中往往存在各种复杂的困难问题，在实施过程中遇到诸多阻力。T/LXLY 0005—2020 在编写时，充分考虑改造项目的这一特点，在改造的各环节中，针对所遇难点逐一进行分析，并提出相应的解决策略，意在为改造项目提供更多高效实用的技术参考。

T/LXLY 0005—2020 章节符合实际项目的实践流程，第 6～22 章分别符合实际过程中用房评估、确定规模、外部交通、空间布局、无障碍设计、室内设计、景观设计、设备辅助等环节，按照建筑设计流程组织，体现从规划到设计、从室外到室内、从整体到细部、从建筑到部品的设计逻辑。

5.8.4 结束语

T/LXLY 0005—2020 编写之初，课题组就国内外相关标准进行梳理，但并未发现与改造类社区养老服务设施直接相关的标准。现有标准虽多适用于改造类设施，却很少考虑改造项目的特殊性，因此缺少实际可操作性。T/LXLY 0005—2020 以城市既有建筑改造类社区养老服务设施为研究对象，为其提供改造设计策略和关键技术方法。同时，导则的编写也是对改造类建筑标准的一次探索，围绕改造类建筑特点对 T/LXLY 0005—2020 编写的模式、顺序、体例等方面进行创新。希望通过 T/LXLY

0005—2020 的尝试，引发业内对于改造类建筑设计标准的关注，从而更好地完善我国的建筑标准体系。

5.9 《室外适老健康环境及康复景观设计导则》

5.9.1 编制概况

为完善我国适老健康环境设计技术体系，为室外康复景观的适老化设计提供科学有效的技术指导，促进相关工程应用，并提高设计与建设质量，提供促进老年人身心健康的室外景观环境，制定本项导则。

本项导则适用于各类新建、改建的城市适老化居住区、养老设施、医疗康复机构等室外景观环境。其他类型康复景观环境在技术条件相同时可参照本标准使用。

根据中国建筑学会《关于发布〈2020 年中国建筑学会标准研编计划（第二批）〉的通知》（建会标〔2020〕4 号）的要求，由中国建筑设计研究院有限公司、中国建筑学会园林景观分会会同有关单位共同编制《室外适老健康环境及康复景观设计导则》（以下简称《导则》）。

5.9.2 内容简介

本《导则》基于老年人感觉机能及行为特征基础数据，以包括老年人在内的各类人群为使用对象，针对室外景观环境的活动场地设计、绿化种植设计、水体设计、道路交通、景观小品等室外景观空间环境组成要素，以及物理环境等方面提出了条文规定，为室外健康环境及康复景观的适老化设计提供指导。

本项导则共分 9 章，主要内容包括：

1. 总则；

2. 术语；

3. 基本规定；

4. 绿化种植设计，包括一般规定、设计要求、植物选择；

5. 活动场地设计，包括一般规定、健身活动场地、休憩活动场地、娱乐活动场地；

6. 水体设计，包括一般规定、人工水景；

7. 交通系统设计，包括一般规定、车行道、步行道、停车场；

8. 物理环境，包括一般规定、声环境、光环境、热环境；

9. 景观小品及辅助设施设计，包括一般规定、景观小品、环卫设施、其他设施。

5.9.3 标准亮点

本《导则》包含的特色主要包含室外适老健康环境通用性改造设计、室外适老健康物理环境舒适度改善设计，以及基于“循证设计”的适老化康复景观设计等三方面。

1）室外适老健康环境通用性改造设计

包括景观入口、路径、铺地材料、扶手、休息座椅、坡道、台阶等室外设施的通用性改造设计。

2）室外适老健康物理环境舒适度改善设计

包括庭园降噪、声景设计、热舒适度改善，以及照明系统设计等相关技术与策略。

3）基于“循证设计”的适老化康复景观设计

结合康复医学、运动医学、中医养生学等领域研究成果，包含符合不同健康状况老人的康复景观改造技术，包括五感植物的选择与配置、亲水景观设计、植物床与盆栽设计等技术。

5.9.4 结束语

营造促进老年人身心健康的室外景观环境不仅是响应国家号召、适应社会发展、满足社会需求，也是行业发展的必然需求、人性化设计的重要体现。《导则》的制定具有技术可靠性、技术先进性及经济合理性。

技术可靠性是指编制组总结多年来对适老室外健康环境及康复景观设计的科研成果和工程经验，将大容量调研资料作为本项导则的数据支撑与编制基础，保证本项导则的科学性与可信度。技术先进性是指导则基于我国老年人身体特征及心理需求等方面的第一手资料，结合自然景观中的影响要素，有目的性地研究室外健康环境及康复景观对于老年人的健康促进作用，形成导则内容，使技术内容更为客观理性，使导则条文更具先进性与可操作性。经济合理性是指本项导则中的数据与技术可直接运用于设计工作中，对于有需求的技术人员不必再去查询检索严重碎片化的各种标准规范；同时，导则的确立有利于形成以预防为主的室外健康生活环境，降低各类老年病、慢性发病等，促进各种老年性疾病的康复疗愈，针对提升我国人口健康水平，降低养老经费支出具有积极意义，可推动相关市场的发展，产生较为显著的经济效益。

第 6 章　功能提升

6.1 《既有住宅建筑功能改造技术规范》JGJ/T 390—2016

6.1.1　编制概况

发布机构：中华人民共和国住房和城乡建设部

主编单位：上海维固工程实业有限公司、上海建筑设计研究院有限公司

编写目的：为保障既有住宅建筑改造后的基本居住功能与使用安全，规范既有住宅建筑功能改造，确保工程质量。

修编情况：JGJ/T 390—2016 由住房和城乡建设部于 2016 年 6 月 9 日发布，自 2016 年 12 月 1 日实施。目前正在修订，已完成征求意见稿。

适用范围：本规范适用于既有住宅建筑功能改造的设计、施工与验收，包括户内空间改造、适老化改造、加装电梯、设施改造、加层或平面扩建等。

6.1.2　内容简介

JGJ/T 390—2016 主要根据专业编写章节，共分 8 章，具体技术内容为：1 总则；2 术语；3 基本规定；4 建筑；5 室内环境；6 结构；7 机电设备；8 施工与验收。

第 1 章　总则。提出规范的编制目的、适用范围。

第 2 章　术语。含 6 个术语，包括既有住宅建筑、功能改造、适老化改造、结构改造、结构整体改造、结构局部改造。将结构改造分为整体改造和局部改造，是本规范的创新。

第 3 章　基本规定。一是提出改造的前置条件，需要现场勘查、补齐技术资料、进行结构安全鉴定；二是界定凡涉及加层、扩建的，需要符合现行国家标准要求；三是规定住宅节能改造和防火设计须遵守的规范。

第 4 章　建筑。一般规定：既有住宅改造不应降低原有建设标准，不应降低相邻幼儿园、托儿所、养老院及中小学教学楼等的日照标准。

户内空间：提出住宅成套改造，每套住宅应设卧室、起居室（厅）、厨房和卫生间等基本功能空间；提出厨房、卫生间改造的功能布置要求；提出阳台增设洗衣设备应采取防水措施；给出住宅适老化改造的户内空间设计技术要求。

公用部分：提出出入口、楼梯、公共走道进行适老化改造时的技术要求；提出加装电梯时出入口、信报箱等公用部分的改造要求。

加装电梯：鉴于加装电梯是目前住宅改造热点，为加强在此方面的技术指导，对加装电梯的技术要求特设专节编制。主要提出：应因地制宜选择人流入户方式和电梯布置位置；有条件的宜采用无障碍电梯或可容纳担架的电梯；给出候梯厅的合理深度要求；给出加梯平面设计的合理外包尺寸、井道高度、电梯运行速度限值。

第 5 章　室内环境。提出厨卫、加梯的候梯厅、卧室的采光、通风要求，以及改造后的住宅室内空气质量要求；给出厨卫改造、住宅加梯改造的防水、防潮要求；给出住宅改造的环境隔声要求，加装电梯的降噪要求。

第 6 章　结构。一般规定：一是建议改造要因地制宜，尽量减少改造量；二是给出改造的前置条件，需要进行可靠性鉴定；三是针对结构局部改造、整体改造和不同情况，给出改造后的房屋后续使用年限要求。

场地、地基和基础：针对地基或基础承载力不满足要求、地基不均匀沉降、新设基础对老基础产生影响等情况，分别提出须遵守的规范和技术要求。

上部结构：针对不同改造情况给出技术要求，包括房屋整体性不满足要求时的加固、墙体（楼板）局部开洞的加固、结构构件不满足承载力时的加固；针对不同改造内容给出设计原则，包括平面扩建、加层、平改坡。

加装电梯：提出宜选用质量轻、施工便捷的结构；提出加梯结构可与原结构连接或脱开，但对原结构影响要小；对原结构的局部开洞应补强加固；如加装电梯结构与原结构相连，提出需要进行整体结构抗震性能分析。

第 7 章　机电设备。一般规定：提出机电改造前，需核实住宅区的排水、供电、供暖、供气等市政容量配置；改造前应进行前期机电设备评价；须注意改造对室外场地管线的影响，及时提出改造措施；选用节能、减振、降噪设备，重视荷载安全。

给水排水：提出住宅二次供水改造在卫生、安全、水压方面的技术要求；给出卫生间给水排水改造在洁具选用、排管等方面的技术要求；要求厨房排水不得与卫生间混合；提出阳台设置洗衣机时的排水要求；给出给水排水管道的管材及保温要求；为防止地漏异味，提出设置地漏的技术要求。

电气：提出改造前需要进行供配电系统和防雷接地情况的现场勘察；提出电度表、配电箱设置要求；提出户内电气线路敷设的技术要求；提出公共部位照明和应急照明设置要求；提出小区汽车充电桩设置要求；提出厨卫电源插座设置要求；要求厨房间宜设置可燃气体报警装置，卫生间洗浴设备应作局部等电位联结；提出通信系统宜采用光纤入户的接入方式，宜具备三网融合条件。

供暖、通风及空调、燃气：提出供暖地区住宅改造时，新增部分应增设供暖系统；给出供暖地区住宅供暖系统分户计量改造的技术要求；提出空调设备需满足的设置要求；提出室外燃气立管改造应安装立管专用球阀；规定卫生间以及无外窗的厨房禁止增设燃气管道和设备；提出厨房宜设燃气泄漏保护装置。

加装电梯：鉴于加装电梯将同时影响各机电专业，出于规范使用方便考虑，对加装电梯的机电设计要求进行了专节编制。电气方面：提出电梯配电应设专用供电回路和专用电度表；提出电梯配电箱设置在室外时，防护等级不应低于IP56；规定无机房电梯的配电箱总开关应具备剩余电流保护和报警功能；电梯轿厢应设置应急呼叫设备或声光警报器；候梯厅应设置电梯紧急迫降按钮。给排水方面：提出底层候梯厅出入口应考虑建筑挡水措施；贴邻外墙布置的电梯井道宜考虑井坑排水措施以及技术要求。排风方面：提出当自然通风条件无法满足设备运行的温度要求时，应设置机械通风装置。

消防方面：规定电梯机房内应设置移动式灭火器。

可再生能源：提出住宅增设太阳能热水系统或太阳能光伏系统的技术要求；提出当采用地源热泵作为空调冷热源时的技术要求。

第8章 施工与验收。一般规定：提出住宅改造施工单位应具有相应资质；施工单位应事前制定应急预案，施工中如发现结构、电气、燃气方面的安全隐患应及时报告并处理；施工前应对地下管线情况进行排查。

工程施工：对组织施工交底、编制施工组织方案做出要求；提出当需要拆除既有燃气、电气等工程，或进行既有设备管线移位时须编制专项施工方案；对楼板开洞、墙体开洞、拆墙托换施工，提出编制施工专项方案和必要的过程监测要求；对施工时的临时堆载提出荷载等方面的要求；提出引起荷载增加以及加层、平面扩建、加装电梯等改造，应进行沉降变化监测；提出绿色施工技术要求；倡导采用预制装配式施工方案。

工程验收：提出结构加固应划分为（子）分部工程；隐蔽工程经验收合格后方可进入下一工序施工。

6.1.3 标准亮点

JGJ/T 390—2016的编制反映了时代的需要和民生的需要，如在建筑、结构、机电三章各设“加装电梯”专节，便于对既有住宅加装电梯的改造热点问题进行技术指导；在“建筑”章节对“适老化改造”提出技术要求，技术上及时反映老龄化社会需求；在“机电设计”章节设置“可再生能源”专节，对住宅增设太阳能热水系统或太阳能光伏系统提出技术要求，强化绿色改造设计意识；结构方面针对改造工程的特点，创新性地将结构改造分为整体改造和局部改造两种情况，分别提出技术要求，提高了改造的技术可实施性；同时，规范对群众反映较多的住宅后期使用中出现的问题给出了技术解决方案，如阳台增设洗衣机的排水问题、地漏异味问题等。

6.2 《老旧小区基础设施及环境综合改造技术标准》DB13(J)/T 8376—2020

6.2.1 编制概况

为改善老旧小区居住条件和人居环境，推动建设安全健康、设施完善、管理有序的完整居住社区，本标准以完善小区基础设施和环境为改造目标，力求推动改善居民生活环境，提升城市形象与居民幸福感。

本标准适用于河北省城市或县城老旧小区基础设施和环境综合改造。老旧小区是指河北省城市或县城（城关镇）国有土地上2000年底前建成、年久失修失管、市政配套设施不完善、社区服务设施不健全、建筑功能老化的住宅小区（含单栋住宅楼）。

《老旧小区基础设施及环境综合改造技术标准》DB13（J）/T 8376—2020由河北省建筑科学研究院有限公司会同有关单位编写，并于2020年9月28日由河北省住房和城乡建设厅发布，自2021年1月1日起实施。

6.2.2 内容简介

DB13（J）/T 8376—2020依据国务院《关于全面推进城镇老旧小区改造工作的指导意见》（国办发〔2020〕23号）的有关要求，从基本规定、小区配套设施、道路与停车、适老化及无障碍改造、小区环境和既有建筑改造、施工与验收六方面对老旧小区基础设施及环境综合改造提出了技术要求：

1）在基本规定中，标准从评估与策划、技术与管理对老旧小区基础设施及环境综合改造提出了要求，鼓励以街道或社区为单元，对区域内老旧小区联片进行改造，对环境和市政基础设施进行再规划，实现公共服务设施共建共享。

2）在小区配套设施方面，标准从管线综合（供水、排水、供热、供电、弱电、供气）、环卫设施、安防设施、消防设施、照明设施、便民服务设施、智能化设施七方面进行了规定，老旧小区宜利用网络技术建立社区公共服务信息平台。

3）在道路与停车方面，老旧小区道路改造宜结合场地海绵化改造、适老化与无障碍改造、管线改造统一实施，合理设置机动车和自行车停车设施，宜采用小型化、分散化设置。

4）在适老化及无障碍改造方面，应根据社区人口规模，合理配建老人服务用房，明确相关功能用房，并从养老及无障碍设施、建筑出入口、道路、广场和绿地五方面对适老化及无障碍改造进行规定。

5）在小区环境和既有建筑改造方面，标准从公共空间、绿地植被、景观风貌、场地海绵化改造、既有建筑物改造对其进行规定。老旧小区环境改造时，应明确划定公共活动空间范围，公共活动空间宜与地面停车场地、安全疏散通道等便捷联接。

6）在施工与验收方面，标准从一般规定、工程施工、绿色施工、施工安全、施工质量管理资料、工程质量验收划分、工程质量验收、工程质量验收程序和组织八方面进行规定。老旧小区综合改造宜采用工程总承包模式，施工单位应综合考虑老旧小区所处位置、交通条件、居民出行等情况，编制详细的施工组织方案，对施工过程进行控制。

6.2.3 标准亮点

1）DB13（J）/T 8376—2020的编制将为老旧小区基础设施与环境改造提供技术

支撑，依据国务院《关于全面推进城镇老旧小区改造工作的指导意见》（国办发〔2020〕23 号）的有关要求，从系统性出发，更好地指导河北省老旧小区综合改造工作的健康有序开展。

2）标准将城镇老旧小区综合改造内容分为基础类、完善类和提升类三种类型，并对老旧小区综合改造工程项目建设单位、勘察及设计单位、施工单位、监理单位的质量行为提出了要求。

3）标准从供水、排水、供热、供电、弱电、供气六方面对小区管线改造进行了要求，建立了“如何诊断、怎么改”的具体规定。

4）老旧小区改造时不仅要重视小区内的绿化建设，更要注重节约能源，采用绿色建筑材料，减少对环境的影响；还在老旧小区改造中引入智能化设施改造，为老旧小区的有机更新提出了新要求。

5）鉴于适老化改造和无障碍改造具有一定的共性问题，标准将老旧小区的适老化改造和无障碍改造进行了统一要求，为实现老旧小区的居家养老做出贡献。

6）为了规范老旧小区改造的施工规范性，减少对居民的影响，标准以绿色施工、施工安全、工程质量为出发点，详细规定了施工与验收的相关要求。

6.2.4　结束语

当前中国城市老旧小区普遍面临着设施老化、缺乏公共服务和绿化空间，以及无法满足人们日益增长的生活及精神需求等问题，但它们却拥有良好的城市区位和浓郁的生活氛围。老旧小区的改造不但有利于提升人民的生活品质、改善民生，还有利于改善城市环境以及提升城市形象；老旧小区的改造能重新优化和整合国土资源、城乡建设及环境资源，是两型社会建设的客观需要。DB13（J）/T 8376—2020 的实施，对老旧小区基础设施和环境综合提升改造有重要意义，能够有效提升城市品质、改善人民群众生活环境，推动我国经济发展方式转型和城市及产业转型升级。

6.3　《既有住区公共设施开放性改造技术导则》

6.3.1　编制概况

1）背景和目的

《中共中央关于制定国民经济和社会发展第十四个五年规划和二〇三五年远景目标的建议》明确提出“加强城镇老旧小区改造和社区建设”。老旧小区改造已上升至国家战略层面，成为惠民生、扩内需、稳增长的重要渠道，是实现经济建设目标的坚强有力支撑点。当前的老旧小区较为封闭，其配套公共设施并未被充分利用。为解决我国既有居住建筑公共设施改造和功能提升所面对的现实问题和发展需求，需要对社区公共资源进行统筹规划，通过改造老旧小区环境、更新现状功能、完善周边配套、提升小区业态、引入新功能等手段对老旧小区的空间进行活化利用，使其焕发新活力。为此，中国中建设计集团有限公司和全联房地产商会会同有关单位立项编制了全联房地产商会标准《既有住区公共设施开放性改造技术导则》（以下简称《导则》），从住区公共设施开放性、公共设施通用性、公用设施集成化、服务设施智慧化等方面对既有住区公共设施开放性改造进行规范。根据全联房地产商会《关于发布〈既有住区公共设施开放性改造技术导则〉的通知》，《导则》于 2020 年 11 月 20 日发布实施。

2）编制基础

编制团队在既有住区建设及改造方面开展了系列工作，其中承担了国家“十三五”科技支撑计划课题“既有居住建筑宜居改造及功能提升关键技术”项目下子课题“既有居住建筑公共设施功能提升关键技术研究”（2017YFC0702907）。此外，编制团队在社区配套、适老改造领域进行长期研究，形成了包括《北京无障碍城市设计导则》《老旧小区公共设施改造技术标准》《完整居住社区建设指南》在内的一系列成果。

6.3.2 内容简介

《导则》共分 7 章，主要技术内容包括：1. 总则；2. 术语；3. 基本规定；4. 社区更新规划的开放性；5. 社区公共服务的开放性；6. 社区智慧服务的开放性；7. 社区开放性改造实施方法。《导则》围绕社区更新规划开放性改造（交通系统、社区功能复合、公共环境空间、地下空间资源整合、社区风貌更新城市设计等方面）、社区公共服务开放性改造（不同生活圈基本公共服务补差、社区公共活动场地资源规划、停车场地设施资源规划等方面）、社区智慧服务开放性改造（社区物联网公共服务设施、社区卫生健康信息化设施等方面的内容）、社区开放性改造实施方法展开系统编制。

1）总则和术语

第 1 章为总则，由 4 条条文组成，对《导则》的编制目的、适用范围、基本原则等内容进行了规定。第 1.0.2 条规定了《导则》的适用范围，即适用于城镇既有住区公共设施更新改造。第 1.0.3 条规定了既有住区公共设施的开放性改造的原则，即应遵循共建共享、统筹规划的原则，注重社区与城市功能的协调互补，因地制宜地制定科学合理的改造实施方案。

第 2 章为术语，定义了与老旧小区改造相关的 3 个术语，具体为既有住区、开放性住区、信息化服务设施。

2）基本规定

第 3 章为基本规定，由 6 条条文组成。《导则》明确了既有住区公共设施开放性改造应坚持街区、片区连片改造，充分挖掘存量资源，全面提升居住生活质量。

此外，导则规定既有住区公共设施开放型改造应包括下列内容：

① 社区更新规划开放性改造：交通系统、社区功能复合、公共环境空间、地下空间资源整合、社区风貌更新城市设计等方面的内容；

② 社区公共服务开放性改造：不同生活圈基本公共服务补差、社区公共活动场地资源规划、停车场地设施资源规划等方面的内容；

③ 社区智慧服务开放性改造：社区物联网公共服务设施、社区卫生健康信息化设施等方面的内容。

3）社区更新规划的开放性

第 4 章为社区更新规划的开放性，共包括 5 部分：交通系统更新改造规划、社区功能复合改造规划、公共环境空间改造规划、地下空间资源整合规划、社区风貌更新城市设计。

“交通系统更新改造规划”由 5 条条文组成，分别对既有住区的交通系统规划、住区内部消防及救护通道应与避难场所、既有住区周边公共交通系统、步行友好的道路交往空间、街坊内部生活性道路等方面进行了规定；“社区功能复合改造规划”由 2 条条文组成，分别对划定居住街坊封闭管理单元、住区的复合功能进行梳理更新规划等方面进行了规定；“公共环境空间改造规划”对改造规划口袋公园及微绿地等方面进行了规定；“地下空间资源整合规划”对既有住区的地下空间资源等方面进行了规定；“社区风貌更新城市设计”由 2 条条文组成，对城市街景、居民休憩场地等方面进行了规定。

4）社区公共服务开放性

第 5 章为社区公共服务开放性，共包括 3 部分：不同生活圈基本公共服务补差配置、社区公共活动场地开放性资源规划、停车场地设施开放性资源规划。

“不同生活圈基本公共服务补差配置”由 6 条条文组成，分别对既有住区的地上空间资源、不同生活圈半径内的配套设施、利用可替代性便民服务设施及器具补齐便民或适老配套设施不足等方面进行了规定；“社区公共活动场地开放性资源规划”由 5 条条文组成，分别对宅间绿地空地改造利用、公共活动场地用地面积、休憩设施等方面进行了规定；“停车场地设施开放性资源规划”由 7 条条文组成，分别对道路设施改造、小区道路排水方式、小区道路断面设计、停车位配置服务半径、非机动车停车场地、无障碍车位、机动车与非机动车充电设施等方面进行了规定。

5）社区智慧服务开放性

第 6 章为社区智慧服务开放性，共包括 2 部分：社区物联网公共服务设施开放性、社区卫生健康服务信息化设施开放性。

“社区物联网公共服务设施开放性”由 3 条条文组成，分别对 5G 智慧社区基础设施、智慧化可替代性城市级网络服务配套设施、网络配送服务的社区服务机制等方面进行了规定；“社区卫生健康服务信息化设施开放性”由 5 条条文组成，分别对社区的采集基础设施、危险症候群智能诊断和检出的健康云服务、社区基层现代化治理基础设施、社区智能诊疗机器人系统、建立街区健康服务综合体等方面进行了规定。

6）社区开放性改造实施方法

第7章为社区开放性改造实施方法，共包括2部分：社区存量资源改造实施方法、社区长效服务运行维护方法。

“社区存量资源改造实施方法”由11条条文组成，分别对存量资源调研评估、存量资源专项规划、存量资源整合利用方案、既有住区改造实施单元、既有住区改造工程的责任主体和实施主体、资金来源及金融方案等方面进行了规定；“社区长效服务运行维护方法”由9条条文组成，分别对公共设施统一物权的管理机制、小区信息库、老旧居住小区改造质量追溯信息平台、物业管理模式、社区长效服务运行维护方法等方面进行了规定。

6.3.3 标准亮点

《导则》编制遵循共建共享、统筹规划的原则，注重社区与城市功能的协调互补，因地制宜地制定科学合理的改造实施方案；本着与老旧小区改造、城市双修、城市更新等相结合的原则，坚持街区、片区连片改造，充分挖掘存量资源，全面提升居住生活质量。

《导则》〗围绕社区更新规划开放性改造（交通系统、社区功能复合、公共环境空间、地下空间资源整合、社区风貌更新城市设计等方面）、社区公共服务开放性改造（不同生活圈基本公共服务补差、社区公共活动场地资源规划、停车场地设施资源规划等方面）、社区智慧服务开放性改造（社区物联网公共服务设施、社区卫生健康信息化设施等方面的内容）、社区开放性改造实施方法展开系统编制。

6.3.4 结束语

以城镇老旧小区改造、棚户区改造、城市更新等工作为切入点的“完整社区”建设，将是对城市空间、老旧社区空间进行重构，提升城市功能品质，补齐城市建设短板，实现城市“精细化管理”的重要途径。《导则》对标住房和城乡建设部完整社区建设要求，可作为指导完整社区建设技术问题的重要依据，对开展老旧小区改造及完整社区构建具有指导意义。

《导则》的编制和实施可有效提高我国既有住区公共设施的资源统筹利用、提升功能和人性化环境品质，提升住区公共设施的智慧化网络服务配置标准，转变住区公用设施传统粗放式改造方式。

6.4 《既有居住建筑配套服务设施智慧化改造配置技术标准》

6.4.1 编制概况

1）背景和目的

我国既有居住建筑建造时间跨距大，建造类型、产权属性种类繁多。目前，多数既有居住小区存在基础设施老化、损毁严重，物业管理水平参差不齐，智能化服务水平低等现状，已经无法满足居民日常生活需求。国务院办公厅印发的《关于全面推进城镇老旧小区改造工作的指导意见》指出，既有居住建筑主要包括城市或县城（城关镇）建成年代较早（尤其是 2000 年底前建成）、失养失修失管、市政配套设施不完善、社区服务设施不健全、居民改造意愿强烈的住宅小区（含单栋住宅楼）。既有居住社区，特别是老旧小区配套服务设施智慧化改造势在必行。

根据中国建筑节能协会《关于印发〈2018 年度第二批团体标准制修订计划〉的通知》（国建节协〔2018〕057 号）的要求，对《既有居住建筑配套服务设施智慧化改造配置技术标准》（以下简称《标准》）进行起草制定。《标准》由中建工程产业技术研究院有限公司牵头负责制定，编制团队由科研院所、高等院校、设计单位、智能化服务企业等 8 家单位组成。

2）编制基础

编制团队近年来主持或参与编制的国家标准有 15 项，行业标准 11 项，地方标准 2 项，团体标准 4 项，积累了较为丰富的科研工作经验。团队参与编制的标准主要包括：《公共建筑节能设计标准》GB 50189—2015、《民用建筑绿色性能计算标准》JGJ/T 449—2018、《建筑节能气象参数标准》JGJ/T 346—2014、《严寒和寒冷地区居住建筑节能设计标准》JGJ 26—2010、《超低能耗建筑评价标准》（新编团体标准）、《民用建筑绿色性能数据标准》（新编团体标准）等。

6.4.2　内容简介

《标准》分为 7 章，主要技术内容包括：总则、术语、基本规定、市政配套基础设施、环境配套设施、公共服务配套设施、建设与运营。通过上述内容，《标准》将居住社区配套服务设施智慧化改造内容分为基础类、完善类、提升类，强调实施方案应坚持因地制宜原则，具备完整性与可行性，应与居民需求相吻合；强调重点改造完善小区配套和市政基础设施，提升社区养老、托育、医疗等公共服务水平，选用经济适用、绿色环保的技术、工艺、材料、产品，推动建设安全健康、设施完善、管理有序的智慧居住社区。

1）总则

第 1 章为总则，对《标准》的编制目的、适用范围等内容进行了规定，在适用范围中指出，本标准对象范围主要为城镇老旧小区，是指城市或县城（城关镇）建成年代较早、失养失修失管、市政配套设施不完善、社区服务设施不健全、居民改造意愿强烈的住宅小区（含单栋住宅楼）。人防工程是保障战时人员与物资掩蔽的重要设施，不在标准适用范围内。

2）术语

第 2 章为术语，定义了与居住社区配套服务设施智慧化改造相关的 6 个术语，具体为建筑配套服务设施、智慧社区、基础设施、网络基础设施、社区管理、社区服务。

3）基本规定

第 3 章为基本规定，将居住社区配套服务设施智慧化改造内容进行分类，明确不同类型改造的实施目标，对改造后的社区服务系统功能、保障体系建设、社区管理理念提出了具体要求。对于不具备智慧化综合改造实施条件的既有居住建筑，提出了宜对社区楼宇、区域网络等基础设施进行改造，实施包括末端感知层、网络设施、数据与信息系统的建设的建议。

4）市政配套基础设施

第 4 章为市政配套基础设施，共包括五部分：公用管线、垃圾清运、网络基础设施、可再生能源利用、消防设施。市政配套基础设施改造为基础性改造，应满足居民安全需要和基本生活需求。

“公用管线”由 8 条条文组成，分别对管线综合敷设、供热管网保温防漏、能耗数据在线监测及联动控制等方面进行了规定。既有社区基础管线种类数量多，宜采用综合管廊，节省用地。基础管线包含多个系统，共同敷设的管道数量较多，管道走向复杂，管廊内管道与管道、管道与沟墙之间的尺寸，应满足管道及附件安装、检修的需要。

“垃圾清运”由 5 条条文组成，要求住区生活垃圾实施定时定点运输、前端返现回收、建立环境管理制度与电子档案。后端利用大数据、人工智能和物联网等技术，实现对生活垃圾前端返现分类回收、中端统一运输、末端集中处理的“物联网＋智能回收”新模式，可有效提高居民垃圾分类积极性，提升垃圾再生回收效率。

“网络基础设施”由 3 条条文组成，分别对网络覆盖、宽带接入、数字电视覆盖及区级物联网设置做出规定。

“可再生能源利用”由 4 条条文组成，分别对太阳能热水系统形式、太阳能光伏与建筑一体化、风光互补路灯系统做出相应规定。在室外自然资源条件允许的情况下，风光互补发电系统通过将用电负荷与资源条件进行系统容量合理配置，在保证系统供电可靠性的同时，降低发电系统造价。

“消防设施”由 4 条条文组成，分别对火灾报警系统、电动车进楼监测系统、可燃气体报警系统做出规定。由电动车引起的火灾频繁发生，电动车应在建筑外部独立区域集中停放、充电，严禁在建筑内的共用走道、楼梯间、安全出口处等公共区域停放电动车或者为电动车充电。

5）环境配套设施

第 5 章为环境配套设施，共包括五部分：雨水及中水利用、采光及照明、智慧停车、安全防范、电梯加装与监控。环境配套设施改造为完善性改造，应满足居民生活便利需要和改善型生活需求。

“雨水及中水利用”由 5 条条文组成，分别对用水质量安全、雨水积蓄、节水灌溉、污废水回收利用、排水系统更新等方面进行了规定。老旧小区建造年代早，排水系统建设标准低，管道老化破损严重，上述因素是造成既有社区内涝的主要原因。既有居住社区综合改造时，宜采取更新排水管网、提高排水系统建设标准等措施。雨水管渠设计重现期，应根据汇水地区性质、城镇类型、地形特点和气候特征等因素，经技术经济比较后确定。

“采光及照明”由 3 条条文组成，分别对公共区域智能化照明、景观照明控制做出了规定。白天透过采光窗进入室内的自然光较强，因此关闭部分人工照明并不会影响正常视觉工作，分组控制的目的是为了将同一场所中天然采光充足或不充足的区域分别开关。而大部分建筑物在夜间除了值班人员之外都很少有人员活动，对一些公共区域的照明实行分组控制，可以方便地用手动或自动方式操作，有利于节电。

“智慧停车”由 5 条条文组成，分别对停车场区位设置、充电桩配建、智能电动车保管站、智慧停车系统技术要求等做出了规定。通过对传统车库的升级改造，智能电动车保管站以智能云平台远程看管、智能安全门系统和移动客户端优化车库与用户之间的存车流程，将传统单一、效率低下的存车看管变得智能化、便民化：在以互联网方式促使存车库更加规范的同时，降低管理部门的管理成本、提升安全系数和安全运营能力。智能电动车保管站为居民生活带来了便利，有效缓解了电动车安全隐患。

“安全防范”由 5 条条文组成，分别对视频安防监控、人员出入管理、周界入侵报警、停车管理、电子巡查等系统做出了规定。基于新冠疫情常态化防控态势，社区人员出入管理系统宜优先选用人脸识别方式，系统可将人脸验证、精准测温、口罩识别等功能进行集成，提高社区安全管理效率。

“电梯加装与监控”由 3 条条文组成，分别对电梯加装实施方案、电梯智能群控、电梯群组控制等做出了规定。加装电梯不应影响小区建筑日照、通风和结构安全、消防安全、相邻建筑采光，不应对建筑内外排水、燃气、强弱电管线产生影响。加装电梯的结构形式宜选用质量轻、施工便捷的结构，可采用钢结构、混凝土结构、砌体结构，应进行多方案比选，宜选用对原结构影响小的结构形式。社区内加装电梯形式宜统一，外观与小区及周边景观环境相协调。

6）公共服务配套设施

第 6 章为公共服务配套设施，共包括四部分：综合信息服务平台、信息发布、智慧应用、设备维护。公共服务配套设施改造为既有居住建筑改造的提升，通过智慧社区服务系统关键技术集成，提升社区管理水平与居民生活品质。

“综合信息服务平台”由 5 条条文组成，分别对数据与交换、第三方平台接入、系统集成、安全保障等方面进行了规定。综合信息服务平台应能够支持专用设备、网络接入、人工录入等多种数据采集方式，具备承载大量异构信息的存储能力，具备对各种不同数据源之间的数据进行传递、转换、净化和集成等功能，在满足构成既有居住小区综合信息服务平台各类应用的基础上，通过标准的交换格式实现与其他平台或系统的数据共享。

“信息发布”由3条条文组成，分别对系统建立、软硬件设备、设置区位等进行了规定。住区信息发布系统是一种现代的“分众式传播”方式，通过分布式区域管理技术，实现了同一系统中不同终端区分受众的传播模式。基于该系统，物业管理部门可方便地构建一个网络化、专业化、智能化、分众化住区多媒体信息发布平台，提供住区级的公共信息编辑、传输、发布和管理等专业媒体服务。

“智慧应用”由8条条文组成，分别对人员管理、房屋管理、智能门禁、社区医疗、紧急救助、旧物回收等进行了规定。既有居住建筑建造年代跨度大，类型复杂，房屋居住人员变动频繁，房屋基础资料相对匮乏，缺少集中统一的信息化管理，成为突发事件应急处理时的短板。房屋管理系统将建筑信息进行集成，利用RFID、二维码及“互联网＋”实现电子档案与物理介质档案的分级统一管理，利用GIS技术建立“一房一档”，为管理服务平台提供完善的房屋安全档案数据支持。

“设备维护”由4条条文组成，分别对系统硬件运行状况、系统安全、设备机房环境、故障维修等进行了规定。应监控网络运行时安全系统的结构安全、访问权控制、边界完整性、入侵防范、恶意代码防范。应检查设备运行状态及安全设备连接数量，使其在安全范围内。网络系统配置修改后，应对网络配置文件进行备份。

7）建设与运营

第7章为建设与运营，共包括两部分：建设模式、运营模式。既有居住建筑智慧化改造采取政府主导模式，统筹协调社区居民委员会、业主委员会、产权单位、物业服务企业等共同推进改造。政府主管部门应切实评估财政承受能力，建立激励机制，优先对居民改造意愿强、参与积极性高的小区实施改造。

“建设模式”由4条条文组成，分别对改造实施机制、市政配套基础设施改造、居民出资方式进行了规定。依据建立改造资金政府与居民、社会力量合理共担机制，按照谁受益、谁出资原则，积极推动居民通过直接出资、使用住宅专项维修基金、让渡小区公益收益等方式参与改造。

“运营模式”由4条条文组成，分别对社区服务系统政府主导运营、企业运营、委托第三方及协同合作四种运营方式进行了规定。结合目前智慧社区服务系统的发展现状，宜采取企业主导的协同合作运营模式，在该模式下，政府为社区服务系统提供软环境，制定相关的政策和标准，引导服务企业进入平台，监督系统的运营与维护状况，对社区服务系统的管理进行综合协调。企业作为平台的运作主体，利用自身技术和服务优势，与服务系统相关企业紧密合作，保障社区服务系统正常运作。

6.4.3 标准亮点

1）构建了社区服务系统的三层架构体系

首次将既有居住建筑配套服务设施智慧化改造内容分为基础类、完善类、提升类三个层级，综合考虑了安全、节能、智慧、舒适等因素，给出了改造实施所需的社区服务系统架构、技术要点及配置参数，三层架构体系符合国家目前对老旧小区改造的整体要求。

2）提出了流体网络综合集成技术

首次提出了既有居住社区的流体网络数学建模及算法研究系统综合集成技术，该技术能够将小区及楼宇的感知通信网络与实际改进措施相结合，可实际应用于预防或缓解老旧供水和热力管道中出现水锤、堵塞及泄露等危害措施，提供有效技术支撑手段。

3）采用了设计运维一体化配置模式

综合考虑了规划设计、工程实施、运营维护三者之间的关联，提出了既有居住建筑配套服务设施改造应根据地方经济发展水平、配套政策，结合社区现况及居民需求，由基础类改造内容开始，分级、分步实施，满足不同类型社区的改造需求，可操作性强。

6.4.4 结束语

本《标准》旨在建立起集中的社区综合智慧化服务体系，将以往点状的智能化技术应用进行整合与交互，共建与共享。以互联网为依托，运用物联网、信息综合集成、智能控制等技术，将以往各类社区服务进行整合，使社区管理者、用户和各种智慧系统形成信息交互，以便实现更为快捷的管理，给居民带来更加舒适的生活体验。《标准》将既有居住建筑改造内容从基础类、完善类、提升类三个层面进行剖析，为工程实施提供了技术支撑。

经过智慧化改造后的居住社区能够平衡社会、商业和环境需求，优化可用资源，通过应用信息技术规划、设计、改造和运营社区基础设施，提高居民生活质量和社会经济福利，推动区域社会进步。因此，积极开展既有居住建筑智慧化改造，对完善社区功能和提高居民生活质量、改善民生、建设可持续发展城市和智慧社区具有重要意义。

6.5 《既有住区公用设施和公共管线更新技术导则》

6.5.1 编制概况

1）背景和目的

我国既有住宅存量巨大，但是由于既有住区公用设施和公共管线建设年限较长，技术手段落后，再加上年久失修等问题，大部分存在设施设备老化严重、性能低下，管线破损、抗压强度降低、线路杂乱等问题，公用设施和公共管线性能涉及硬件、管理、能效、建筑形象和安全等多方面内容，提升改造难度大，常常处于改造困难、难以开展工作的局面。因此，既有住区公共管线的更新改造已经成为中国城镇化发展亟待解决的严峻挑战。

与国外相比，我国既有住区综合改造工作开展较晚。在实际改造过程中，房屋产权和建筑状况复杂多样，群众响应度不高，基层政府积极性不高，改造资金主要依靠财政补贴，补贴措施单一，数量有限，从而导致既有住区改造的形式比较单一，节能改造项目比较少，公共设施综合改造更是少之又少。以江苏省为例，既有住区的改造措施多为平改坡、立面出新、外环境整治等。

国外相关标准经过长期的工程实践应用和修编，涵盖内容广泛，细节把控到位，对管线勘察评估、设计方案制定、施工管理、运行等方面均进行了较为明确和具体的要求。同时，标准系统性较强，同一标准针对不同专业具有完善的章节或独立参考内容，便于使用者全方位把握标准实施要点。相比而言，国内标准注重指标性或功能性要求，对具体实施方式、限制条件、应注意的问题及相关建议的系统性规定较弱，标准可操作性较差。

因此，针对整体改造耗时、耗力、施工难度大等问题，建立既有住区公用设施设备和公共管网性的简单、灵活、快速的综合评价方法，明确不同系统的更新改造目标和重点，系统性解决既有住区公用设施和公共管线的改造难点，形成标准化、规范化的技术体系具有重大意义。在此背景下，依托于十三五国家重点研发计划课题“既有居住建筑公用设施功能提升关键技术研究”，根据中国工程建设标准化协会《关于印发〈2018 年第二批协会标准制订、修订计划〉的通知》（建标协字〔2018〕030 号）的要求，由中国建筑科学研究院有限公司、江苏省建筑科学研究院有限公司会同有关单位共同开展《既有住区公用设施和公共管线更新技术导则》（以下简称《导则》）的编制工作。

2）编制基础

主编单位江苏省建筑科学研究院有限公司与中国建筑科学研究院有限公司等有关单位在老旧小区综合改造方面有着丰富的经验，并在该领域开展了一系列工作。相关内容如下：

① 编制组深入到多个老旧小区开展考察工作，了解当前既有住区公用设施和公共管线改造的技术现状、居民需求和改造过程中存在的主要问题，为《导则》的编制指明了重点和方向。

② 编制组在既有住区公用设施和公共管线更新改造方面发表多篇论文，包括《既有老旧住区电气管线现状与改造评价模型》《既有住区给排水管网管线服役现状与

改造技术措施》《既有住区供暖系统改造现状及技术分析》等，归纳梳理了既有住区各专业系统存在的问题及相应的解决措施，为《导则》的编制奠定了理论基础。

③ 编制组基于老旧小区整体改造耗时、耗力、施工难度大等问题，申报多篇专利，包括《一种模块化可拆分内置集成管线装饰线条》《一种内置管线的预制保温装饰柱及其装配施工方法》等，既保证了建筑的实用性又兼顾了美观性，为既有住区管线改造工程领域提供了集成性的创新解决方案。

6.5.2 内容简介

《导则》分为10个章节，主要技术内容包括总则、术语、基本规定、评估与策划、公用设施更新改造、室外公共管线更新改造、室内公共管线更新改造、智慧提升改造、施工与验收、运维管理。通过上述内容，《导则》强调，既有住区供热系统、给排水系统、电气系统和燃气系统公用设施和公共管线应在充分评估的基础上合理选用适宜的更新改造技术措施和智慧改造提升技术手段，同时进行科学规范的施工验收和运维管理。

1）总则和术语

第一章为总则，由4条条文组成，对《导则》的编制目的、适用范围、总体原则内容进行了规定。本导则适用于城镇既有住区公用设施和公共管线更新改造，同时更新应遵循安全、适用、绿色、经济的原则，注重综合整治与性能提升，设计施工协同进行。

第二章为术语，定义了与既有住区公用设施和公共管线更新改造密切相关的8个术语，具体为既有住区、公用设施、公共管线、室外公共管线、室内公共管线、覆土深度、更新改造、气候补偿系统。

2）基本规定

第三章为基本规定，由7条条文组成，对既有住区公用设施和公共管线更新改造的流程和基本原则进行了明确规定，即更新改造应按勘察、评估、方案制定、施工验收、效果评测的流程进行，并在改造前广泛征询群众意见，选择适宜改造技术方案，设计、施工一体化进行，选用成熟的技术、产品和材料。

3）评估与策划

第四章为评估与策划，共包括四个部分：一般规定、改造前评估、改造策划和改造后评估。

“一般规定”由3条条文组成，对改造前性能评估、改造策划方案选择和改造后效果评估的总体原则进行了规定；“改造前评估”由13条条文组成，对改造前既有住区供热系统、给水系统、排水系统、雨水排水系统、消防给水系统、电气系统和燃气系统公用设施和公共管线检测、勘察的具体内容进行了详细规定，同时针对各系统性能检查、检测结果确定改造前等级评估；“改造策划”由4条条文组成，对改造策划内容要求、改造目标设定、改造技术、产品和材料选择、技术经济可行性分析内容等进行了规定；“改造后评估”由3条条文组成，对改造后验收程序、评估报告要求和内容进行了规定。

其中，“改造前评估”针对改造前检查、检测指标结果对各专业设备和管线进行了等级评估，以明确改造目标。此为本《导则》的一大创新之处。在该评估体系中，将各项评估指标分为可靠性指标和适用性指标两大类，评估结果按照指标达标情况分为A、B、C三个等级。当可靠性指标和适用性指标均满足时，评估结果为A级，即公用设施和公共管线符合国家现行标准规范的要求，且满足用户需求，不必进行更新改造；当可靠性指标满足，而适用性指标未满足时，评估结果为B级，即公用设施和公共管线符合国家现行标准规范的要求，基本满足用户需求，可不更新改造也可做相应提升性改造；当可靠性指标均不满足时，评估结果为C级，即公用设施和公共管线不符合国家现行标准规范的要求，不能满足用户需求，应进行更新改造。评估体系指标要求详见表6.1。

既有住区公用设施更新改造前等级评定要求 **表6.1**

系统类型	可靠性指标	适用性指标		
		指标	达标要求	参照标准
供热系统	1. 供热热源、换热设备、输送设备、水处理设备等主要设备及其附件符合国家标准，在使用年限内，且无锈蚀损坏，正常运转； 2. 各类型调控阀门、泄水阀门、放气阀门及配件符合国家标准，在使用寿命内，且无锈蚀、脱落，功能正常； 3. 管道管材符合国家标准，在使用年限内，且无渗漏、锈蚀、结垢、滋生细菌等状况； 4. 管道保温状况良好，补偿器、支座等附件安全牢固； 5. 计量装置符合国家标准，配套齐全且功能正常； 6. 自动监测和调控设备符合国家标准，且功能正常	供暖建筑室内温度/℃	室内最低温度≥设计温度－2 室内最高温度≤设计温度＋1	GB/T 50893
		供暖建筑单位面积耗热量/(GJ/m^2)	寒冷地区：0.23～0.35 严寒地区：0.37～0.50	GB/T 50893
		供暖建筑单位面积补水量/(L/m^2)	寒冷地区：一级管网＜15，二级管网＜30 严寒地区：一级管网＜18，二级管网＜35	GB/T 50893
		供回水温差	不小于设计温差的80％	GB/T 50893
		水力平衡度	0.9～1.2	GB/T 50893
		管网沿程温降/(℃/km)	地下敷设≤0.1 地上敷设≤0.2	GB/T 50893
		锅炉运行效率	符合表4.3.1-1	GB/T 50893
		换热设备性能	不小于额定工况的90％	GB/T 50893
		换热设备热阻/MPa	≤0.1	GB/T 50893
		水泵运行效率	不小于额定工况的90％	GB/T 50893
		水泵耗电输热比	满足 $EHR_{a,e} \leq \frac{0.0062(14+a \cdot L)}{\Delta t}$	JGJ/T 132

续表

系统类型	可靠性指标	适用性指标		
		指标	达标要求	参照标准
给排水系统	给水系统： 1. 水池(箱)、气压罐、加压泵、水处理设备等符合国家标准，在使用年限内，且无渗漏、锈蚀、结垢、滋生细菌等状况； 2. 给水管材符合国家标准，在使用年限内，且无渗漏、锈蚀、结垢、滋生细菌等状况； 3. 给水计量和自动监控装置符合国家标准，配套齐全且功能正常； 4. 雨污分流 排水系统： 1. 集水坑、排污泵、化粪池、排污泵、排水沟渠等主要设备符合国家标准，在使用年限内，且无堵塞、渗漏等状况； 2. 排水管材及其阀门附件符合国家标准，在使用年限内，且无堵塞、渗漏、私自更改、乱接等现象； 3. 无污水、废水合流状况 雨水系统： 1. 雨水排水泵、雨水斗、集水坑、格栅等主要设备符合国家标准，在使用年限内，且无堵塞、渗漏等现象； 2. 雨水排水管材符合国家标准，在使用年限内，且无堵塞、渗漏、私自更改、乱接等现象； 3. 无雨污混流排放状况	末端用水压力/MPa	0.1～0.2	GB 50242
		水质	生活饮用水水质符合 GB 5749 生活杂用水(中水或回用雨水)水质符合 GB/T 18920 和 GB 50400	CJ/T 206、GB 5749、GB/T 18920、GB 50400
		漏损率	≤10%(≤12%)	CJJ 92
供配电系统	1. 高压电气设备、变压器、低压配电设备、高低压配电柜、安全保护装置、计量装置等符合国家标准，在使用年限内，且无锈蚀损坏，正常运转； 2. 应急供电、安防、公共照明设备、防雷装置等符合国家标准，且无损坏，功能正常； 3. 电线材料符合国家标准，在使用年限内，且无私拉乱接、破损漏电等安全隐患	配电变压器能效等级	不高于2级	GB 20052
		每户电能表安装位置	住宅套外	DL/T 448
		公共照明灯具照度/lx	电梯前厅≥75 走道、楼梯间≥50 车库≥30	GB 50034
		公共照明灯具功率密度/(W/m^2)	电梯前厅≤4.0(3.5) 走道、楼梯间≤4.0(3.5) 车库≤2.0(1.8)	GB 50034

续表

系统类型	可靠性指标	适用性指标		
		指标	达标要求	参照标准
燃气系统	1. 燃气调压和计量装置符合国家标准，在使用年限内，且正常运转； 2. 管道管材及其附件符合国家标准，在使用年限内，且无泄漏、锈蚀等状况	燃气进口压力/MPa	地上单独调压柜＜1.6 地下单独调压柜＜0.4	GB 50028
		钢管管道腐蚀损伤评价	Ⅰ级（腐蚀很轻）	CJJ 95

4）公用设施更新改造

第五章为公用设施更新改造，共包括五个部分：一般规定、供热系统公用设施改造、给排水系统公用设施改造、电气系统公用设施改造、燃气系统公用设施改造。

“一般规定”由 3 条条文组成，分别对设施更新改造中原有设备再利用、节地节约、标志标识的总体原则进行了规定；“供热系统公用设施改造”由 8 条条文组成，分别对热泵机组、锅炉房、热力站、循环水泵、计量设备等主要设备的更新改造技术要求进行了规定；“给排水系统公用设施改造”由 13 条条文组成，分别对二次供水设施、增压设备、水箱（池）、水表、排水检查井、化粪池、雨水溢流设施、消防设施等主要设备的更新改造技术要求进行了规定；“电气系统公用设施改造”由 10 条条文组成，分别对低压配电设施、公共照明设施、车库排风设备、通信系统、火灾自动报警系统、防雷接地系统等主要设备的更新改造技术要求进行了规定；“燃气系统公用设施改造”由 6 条条文组成，分别对燃气调压设备、燃气仪表、燃气浓度检测报警器等主要设备的更新改造技术要求进行了规定。

5）室外公共管线更新改造

第六章为室外公共管线更新改造，共包含六个部分：一般规定、供热系统管线、给水排水系统管线、电气系统管线、燃气系统管线、室外地下敷设及架空管线集成更新改造。

“一般规定”由 3 条条文组成，分别对更新改造中原有管线再利用、管材选用、标志标识的总体原则进行了规定；“供热系统管线”由 7 条条文组成，对供热管线更新改造时敷设方式选择、管材选择、保温防腐、管件连接方式、水力平衡调节等技术措施进行了规定；“给水排水系统管线”由 8 条条文组成，对给排水管线更新改造时各类管线管材的选择及相关修复技术措施进行了规定；“电气系统管线”由 10 条条文组成，对电气管线更新改造时配电线路规划及敷设、电缆直埋敷设等技术措施进行了规定；“燃气系统管线”由 6 条条文组成，对燃气管线更新改造时管材选择、防腐、非开挖修复等技术措施进行了规定；“室外地下敷设及架空管线集成更新改造”由 13 条条文组成，对地下敷设或者架空的综合集成管线的更新改造技术措施进行了规定。

6）室内公共管线更新改造

第七章为室内公共管线更新改造，共包含七个部分：一般规定、供热系统管线、给水排水系统管线、电气系统管线、燃气系统管线、室内公共管井管线更新改造、室内公用管道管线快速拆除和安装更新。

“一般规定”由3条条文组成，分别对更新改造中室内管线的安装位置及工作压力等总体原则进行了规定。“供热系统管线”由8条条文组成，对供热管线更新改造时布管方式选择、热力入口热计量和水力平衡、管材选择、管道保温防腐等技术措施进行了规定；“给水排水系统管线”由9条条文组成，对给排水管线更新改造时敷设方式、管材选择等技术措施进行了规定；“电气系统管线”由11条条文组成，对电气管线更新改造时电缆布线、电气竖井布置等技术措施进行了规定；“燃气系统管线”由8条条文组成，对燃气管线更新改造时管道布置、管材选择、防腐措施进行了规定；“室内公共管井管线更新改造”由8条条文组成，对室内公共管井内各专业管线的排列、间距、仪表的设置等更新改造技术措施进行了规定；“室内公用管道管线快速拆除和安装更新”由3条条文组成，对给水和电气管道快速拆除和安装的技术措施进行了规定。

7）智慧提升改造

第八章为智慧提升改造，共包含三个部分：一般规定、无线网络计量技术要点、住区公用设施和公共管线智慧控制系统。

“一般规定”由5条条文组成，规定了智慧提升改造的基本原则；“无线网络计量技术要点”由8条条文组成，分别对远传仪表的使用、各专业系统监测的参数类型及管线信息系统进行了规定；“住区公用设施和公共管线智慧控制系统”由4条条文组成，分别对智慧供热、智慧供水、智慧供电、智慧供气改造的技术要点进行了规定。

8）施工与验收

第九章为施工与验收，共包含六个部分：一般规定、公用设施和公共管线施工安全措施、供热系统公用设施管线施工与验收、给排水系统公用设施管线施工与验收、电气系统公用设施管线施工与验收、燃气系统公用设施管线施工与验收。

“一般规定”由9条条文组成，对更新改造的施工验收方案编制、验收流程、验收资料及施工环境保护等通用性内容进行了规定；“公用设施和公共管线施工安全措施”由6条条文组成，对更新改造施工过程中安全防护措施及应急预案等进行了规定；“供热系统公用设施管线施工与验收”由5条条文组成，“给排水系统公用设施管线施工与验收”由16条条文组成，“电气系统公用设施管线施工与验收”由20条条文组成，“燃气系统公用设施管线施工与验收”由2条条文组成，分别对供热系统、给排水系统、电气系统、燃气系统公用设施管线更新改造施工验收依据和要点进行了规定。

9）运维管理

第十章为运维管理，共包含三个部分：一般规定、公用设施系统运行维护管理要点、公共管线运行维护管理要点。

“一般规定”由5条条文组成，对更新改造后设备和管线的物业服务、制度制定、定期巡查、人员培训等运行维护通用性内容进行了规定；“公用设施系统运行维护管理要点”由5条条文组成，分别规定了供热系统、给水排水系统、消防给水系统、变配电系统、燃气系统主要设施设备的运行维护管理要点；“公共管线运行维护管理要点”由12条条文组成，对管线信息归档、巡查维护、专业培训等运行维护管理要点进行了规定。

6.5.3 标准亮点

1）公用设施和公共管线改造前性能评估体系

创新性建立了既有住区改造前供热、给排水、电气和燃气系统公用设施和公共管线的性能评估体系，可根据评估结果明确改造目标和改造内容。评估内容分为可靠性和适用性两大类指标，评价结果分为A、B、C三级。可靠性和适用性均满足为A级，不必进行更新改造；可靠性满足但适用性不满足为B级，可不改也可相应提升改造；可靠性和适用性均不满足为C级，需要进行更新改造。

2）专门针对公用设施和公共管线的系统性的改造技术体系

针对目前既有住区整体改造耗时、耗力、施工难度大等问题，以既有住区公用设备和公共管线为对象，系统性提出各专业设备和管线的更新改造技术、智慧化性能提升、施工及运维管理的要点。

6.5.4 结束语

本《导则》创新性建立了既有住区改造前供热、给排水、电气和燃气系统公用设施和公共管线的性能评估体系，系统性提出各专业设备和管线的更新改造技术、智慧化性能提升、施工及运维管理的要点，为既有住区公用设施和公共管线的更新改造提供综合性的解决方案，是满足人民群众美好生活需要，推动惠民生扩内需，推进城市更新和开发建设方式转型，促进经济高质量发展的重要举措。

第7章 综合改造

7.1 美国《国家绿色建筑标准》

7.1.1 编制概况

发布机构：美国国家住宅建造商协会（NAHB）；美国国际规范委员会（ICC）

主编单位：美国国家住宅建造商协会（NAHB）

编写目的：提供既有建筑节能运行、维护和监控的措施与方案，提升用能系统和设备的能效及围护结构热工性能。

修编情况：首次于2007年由美国国家住宅建造商协会（NAHB）和美国国际规范委员会（ICC）共同发布，并由美国国家标准学会（ANSI）于2008年核准为美国国家标准。2012年进行第一次修订。2015年，引入美国供暖、制冷与空调工程师学会（ASHRAE）作为合作伙伴，对标准进行第二次修订。2020年，美国国际规范委员会（ICC）和美国国家住宅建造商协会（NAHB）共同发布新版的美国《国家绿色建筑标准》ICC 700—2020（*National greenbuilding standard*，以下简称NGBS）。

适用范围：适用于各类既有建筑和建筑群及其围护结构和建筑用能系统（但不含建筑内的工业和农业用能系统）。

7.1.2 内容简介

基于NGBS十多年间在项目中的实践应用，2020年版增加了建筑类型，包括援助房、养老护理、集体住宅和多功能商业群；对于改造项目，新版增加了能源和水资源消耗条款；对于单户建筑商，新版增加了对独栋和联排别墅的认证条款。2020年版NGBS共分14章及4个附录。主要内容包括：1）范围和管理；2）（术语）定义；3）符合性评价方法；4）区域设计和开发；5）场地设计、准备和开发；6）资源效率（节材）；7）能源效率；8）水效率；9）室内环境质量；10）运行、维护和户主教育；11）改造（翻新建筑）；12）独栋和联排别墅的认证；13）商业空间；14）参考文件。附录包括：A气候分区；B室内环境质量的第三方项目案例；C附属结构；D水等级指数。

7.1.3 标准亮点

1）绿色建筑评价等级

第5～10章是对绿色建筑进行评价时应考虑的主体章节。在评价时，首先满足所有的强制要求条款，再根据相应章节对应条文的满足情况进行评分。在第 5～10 章中，除第 7 章满足强制要求条款另有 3 条达标途径（prescriptive 指定性要求，performance 性能化要求，HERS 附录目标评价要求）外，其余章节均是强制要求条款+相应条文得分的评价形式。根据其得分，将绿色建筑分为 4 个等级（铜章、银章、金章、绿宝石），每个等级均对应相应的最低得分要求，并由每一类的最低得分要求决定建筑的评价等级。

2）湿度监测系统

创新条例：第 905.1 条，湿度监测系统：湿度监测系统应安装有可移动的基座，并且能够显示温度和相对湿度的读数。除此外，该系统至少应有两个远程传感器单元，一个远程传感器单元永久地放置在空调空间内的中央位置，另一个远程传感器单元永久地放置在空调空间的外部。

3）降低环境影响，提高室内舒适度

NGBS 强调降低对环境的影响，从选址到设计、用材，再到施工，均凸显这个特点。NGBS 更加追求室内的舒适度，强调材料的环保性、设备的自动化程度等，能耗是次要考虑。

7.2 美国《国际既有建筑规范》

7.2.1 编制概况

发布机构：美国国际规范理事会 ICC

主编单位：美国国际规范理事会 ICC

编写目的：《国际既有建筑规范》(*International Existing Building Code*，IEBC) 为既有建筑改造提供了规范性要求和做法，确保既有建筑达到合规水平，或按基本安全水平进行改造。

修编情况：第一版发布于 2009 年，第二版发布于 2012 年，为现行版本。

适用范围：公共建筑和大部分居住建筑，对于独栋住宅、双户住宅、地面以上高度不超过三层且具有独立出入口的联排别墅，及其地面以上高度不超过三层的附属结构，可按 IEBC 进行改造，也可遵守《国际住宅规范》(*Interrnational Residential Code*)。

7.2.2 内容简介

第 1 章　范围和管理。该章包含有关规范后续要求的应用、实施和管理的规定。除了确定规范的范围外，第 1 章还确定了哪些建筑物和结构属于该范围。第 1 章主要涉及在执行规范正文规定时维持“正当法律程序”内容。只有通过仔细观察行政规定，法典官员才能合理地期望证明已经提供“法律规定的平等保护”。

第 2 章　定义。规范中的所有定义术语都在第 2 章提供。如果对于某一术语具有唯一含义，且对于理解规范内容特别重要，则该术语在规范中以斜体显示。

第 3 章　所有合规方法的规定。该章介绍规范提供的三个合规性选项，列出了规范中用于抗震设计和评估的方法。除非与 IEBC 发生冲突，否则还必须满足其他 ICC 模式规范中与维修、更改、增加、搬迁和占用变更有关的规定，并且优先满足 IEBC。

第 4 章　维修。该章管理既有建筑物的维修工作，规定了使用原始建筑材料、方法或维修必须符合新建建筑的要求。

第 5 章　合规性判定。该章为 IEBC 提供的三种主要合规选项之一，用于对正在进行改建、扩建或更改占用的建筑物和结构。

第 6 章　工作分类。该章概述了作为建筑物修复选项的工作区方法，定义了不同的改建分类，并提供了改建、扩建、用途变更、古建筑物的一般性要求，详细的要求见第 7 章至第 12 章。

第 7 章　变更—第 1 级。该章提供了第 1 级变更的既有建筑物的技术要求，包括为同一目的使用新材料，更换或覆盖既有材料、元件、设备或固定装置。该章与该规范的其他章节类似，涵盖了所有与建筑相关的主题，例如结构、机械、管道、电气和可达性，以及火灾和生命安全问题。该章旨在提供详细的要求和规定，以确定既有建筑构件、建筑空间和建筑结构所需的改进。与第 8 章、第 9 章相比，该章仅涉及用新组件更换建筑构件，第 8 章 2 级变更涉及更多的空间重新配置，第 9 章 3 级变更涉及更广泛的空间重新配置，超过建筑面积的 50%。

第 8 章　变更—第 2 级。与第 7 章相同，该章提供详细的要求和规定，以确定建筑物改建时既有建筑构件、建筑空间和建筑结构的必要改进。该章涉及空间重新配置，可以达到建筑面积的 50%，第 7 章不涉及空间重新配置，第 9 章空间重新配置超过建筑面积的 50%。根据改建工程的性质，其在建筑物内的位置以及是否包含一个或多个租户、开放式地板穿透、喷水灭火系统或安装额外的出口（如楼梯或火灾逃生通道）等可能都需要改进和升级。

第 9 章　变更—第 3 级。该章提供了既有建筑物第 3 级变更的技术要求。该章的目的是提供详细的要求和规定，以确定既有建筑构件、建筑空间和建筑结构的必要改进。除第 2 级变更涉及的内容外，在某些情况下，该章将提高建筑物某些特征的安全性，这些特征超出了工作区域和建筑物的其他部分，可能不会进行任何改造工作。

第 10 章　用途变更。该章的目的是为既有建筑物的用途变更或用途分类变更提供规定。IEBC 在第 3 章中定义了不同的用途分类，在第 4 章中规定了特殊用途要求。在特殊用途分类中，可以发生许多不同类型的实际活动。例如，A-3 组入住分类涉及各种类型的活动，包括保龄球馆、室内网球场、法庭、舞厅。当用途改变，如保龄球馆到舞厅，用途分类仍然是 A-3，但不同的用途可能导致完全不同的规范要求。因此，该章讨论与同一用途分类中建筑物使用变化相关的特殊情况以及用途分类的变化。

第 11 章　扩建。该章提供了扩建要求，这些要求与新建建筑的规范要求有关。但是该章说明了一些例外情况。扩建在第 2 章中定义为“建筑面积、建筑物或建筑楼层数、建筑高度的延伸或增加”。

第 12 章　古建筑。该章提供了具有历史价值的建筑物的特殊要求。在应用该章内容时，最需要注意的是，在仔细审查建筑物的历史价值后，建筑物具有历史意义必须经过国家或地方当局的基本认可。大多数州都有这样的权力，许多地方管辖权也是如此。具有此类权力的机构可以为州或地方政府层面，也可以为美国建筑师协会的当地分会。其他需考虑的因素包括建筑物的结构状况、使用建议、对生命安全的影响以及如何实现规范的目标。

第 13 章　性能合规性方法。该章允许对既有建筑物进行评估，以表明在不满足新建建筑要求的情况下，改建将改善既有建筑现状。规定基于数字评分系统，涉及 19 个不同的安全参数和每个问题的规范合规程度。

第 14 章　搬迁或搬迁的建筑物。该章适用于任何搬迁或搬迁的建筑物，与该规范中介绍的三种方法无关。

第 15 章　施工保障。建筑施工过程中涉及许多已知和未预料的危险。该章给出了具体规定，以尽量减少对公共和邻近财产的威胁。如在分级、挖掘和拆除的初始阶段，因设计不良、安装薄板和支撑导致沟渠和堤坝塌方。此外，相邻既有结构的基础不充分或拆除不小心也可能导致施工失败。该章还规定了集中防火安全问题和出口问题。

第 16 章　参考标准。该规范包含许多用于管理材料和构造方法的标准参考。该章包含规范引用的所有标准的完整列表。遵守该规范也需要遵守规范中引用的标准。该章按标准颁布机构的首字母缩写顺序列出了所有参考标准，并列出了标准的标题、引用版本等信息，这种组织方式便于查找特定标准。

附录 A 既有建筑抗震改造指南。附录 A 提供了不同类型既有建筑抗震能力提升指南，包括未加固的砖石建筑、钢筋混凝土建筑和加固的砖石建筑、轻型木结构建筑。

附录 B 既有建筑和设施的无障碍要求。IEBC 第 11 章规定了建筑物及其相关场所和设施对残障人士的可及性要求。该规范附录 B 用于解决通过传统建筑规范执行过程中无法实施的项目构造的可及性。

附录 C 既有建筑风力改造指南。本附录旨在为既有结构的改造提供指导，以加强其对风力的抵抗力。这些改造是自愿措施，有助于更好地保护公众并减少既有建筑的强风事件造成的损害。

资源 A 古代材料和组件的防火等级指南。在既有建筑的维修和改造过程中，根据工作的性质和范围，IEBC 可能要求对建筑构件的耐火等级进行一定的升级，此时对设计师和规范的要求至关重要。官员通过确定既有建筑构件的防火等级，作为评估和改进需求的总体评估的一部分。该资源文件为现行建筑模式规范中通常不具备的古代材料的耐火等级评估提供了指导。

7.2.3　标准亮点

结合既有居住建筑现状和改造目标不同，标准按结构、建筑构件和材料、消防、进出口、能源、电气、机械通风等专业进行了分级规定，具体见表 7.1。

特色　　**表 7.1**

	一级	二级
结构	1. 改造承重结构时，若由于改造引起荷载增加高于 5%，应按《国际住宅规范》中对于新结构的要求改造或替换。 2. 屋顶改造许可的附加要求，如安装护墙支撑；根据风荷载评估结果，按照《国际建筑规范》进行加固。 3. 屋顶改造应符合《国际建筑规范》的要求	1. 改造承重结构时，若由于改造引起荷载增加高于 5%，应按《国际住宅规范》中对于新结构的要求改造或替换。若既有承重结构承重能力因改造有所降低时，应显示出其能够按照《国际建筑规范》中对于新结构承载固定荷载、活荷载和雪荷载的要求。 2. 若由于改造增加或减少了侧向荷载，则改造应满足《国际建筑规范》的要求。专门改造侧向抗力系统时，并且该规范其他章节未做特殊要求时，不必按照《国际建筑规范》的要求来做，但需要满足该规范的要求
围护构件和材料	1. 内墙、顶棚、地板、内饰材料应符合《国际建筑规范》的规定。 2. 开窗控制装置应符合 ASTMF2090 的要求。 3. 材料及其安装、连接方法应符合《国际建筑规范》《国际节能规范》《国际机械规范》《国际管道规范》的要求。燃气材料和方法应符合《国际燃气规范》的要求	1. 连接两个或多个楼层的现有内部垂直开口应使用经批准的开口保护装置，防火等级不小于 1h。 2. 若某一层的工作区域超过该楼层面积的 50%，服务于工作区域的出口楼梯应至少在最高工作区域及其以下所有楼层采用防烟结构。 3. 烟室、室内装饰、防护装置符合《国际建筑规范》
消防	改造应维持提供的防火等级不变	自动喷水灭火系统安装应符合《国际建筑规范》，火灾报警系统安装应符合《国际消防规范》，火灾探测系统应符合 NFPA72
进出口	改造应维持进出口方式的原有保护水平	对出口方式、进出口数量、防火逃生通道、应急电源、走廊、照明、避难区做了详细规定
能源	对既有建筑或结构进行改造时，不要求整栋建筑或结构符合《国际节能规范》《国际住宅规范》节能要求，但改动的部分应符合《国际节能规范》《国际住宅规范》的节能要求，因为改动部分与新建建筑有关	
电气	未作规定	对新装电气设备和电线、升级既有布线、不同区域插座安装做了简要规定
机械通风	未作规定	机械通风系统改造应保证提供每人 5～15 立方英尺的新鲜空气或按 ASHRAE62.1 确定通风量

7.3 澳大利亚《澳大利亚建筑规范卷一》

7.3.1 编制概况

发布机构：澳大利亚建筑规范管理局（Australia Building Codes Board，ABCB）

主编单位：澳大利亚建筑规范管理局（Australia Building Codes Board，ABCB）

编写目的：《澳大利亚建筑规范》(*Building Code of Australia*，BCA）是澳大利亚联邦建造规范（NCC）下属的建筑规范。NCC是澳大利亚最主要的建筑技术及建造基本规范。该规范以性能表现为基础，建立了建筑安全性、健康性、舒适性、可亲性及可持续性的最低标准。NCC共分为三卷，其中《澳大利亚建筑规范》(BCA）为一、二两卷规范，分别针对不同建筑类别，建筑类别及对应规范如表7.2所示。除此之外，NCC还有第三卷规范，即《管道工程规范》(PCA)。三卷规范分别为独立规范，每卷均包含管理要求、性能要求、达标途径和各州变更或补充。

规范对应建筑类型 **表7.2**

规　　范	对应建筑类别
《澳大利亚建筑规范卷一》	类别2：由两个或以上住宅单元组成的住宅建筑； 类别3：提供临时住宿的住宅建筑，包含宾馆、学生宿舍等； 类别4：类别5、6、7建筑中的住宅部分； 类别5：办公建筑(商业或专业研究)； 类别6：直接面向社会进行零售或提供服务的建筑，包含饭店、美发店等； 类别7：停车场及用于储藏功能的建筑； 类别8：实验室及用于生产(包含货物组装、包装等)的建筑； 类别9：公共性建筑，包含医疗卫生建筑、中小学校等
《澳大利亚建筑规范卷二》	类别1：独立别墅，或由防火墙分隔的联排别墅；小型公寓、旅馆；四个或以上独立住宅组成的用于短期度假的住宅建筑。 类别10：不可居住建筑，包含车库、垃圾房等；没有居住功能的建筑结构，如栏杆、挡土墙、游泳池等

适用范围：适用于新建建筑的设计及建造，以及包含既有建筑在内的所有建筑的管道、排水系统。同时，该规范也适用于部分与建筑相关的构筑物以及对既有建筑进行的管道系统或建筑改造。

7.3.2 内容简介

《澳大利亚建筑规范卷一》包含12个章节，分为引导章节、章节A～章节J以及附录。引导章节对整个联邦建造规范（NCC）体系及《澳大利亚建筑规范卷一》进行了大致介绍。章节A主要为规范的管理要求，包含名词解释、达标方式、各州运用、索引文献、文档记录要求及建筑分类等。规范的所有技术标准和建筑性能要求则容纳于章节B～章节J中，并被归纳进结构、防火、疏散等不同章节中。附录则主要包含了各个州对国家规范不同的应用及延伸。

7.3.3 标准亮点

1）管理要求

章节A为管理要求（Governing Requirements）。该章节主要规定了规范的管理要求等。其中，重点叙述了规范的达标认定方式。该规范的达标途径分为两种，第一种为“性能满足（Performance Solution）”，即建筑性能直接满足标准的相关要求，包括数据匹配、第三方认证、专家认定等；第二种为“视为满足（Deemed-to-Satisfy）”，即通过其他方式证明满足规范的性能要求。第二种达标条件相对第一种来说更为灵活，且允许建筑设计者进行创新而非单纯依照规范进行设计。该标准中，每一个章节内均含有两种达标方式的不同要求，两者结合或选其中一种方式达标即可。

2）建筑结构、防火、出入口、设备的要求

章节B至章节E为建筑结构、防火、出入口、设备四个章节，每一章包含了相关的性能标准及两种达标判定的各自要求三个部分。如结构章节，主要针对建筑结构的牢固性、稳定性、耐久性、建筑玻璃安装安全性及洪区建筑结构等内容进行了要求。根据章节内性能要求条例，建筑结构必须达到能够完全抵挡建筑的重复施工、当地自然灾害的性能，避免对建筑物的其他性能造成破坏。同时，建筑结构必须保证各种条件下的安全性能，包括但不限于：建筑自身荷载、居住者活动荷载、风力、地震和积雪等。同时，该章节还对建筑的玻璃安全性能以及洪涝地区的建筑防洪进行了规定。“性能满足”方式中，对结构的抗力系数、承载力折减系数、牢固指数等均进行了详细的指标要求。“视为满足”方式则提供了参考其他标准等达标方式。

3）室内环境质量

章节F为室内环境质量（Health and amenity）。该章节主要包含了建筑防潮、生活设备、室内空间高度、照明及通风、隔声、防结露管理6个小节。

① 建筑防潮（Damp and weatherproofing）：对建筑防水性能、排水系统、抗灾害天气性、防潮性、湿区防溢流等进行了规定。重点性能要求为：20年重现周期的暴雨雨水必须被合理处理以防止造成损失；100年重现周期的暴雨雨水不得以任何方式进入建筑室内；建筑屋顶及外墙必须拥有足够的抗风及抗雨水性能，以确保室内舒适度，包含防止潮气侵入及雨水对建筑构件的损害，并提供了外墙风险系数判定表，并要求建筑外墙风险系数必须小于20；同时，该小节还对建筑内部干湿区域的分隔等进行了规定。

② 生活设备（Sanitary and other facilities）：对建筑卫生及生活设施，例如洗衣房、厨房等，进行了相关的性能及尺度要求。主要内容包括：设备空间在建筑中的合理划分；生活设施空间使用的便捷性、无障碍性，卫浴设施的数量、尺寸需求；厨房功能的完整性、污水处理手段、供水温度；以及各种家具、设施的尺寸要求等。同时，该小节也对建筑自来水系统提出了微生物控制的要求。

③ 照明及通风（Light and Ventilation）：本小节对建筑的照明及通风性能进行了要求，重点要求为：建筑内部平均自然采光系数不得低于2%，人工照明照度不得低于20lx；有人类活动的室内空间必须引入空气质量达标的室外空气进行换气；建筑的空气处理系统必须有处理异味及污染物的功能；受污染的空气必须在不危害健康及造成其他损失的前提下进行有效处理。本小节的“性能满足”达标方式中，对室内空气质量，包含CO_2、CO、NO_2等进行了浓度数值的规定。

4）其他规定和特殊建筑

章节G至章节H包含其他规定（Ancillary provisions）和特殊建筑（Specialuse-buildings）两个章节。其他规定章节主要对游泳池、冷藏室、地窖、设备、烟道、烟雾报警器等空间及建筑附属构件进行了性能规定。章节H则主要包含了建筑类别9中的特殊建筑的相关规定，例如剧院、公共交通建筑、农场等。

5）建筑能效

章节J为建筑能效（Energy efficienc）。该章节为目前澳大利亚建筑节能占主导地位的强制性规范，同时适用于新建建筑及既有建筑重大改造项目，各个州的建筑能效政策均基于该章节的相关要求。

该章节对建筑能效进行了基本规定，规定包括：建筑必须在满足其功能、室内舒适度的要求上，合理利用太阳能，并在夏季采用有效措施，将室内空间冷负荷最小化，同时考虑新能源的使用、建筑气密性，以达到节能的目的。并分别规定了不同类型建筑全年平均能耗的最大值，其中，类别6建筑规定能耗最大值为80kJ/(m^2·hr)；类别5、7、8及9为43kJ/(m^2·hr)；除此之外的其他类别建筑（不包含独立住宅及类别4）为15kJ/(m^2·hr)。

① 性能满足。该小节“性能满足”中提供了JV1～JV3三种证明能耗达标的方式，三种方式选其一满足即可。其中，JV1为达到NABERS5.5星以上评价；JV2为满足模拟性能要求并注册为绿星（Green Star）设计&竣工评价项目；JV3为模拟软件法对比参照建筑。三种方式均对建筑的温室气体排放量及室内热环境预测平均投票(Predicted Mean Vote)进行了详细的指标规定。同时，所有建筑在满足JV1-JV3其中一项的基础上，还需满足JV4中对建筑围护结构的气密性的相关要求。JV4主要规定了各类建筑气体渗漏率的允许最大值，详见表7.3。

气体渗漏率允许最大值 **表7.3**

建筑类别	气体渗漏率最大值	参照压力
2、4	10m^3/(hr·m^2)	50Pa
5、6、8、9a、9b	5m^3/(hr·m^2)	
3、9c	5m^3/(hr·m^2)	

除此之外，详述JVa中对通过JV1～JV3的建筑进行了额外要求，包括建筑基本

热工性能、地面隔热、建筑气密性、空调及通风系统、室内照明系统等，详见“详细要求”部分条目。详述 JVb 中，则对参照建筑的模型参数进行了详细规定。主要内容包括参照模型的机械通风量、外墙太阳吸收率、室内温度范围、气体渗漏率、照明密度等。同时，该部分详述中还规定了设计建筑与参照建筑必须使用的相同设定参数，如温室气体排放系数、计算方式、建筑地理位置、朝向、建筑形式、建筑设备等。详述 JVc 则对模型的配置文件进行了详细规定，主要内容包括各类建筑设备运行时间及运行比例取值表、设备运行产热量、人体活动产热量等。

② 视为满足。不同于“性能满足”中的直接认定方式，“视为满足”达标方式则通过要求建筑满足指定的详细规定达到能耗达标认定的目的。

详细要求部分包含能源效率、建筑围护结构、建筑气密性、空调及通风系统、人工照明系统、热水供给及其他水系统、能耗监测系统 7 个小节，分别对建筑围护结构的隔热性能、气密性能，以及空调控制系统、室内新风需求量、风扇性能等级、回归系数、空调耗能量、冷却系统等相关参数进行了具体要求。以围护结构小节为例，该小节重点叙述了使用“视为满足”方式达到能效要求的建筑，其保温材料、屋顶保温、天窗得热、外墙保温及楼地面保温均需达到相应的性能指标，详见图 7.1 及表 7.4～表 7.6。

J1. 3　Roof and ceiling construction

(a) A roof or ceiling must achieve a *Total R-Value* greater than or equal to—

(ⅰ)　in *climate zones* 1，2，3，4 and 5，R3. 7 for a downward direction of heat flow，and

(ⅱ)　in *climate zone* 6，R3. 2 for a downward direction of heat flow；and

(ⅲ)　in *climate zone* 7，R3. 7 for an upward direction of heat flow；and

(ⅳ)　in *climate zone* 8，R4. 8 for an upward direction of heat flow.

(b)　In *climate zones* 1，2，3，4，5，6 and 7，the solar absorptance of the upper surface of a roof must be not more than0. 45.

SA *J1*. 3 (*c*)

图 7.1　屋顶隔热能力

天窗系统总太阳的热系数（SHGC）　　**表 7.4**

Roof light shaft index[Notr 1]	Total area of *roof lights* up to 3.5% of the *floor area* of the room or space	Total area of *roof lights* more than 3.5% and up to 5% of the *floor area* of the room or space
<1.0	≤0.45	≤0.29
≥1.0 to <2.5	≤0.51	≤0.33
≥2.5	≤0.76	≤0.49

80%以上墙体需满足最小隔热值（R-Value） **表 7.5**

Climate zone	Class 2 common area, Class 5, 6, 7, 8 or 9b building or a Class 9a building other than a *ward area*	Class 3 or 9c building or Class 9a *ward area*
1	2.4	3.3
2	1.4	1.4
3	1.4	3.3
4	1.4	2.8
5	1.4	1.4
6	1.4	2.8
7	1.4	2.8
8	1.4	3.8

楼地面最小隔热值（R-Value） **表 7.6**

Location	*Climate zone* 1—upwards heat flow	*Climate zones* 2 and 3—upwards and downwards heat flow	*Climate zones* 4, 5, 6 and 7—downwards heat flow	*Climate zone* 8—downwards heat flow
A floor without an in-slab heating or cooling system	2.0	2.0	2.0	3.5
A floor with an in-slab heating or cooling system	3.25	3.25	3.25	4.75

7.4 澳大利亚《既有建筑更新》

7.4.1 编制概况

发布机构：澳大利亚建筑规范管理局（Australia Building Codes Board，ABCB）

主编单位：澳大利亚建筑规范管理局（Australia Building Codes Board，ABCB）

编写目的：《澳大利亚建筑规范》BCA 主要以“性能需求”中的建筑性能要求为基础，允许以不同方式满足规范中的性能要求，达标方式相对灵活，不利于对实际工程的指导。但是，澳大利亚政府协定（*Inter-Government Agreement*，IGA）要求“减少规范依赖，增加非强制手段”，为此澳大利亚政府建筑规范机构（ABCB）编写了一系列非强制性建筑指导手册，《既有建筑更新》（*Upgrading Existing Buildings*）即为其一。该手册的主要目的是指导房屋拥有者进行建筑改造工程，并配合《澳大利亚建筑规范》（BCA），引导改造者在改造过程中理解并遵守其对建筑的性能要求及各州的规范。

适用范围：同《澳大利亚建筑规范》（BCA）。

7.4.2 内容简介

《既有建筑更新》主要分为背景、适用范围、推荐改造流程、举例说明及各州政策五个章节。背景及适用范围章节主要对该手册的编写原因和目的进行了介绍，同时，对澳大利亚既有建筑现状、澳大利亚规范体系、《澳大利亚建筑规范》及手册限制条件进行了简述。推荐改造流程章节为本手册重点内容，主要阐述了既有建筑改造中的问题、本手册推荐的改造工作内容及步骤。举例说明章节则选取防火、节能、无障碍三个方面作为例子对改造步骤及规范遵守进行了详细阐述。各州政策章节主要包含了澳大利亚五个州及两个领土的既有住房改造相关政策。

7.4.3 标准亮点

1）改造流程

章节3为推荐改造流程（Scoping Proposed Work）。如图7.2所示，本手册推荐的既有建筑改造工作流程分为五个步骤，分别为：

第一步，资料收集。收集与原始建筑相关的所有资料以减少后续步骤可能出现的重复工作负担，包含但不限于建筑工程许可证、建筑平面图、结构平面图、设备图纸、建筑维护记录、规划控制及记录。

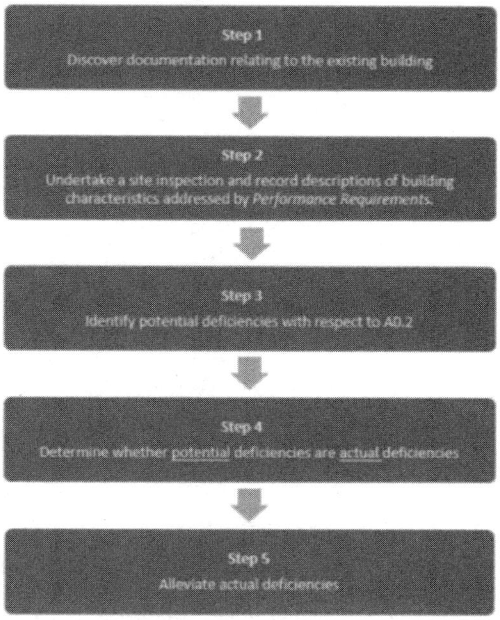

图7.2 既有建筑改造工作流程

第二步，现场检查及评估。这一步骤的主要目的是参照《澳大利亚建筑规范》（BCA），对建筑进行各方面评估，全方面收集评估数据，并对建筑特性进行定义。

第三步，参考规范。把建筑数据与BCA中的相关性能要求进行对比。在该步骤中，相关人员应充分考虑建筑的优势及潜在缺陷，若相关的建筑性能无法满足规范中的性能要求，则改造策略中需体现相应的改进措施，并使用“性能满足”“视为满足”或两者结合的达标方法以弥补该性能与规范要求中的差距。

第四步，定义缺陷。参考BCA中A0.5部分，对步骤三中的潜在缺陷进行进一步的确认。同时，对建筑改造的具体目标进行定义，并在定义中充分考虑项目的复杂性、问题的重要性以及相关咨询工作的协调性。

第五步，缺陷改进。针对步骤4中提出的需改造缺陷制定相关改造措施。此阶段需要注意的是，直接满足“性能需求”的工作量可能少于满足“视为满足”中的所有条例。例如一个建筑的被动防火性能低于 BCA“视为满足”的要求，而主动防火能力高于其要求。则在判定该建筑是否达到 BCA 的防火“性能需求”时，即使被动防火能力不满足规范，依然可以因主动防火能够弥补被动防火的原因而判定项目防火性能为达标。

2）举例说明

章节 4 为举例说明（Examples of application）。该章节选取防火、节能和无障碍规划三个方面作为例子，对上述改造流程进行了具体说明。本书选取建筑节能（Energy efficiency）进行介绍。

① 简述：《澳大利亚建筑规范》（BCA）对建筑节能的要求为 JP1 部分，该部分把建筑及建筑设备分为两个独立对象进行要求。这意味着，即使建筑围护结构的节能性能不满足要求，建筑整体的节能性能依然可能被建筑设备的高能效弥补，从而满足 JP1 中的建筑节能的整体要求。

② 能效特征（Energy efficiency features）：建筑节能包含主动及被动节能，主动节能包括建筑设备节能，如空调、照明、机械通风等；被动节能则包含围护结构性能、遮阳设施等。

在定义建筑所需室内舒适度时，建筑的运行特征也应当作为重要依据纳入考虑范围。例如礼堂建筑，由于人员大多集中于礼堂内部，建筑其他使用率较低空间的空间舒适度要求就可低于礼堂本身，也意味着较少的能耗。同时，建筑的运行时间、季节特殊用途等，也应被纳入考虑。

③ 五个步骤（Applying the five step process）：

第一步，收集建筑能耗相关资料，包含许可证、维护记录、建筑交易记录、审计披露等，商业建筑可参考 NABERS 能耗评估系统及澳洲政府的“商业建筑披露计划”进行能耗相关的资料准备。

第二步，对建筑进行现场检查，并参考 BCA 中章节 J 的性能要求对相关数据进行记录。同时，检查记录还需包括以下调查：未来建筑使用者密度、建筑使用频率、建筑冷热源、遮阳设备安装条件等。此外，使用能源检测设备可以更好地定义建筑节能性能。

第三步，类属过程，参考改造流程第三个步骤说明。

第四步，在使用步骤三中的分析报告定义建筑劣势时，需参考 BCA 第一卷中 A0.5 部分，结合建筑的复杂性充分考虑其是否为需要改进的劣势。例如，增加遮阳设备减少夏季空调冷负荷的同时，可能造成冬季太阳得热的减少、热负荷的增加；晚间高效能照明设备的使用，也可能增加建筑热负荷等。因此，使用规范认证的建筑模型进行数据模拟可以更加准确地掌握建筑节能性及改造措施实用性。

第五步，确立改造策略时，推荐使用软件模拟法，根据 BCA 章节 J 中的数据要求进行参数设置，模拟得出满足规范的建筑最大全年能耗值。在此基础上进行不同改造措施的应用，并确保改造后的模拟结果等于或小于该值，即视为改造后建筑满足节能要求。

7.5 《住宅项目规范》

7.5.1 编制概况

1）背景和目的

从我国经济社会发展日益增长的需求来看，现行标准体系和标准化管理体制已不能适应社会主义市场经济发展的需要。主要体现在以下几个方面：

① 标准缺失老化滞后，难以满足经济提质增效升级的需求。主要体现在标准缺失或供给存在较大缺口，标龄偏长，标准整体水平不高，难以支撑经济转型升级。

② 标准交叉重复矛盾，不利于统一市场体系的建立。目前，现行国家标准、行业标准、地方标准中仅名称相同的就有近 2000 项，有些标准技术指标不一甚至冲突，既造成企业执行标准困难，也造成资源浪费和执法尺度不一。特别是强制性标准制定主体多，数量大，缺乏强有力的组织协调。

③ 标准体系不合理，不适应社会主义经济发展的要求。许多应由市场主体遵循市场规律制定的标准均由政府主导制定，企业能动性受到抑制，缺乏创新和创造力。

④ 标准化协调推进机制不完善，制约了标准化管理效能提升。各类标准之间需要衔接配套，然后标准反映了各方利益，标准涉及部门多，相关立场不一致，协调难度大、高效的协调推进机制缺乏，越重要的标准越难产。尚未形成多部门协同推动标准实施的工作格局。

⑤ 新型标准体系演变方向。基于以上问题，旨在通过改革建立高效权威的标准化统筹协调机制，整合精简强制性标准、优化完善推荐性标准、培育发展团体标准、放开搞活企业标准，提高标准国际化水平，形成新型标准化体系（图 7.3）。

因此，通过工程建设规范的编制工作，提高标准水平，保证编制质量，满足加强市场监管的需要，并应保障人民生命财产安全、人身健康、工程安全、生态环境安全、公众权益和公共利益，以及促进能源资源节约利用、满足社会经济管理等方面的控制性底线要求。

为贯彻执行国家技术经济政策，保障居住建筑安全、适用、宜居、绿色和耐久，规范住宅规模、规划布局，以及项目功能、性能、关键技术要求，在住房和城乡建设部的推动下，中国建筑科学研究院有限公司于 2016 年 11 月启动了《居住建筑项目规范》的研编工作，2018 年根据标准定额司关于工程建设规范体系优化的指示及研编工作阶段性成果，规范改为《住宅项目规范》，是住宅建筑建设、使用和维护过程中技

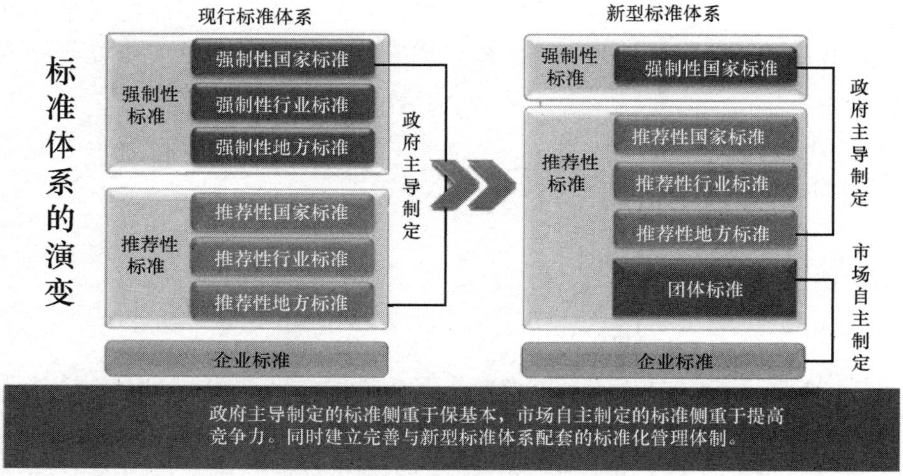

图 7.3　标准体系的演变

术和管理的基本要求。2018 年 12 月形成规范征求意见稿。2019 年 2 月通过住房城乡建设部官网向社会广泛征求意见。规范起草组对反馈意见进行了汇总、协调、处理，对征求意见稿进行了修改和完善。2019 年 8 月通过住房城乡建设部官网再次向社会广泛征求意见。2020 年 12 月完成送审稿，开启审查及后续发布工作。

2）规范定位与目标

规范定位：项目规范，全部条款为住宅项目在安全、健康、适用、绿色和耐久等方面必须达到的功能、性能要求及专用技术措施。本规范是国家居住建筑工程建设控制性底线要求，具有法规强制效力，须严格遵守。

规范目标：贯彻执行国家技术经济政策，保障住宅项目安全、健康、适用、绿色和耐久，规范住宅项目的功能、性能要求和必要的技术措施。

7.5.2　内容简介

1）规范框架和条文分布

《规范》送审稿由 8 章 128 条构成，分为三大板块。第一板块总则部分，主要阐述规范的制定目的、适用范围、住宅项目建设目标和基本原则。第二板块基本规定部分，为总体要求，从安全、健康、卫生和可持续发展等角度，提出了住宅项目建设在安全、健康、适用、绿色、宜居，以及其他涉及公众利益方面必须达到的性能或功能要求。第三板块为分论，分专业领域阐述了住宅项目建设全过程必须达到的关键技术要求，设置了 6 个章节，明确了从居住环境、建筑空间、结构安全，到室内环境、建筑设备、防火安全等关键性控制技术指标和要求内容。

2）规范的主要内容

第 1 章　总则

该章共 4 条，规定了制定该规范的目的、该规范的适用范围、住宅项目建设的基本原则、合规判定等。

该规范制定的目的为：规范住宅项目的规模、布局、功能、性能要求及关键技术措施，以满足居住所需的基本要求。

该规范的适用范围，与《建筑法》相协调一致，为："新建、改建和扩建住宅项目的建设和使用维护，必须执行本规范"，即在国有土地的住宅用地上建设的住宅项目，以及在集体土地上集中建设且不以宅基地为建设单元的住宅项目，但不适用于农民自建低层住宅。

该规范规定了住宅项目建设和使用维护的基本原则，即应遵循因地制宜、安全卫生和健康宜居的原则，做到适用、经济、绿色和美观。

第2章 基本规定

该章明确了住宅项目建设和使用维护过程中需要满足的各项基本规定和要求，分为规模与项目组成、功能性能和使用维护三节。

第一节"规模与项目组成"共2条，首次提出了住宅项目的组成和规模划分。住宅项目由住宅建筑、工程设施及管线、场地和配套设施组成。首次明确了住宅项目规模划分，包括1栋或多栋住宅建筑；规模较大时，以城市道路划分成若干居住街坊。

第二节"功能性能"共12条，从安全、环保、卫生和健康等角度，将住宅项目作为一个完整的对象，提出了住宅项目规划选址、居住环境、无障碍、建筑空间（套型）、使用安全与健康、结构安全、火灾安全、装修、既有住宅项目改造等方面，必须满足的功能或性能要求。这些要求是落实住宅建筑安全、适用、宜居、绿色和耐久等发展目标的原则性要求，不涉及具体的指标，同时，其实施途径或过程将依存该规范第3～8章和国家现行相关工程建设规范。

第三节"使用维护"共6条，对住宅项目建成后使用和维护的要点做了规定。该节具体规定了不得擅自改动住宅建筑承重结构、主要使用功能、建筑外观及公共用途的设施设备、公共部位、公共服务设施等正确使用住宅的安全注意事项，并对日常维护保养、消防设施和通道等使用维护方面提出要求。

第3章 居住环境

该章针对住宅项目居住环境做出了系统规定，包括建筑布局、场地、配套设施等三方面内容。

第一节"建筑布局"共3条。规定了住宅项目建筑布局应遵循的基本原则，强调了尊重自然、因地制宜、统筹规划；提出对居住街坊（基本居住单元）的空间环境关键控制指标进行组合控制，引导住宅项目建设合理控制开发强度和建筑高度，在节约集约用地的基础上营造宜居适度的居住空间环境；明确了住宅建筑间距控制应满足日照标准的底线要求。

第二节"场地"共6条。规定了场地存在噪声、光以及土壤等污染时应采取相应措施保障场地安全，降低不良影响；明确了居住街坊应设置集中绿地及其配建控制标准、最小宽度、日照标准等规定；明确了居住街坊应配建附属道路及其应满足急救、消防与运输车辆的通达要求，其步行系统应满足无障碍与防滑要求；对住宅项目场地自然坡度超过 8.0%需设置台地以及住宅建筑外墙至道路边缘的最小距离提出安全性控制规定。

第三节“配套设施”共 4 条。规定了住宅项目配套设施建设应根据居住人口规模和设施服务半径综合确定的基本原则；规定了生活垃圾收集点、非机动车停车场所和机动车停车场所建设须满足的基本要求，包括机动车停车场所充电设施的安全或预留、无障碍停车位的具体要求。

第 4 章　建筑空间

该章针对住宅项目建筑空间做出了详细规定，包括套内空间和公共空间两部分。

第一节“套内空间”共 18 条，对包括套内各空间（卧室、起居室、厨房、卫生间、阳台、过道等）的面积、净高、净宽、配置、材料、构造做法等技术要求做出了规定。

第二节“公共空间”共 16 条，主要对住宅公共区域（公共走廊、公共楼梯、电梯、公共出入口、设备间、管道井等）的尺度、配置、材料、构造做法等技术要求做出了规定。

第 5 章　结构安全

该章共 5 条，规定了住宅建筑结构的基本性能要求。规定了住宅建筑结构设计安全等级、结构设计和抗震设计原则、住宅周边永久性边坡的安全要求，以及地基承载力和变形要求。

第 6 章　室内环境

该章对室内的声环境、光环境、热环境和空气质量 4 个方面做出了规定。

第一节“声环境”共 3 条，主要规定了卧室、起居室内噪声极限值及其与室内与相邻房间之间的隔声性能，外墙、外门窗空气声隔声性能等要求。

第二节“光环境”共 4 条，主要规定了冬季日照、采光、照明光源色温、照度、一般显色指数等要求。

第三节“热环境”共 3 条，对住宅保温、隔热、防潮，以及卧室、起居室、厨房自然通风开口面积等重要指标进行了规定。

第四节“室内空气质量”共 1 条，规定了室内空气污染物的浓度限值。

第 7 章　建筑设备

该章包括给水排水、供暖、通风和空调、燃气、电气和智能化五个专业领域，内容涵盖了住宅建筑设备配置的关键技术要求。

第一节“给水排水”共 8 条，对住宅项目给水水质、利用市政供水水压、用水计量、排水安全等涉及用水健康、节水、节能、卫生方面提出了要求。

第二节“供暖、通风和空调”共 10 条，提出了供暖空调设施配置、夏热冬冷地区不应市政集中供暖、供暖空调设计平均能耗指标、室内供暖温度、分室（户）温度调节、分户热计量、热膨胀补偿、无外窗卫生间机械通风、排气道防止回流和泄漏等涉及节能、安全、健康方面的底线性要求。

第三节“燃气”共 5 条，提出了住宅燃气表设置、燃气管道敷设、燃具设置和防排烟等方面涉及节能、安全、健康方面的底线性要求。其中，燃气属于易燃易爆气体，燃气计量是燃气经营、管理的关键设备，所以住宅内燃气表的设置应符合便于使用、检修、保养和安全的要求，且严禁设置在卧室、卫生间。燃气管道不应敷设在卧室、暖气沟、进风道、排烟道和电梯井等沟槽内且应遵循安全底线要求。根据居民的烹饪习惯和灶具、燃气热水器、燃气采暖热水炉燃烧及排烟的特点，规定燃具烟气排放应遵循安全、健康等方面的底线要求。

第四节“电气”共 8 条，分别对住宅用电负荷等级分类与对电能表与配电箱的设置、电源配电回路设置、插座设置和数量、应急照明、防雷措施和总等电位联结等方面进行了强制性要求。

第五节“智能化”共 6 条，分别就信息网络、有线广播电视、光缆到户、智能化系统同步实施建设、家居配电箱、公共安全系统、地下空间和电梯轿厢配置公共移动通信系统的要求做出了规定。

第 8 章　防火安全

该章共 4 条，提出了住宅建筑耐火性能和防止火灾蔓延的底线要求。

7.5.3　标准亮点

《规范》的研制，紧密结合新时代居民获得感、幸福感提升的需求，同时凸显了落实改革、接轨国际、功能完整、安全耐久、健康舒适、智慧生活、资源节约、环境宜居等八个方面的鲜明特点。

1）全文条文强制，落实标准改革

贯彻落实住房城乡建设领域改革和完善工程建设标准体系的要求，以住宅项目作为一个完整的对象，对住宅项目建设的目标、规模、功能、性能以及涉及人身健康和生命财产安全、生态环境安全、工程质量安全等各方面做出全面管控，取代现行分散的强制性条文。

2）立足国内发展，兼具国际视野

对我国现有住宅相关工程建设标准和强制性条文的覆盖范围、可行性、可操作性和实施经验深入梳理分析、辩证继承；同时对英、美、德、澳等国外相关法规、规范、标准开展比对分析，注重与国际接轨，根据需要规定必须达到的基本功能、性能要求及关键技术措施。

3）保证功能完整，强化住宅作用

《规范》首次规定了住宅项目的组成和规模，并提出了居住街坊空间环境控制指标及室外场地、配套设施分级配置要求，通过合理布局和配套设置，建立人、建筑与环境的和谐关系；提出了住宅基本功能性能，保障住宅宜居性，落实住宅建筑安全、适用、宜居、绿色和耐久等发展目标，结构完整，内容充实，保障住宅功能完整性，满足人民日益增长的美好生活需要。

4）确保安全耐久，兜住质量底线

在结构安全方面，要求住宅建筑结构设计安全等级不低于二级，且抗震设防类别不应低于标准设防类，并对与住宅邻近的永久性边坡的设计年限、地基基础设计提出了要求。

在防水防滑方面，为保证住宅使用安全，除了住宅建筑整体安全性能要求外，《规范》还规定了屋面工程防水、卫生间防水、地下工程防水的设计工作年限，并且要求厨房地面、卫生间地面墙面、阳台地面设置防水层或防水措施；规定了卫生间、公共走廊、公共楼梯、电梯厅、公共出入口的地面静摩擦系数限值（0.6）及楼梯踏步、坡道的防滑措施要求。

在防坠落安全方面，为降低住宅使用的安全风险，在易产生坠落事件发生的部位明确了防坠落的措施，如：外窗玻璃、外墙装饰及其他附属设施采取防坠落措施；阳台栏杆采取防止攀登和防止物品坠落的措施；外廊、室内回廊、内天井及室外楼梯等临空处栏杆采取防止攀登和防止物品坠落的措施；室外机专用平台板（架）上采取防止坠落的措施。

5）保证健康舒适，提升居住环境

在室内净高方面，由于卧室和起居室是住宅套内活动最频繁的空间，也是大型家具集中的场所，考虑到我国人均身高的提高，为进一步提高住宅居民的生活质量和空间感受，有更好的空气品质和自然通风，保障人员活动安全感和宜居性，卧室、起居室的室内最小净高应适当提高（0.1m）。因此，《规范》规定卧室、起居室的室内净高不应低于2.50m，局部净高不应低于2.20m。

在保证住宅建筑自然通风方面，一方面可通过室内外空气的交换维持室内的空气质量，另一方面也可在室外气候适宜时，通过自然通风保持室内热环境质量。因此，需要通过限制通风开口面积来保证卧室、起居室、厨房等具有基本的自然通风能力。《规范》规定每套住宅的自然通风开口面积不小于地面面积的5%。

在雨污分流方面，为防止生活污废水与雨水混合造成的水体污染、环境污染，危害自然生态环境，《规范》禁止生活污水、洗衣废水接入雨水排水系统。

在做好垃圾分类收集方面，为避免病毒、细菌、蚊虫等在竖向管井和垃圾道里滋长、蔓延和传播，同时也为了避免火灾发生时的烟火蔓延，《规范》要求住宅不设垃圾道，并对竖向管井进行每层封堵。此外，为推动全面开展生活垃圾分类工作，按照垃圾分类的基本要求，生活垃圾收集点应满足垃圾分类收集需求并有便于识别的标志，厨余垃圾收集容器应具备可封闭的功能。

6）关注生活便利，突出智慧生活

在电梯配置方面，充分考虑老年人日常使用方便及医疗救援，为使垂直交通方式更加人性化，《规范》规定住宅建筑入户层为四层及四层以上，或住户最高入口层楼面距室外设计地面的高度超过 9m 时应设电梯；七层及七层以上的住宅建筑，或住户入口层楼面距室外设计地面的高度超过 16m 的住宅建筑应设不少于 1 台可容纳担架的电梯。

在建筑智能化建设方面，为保障信息化社会的基础设施需要，实现住宅的便捷式管理，《规范》对住宅的无线通信（信息网络、广播电视、移动通信覆盖）、安全防护（安防视频监控、门禁）、智能系统（智能化设备用房、地下智能化系统管道）方面做出了具体底线性要求。

7）注重资源节约，贯彻绿色发展

在南方地区供暖模式方面，考虑到夏热冬冷地区具有供暖期短、供暖负荷小且波动大等特点，采用分散式供暖更符合南方住宅的使用需求，为避免集中市政供暖初投资及运行成本造成的能源浪费，《规范》规定除有余热废热或可再生能源利用外，夏热冬冷地区的住宅建筑不应采用集中市政供暖系统。对于确实需要采用集中市政供暖系统的住宅建筑，应进行专项技术经济分析。

在分户计量、节约资源方面，为实现居民用能个性化，提高居住舒适性及自由度，《规范》明确了住宅建筑的用水分户计量、分户热计量或预留安装位置、燃气分户计量或预留安装位置的要求。

8）注重资源节约，贯彻绿色发展

在声环境质量提升方面，《规范》规定了住宅卧室、起居室室内噪声级要求：在室外环境噪声达标的区域，即窗外 1m 处环境噪声达到《声环境质量标准》GB 3096—2008 中 2 类声环境功能区限值要求时，卧室昼间 16h 等效声级不应大于 40dB，夜间 8h 等效声级不应大于 30dB；对于室外环境噪声达不到上述要求的区域，室内等效声级限值放宽 5dB。为了保证住宅不受邻里之间的噪声干扰，还规定了卧室分户墙和分户楼板的空气声隔声性能不应小于 50dB，起居室分户墙和分户楼板空气声隔声性能不应小于 48dB，楼板撞击声隔声性能不应大于 70dB。总体上达到国际领先水平。

在光环境品质方面，因为日照和直接采光对居住者生理和心理健康十分重要，因此《规范》要求：住宅获得冬季日照的居住空间不应少于 1 个；卧室、起居室、厨房应有直接采光；旧区改建项目内新建住宅建筑日照标准不应低于大寒日日照时数 1h；除对既有住宅建筑进行无障碍改造加装电梯外，在原设计建筑外增加任何设施不应使相邻住宅原有日照标准降低。

7.5.4 结束语

《规范》将住宅项目作为一个完整对象，系统完整、可操作性强，并能体现综合性，可为政府部门转变职能、提升市场监管和公共服务水平提供技术支撑。《规范》明确规定了住宅项目规模、布局、功能、性能等，在考虑地方差异的情况下，借鉴国外经验，注重中国特色，保障居民生命财产安全、人身健康、工程质量、公众权益和公共利益，促进能源资源利用，满足社会经济基本要求，为住宅项目建设提供基本遵循，是落实住宅项目建设高质量发展的体现。

《规范》编制工作紧紧围绕国务院发布《深化标准化工作改革方案》和住房城乡建设部的相关要求，完善"兜底线，保基本"的各项指标要求，形成更加全面的内容，深入贯彻落实十九大精神，坚持以人民为中心，坚持以保障人民群众的安全与利益为出发点，切实把握人民群众对美好生活的向往，将实现好、维护好、发展好最广大人民根本利益作为编制工作的出发点和落脚点。《规范》的编制，在提升人民群众的获得感、幸福感和安全感方面具有十分重要的意义。

7.6 《既有建筑维护与改造通用规范》

7.6.1 编制概况

1）编制工作背景

自 1949 年中财委批准第一部国家标准《工程制图》以来，我国标准化事业得到了快速发展，在工程建设领域，已经发布实施的国家、行业和地方标准已经有 7000 余项，为我国工程建设事业做出了重要贡献。但随着我国经济社会的发展，目前的工程建设标准体系出现了标准缺失老化滞后，交叉重复矛盾、体系不够合理、标准化协调推进机制不完善等问题，造成这些问题的根本原因是现行标准体系和标准化管理体制是 20 世纪 80 年代确立的，政府与市场的角色错位，市场主体活力未能充分发挥，既阻碍了标准化工作的有效开展，又影响了标准化作用的发挥，必须切实转变政府标准化管理职能，深化标准化工作改革。因此，国务院自 2015 年 3 月起，陆续出台了《深化标准化工作改革方案》(国发〔2015〕13 号)、《贯彻实施〈深化标准化工作改革方案〉行动计划（2015—2016)》(国发〔2015〕67 号)、《强制性标准整合精简工作方案》(国发〔2016〕3 号）等文件，明确了标准化改革的目标、任务、职责分工及保障措施等。2016 年 8 月，住房和城乡建设部印发了《关于深化工程建设标准化工作改革的意见》(建标〔2016〕166 号)，提出了工程建设标准化改革的总体要求和具体任务。其中明确提出了加快制定全文强制性标准，逐步用全文强制性标准取代现行标准中分散的强制性条文，新制定标准原则上不再设置强制性条文的要求。

在此背景下，2014～2016年住房和城乡建设部分别下达了一系列强制性标准的编制项目和研编工作，2016年9月8日，住房和城乡建设部标准定额司下达《住房城乡建设部标准定额司关于请抓紧研编和编制工程建设强制性标准的通知》（建标标函〔2016〕155号），正式启动《既有建筑维护与改造通用规范》研编工作。

2）编制目的

为在既有建筑维护与改造中保障人身健康和生命财产安全、生态环境安全，满足经济社会管理基本需要，依据有关法律、法规，制定该规范。该规范适用于既有建筑的维护与改造活动，规定了既有建筑维护与改造技术和管理的基本要求。

7.6.2 内容简介

《规范》共分为5章，包括总则、基本规定、检查、修缮、改造，第3～5章按建筑、结构、设施设备专业维度展开。条文覆盖了既有建筑维护与改造的检查、评定、设计、施工、验收等过程的技术和管理要求，实现内容全覆盖。

1）总则章节明确编写目的、适用范围。为在既有建筑维护与改造中保障人身健康和生命财产安全、生态环境安全，满足经济社会管理基本需要，依据有关法律、法规，制定该规范。该规范适用于既有建筑的维护与改造活动，规定了既有建筑维护与改造技术和管理的基本要求。

2）基本规定章节规定了既有建筑维护与改造的目标、实施流程要求。既有建筑的维护目标包括保障建筑的使用功能、维持建筑达到设计工作年限及不得降低建筑的安全性与抗灾性能；改造目标包括满足改造后的建筑安全性需求、不得降低建筑的抗灾性能及不得降低建筑的耐久性。

规定维护与改造工程在前期应进行现场踏勘，针对建筑的具体特点，制定维护方案或进行修缮与改造设计。提出既有建筑未经批准不得擅自改动建筑物主体结构和改变使用功能。规定维护与改造工程安全防护以及环境保护要求。规定修缮与改造工程全部完成后，应进行检查复验或竣工验收。

3）检查章节规定了既有建筑检查的类型、内容。规定对既有建筑的检查及评定应从建筑、结构以及设施设备分别进行。检查分为日常检查、特定检查两类。提出在日常使用维护过程中，应对既有建筑的使用环境以及损伤和运行情况等进行定期的日常检查，检查周期每年不应少于1次。规定建筑、结构以及设施设备日常检查、特定检查及评定的内容。

4）修缮章节规定了建筑、结构、设施设备修缮要求。提出既有建筑应按照房屋修缮计划，依据房屋检查及评定结果进行修缮，当发生危及房屋使用和人身财产安全的紧急情况时，应立即实施应急抢险修缮。

提出屋面修缮、外墙清洗维护、外墙饰面修缮、外墙外保温修缮、玻璃、金属与石材等各类幕墙修缮、门窗修缮、附墙管道、各类架设、招牌、雨篷等外墙悬挂物修缮、室内装饰装修、室内楼梯修缮及室外环境维护和设施设备维护要求等。

规定既有建筑纠倾或地基基础处理前，应对其地基基础及上部结构进行鉴定。既有建筑纠倾或地基基础处理的施工应设置现场监测系统，施工过程应进行信息化管理。工程结束后，尚应进行变形跟踪监测。明确混凝土构件、砌体构件、木构件、钢构件修缮要求。规定给排水设施、散热器、空调设备的维修要求。

5）改造章节规定了建筑、结构、设施设备改造要求。提出既有建筑的改造，应根据检查和鉴定结果，由具备专业资质的设计单位进行设计。

提出既有建筑改造应编制改造项目设计方案，方案应明确改造范围、改造内容及相关技术指标。规定改造设计中，若改变了改造范围内建筑的间距，以及与之相关的改造范围外建筑的间距时，其间距不应低于消防间距标准的要求。提出既有建筑应结合改造消除消防安全隐患并对实施措施进行了明确。

提出既有建筑结构改造应明确改造后的使用功能和后续设计工作年限。在后续设计工作年限内，未经技术鉴定或设计许可，不得改变改造后结构的用途和使用环境。规定结构改造抗震鉴定和设计要求。明确应根据设计要求对原结构进行加固施工后，方可进行结构改造施工。规定平改坡、非成套住宅采用外扩改造、多层住宅加装电梯改造要求等。提出给排水、电气、暖通空调设施设备改造要求。

7.6.3 标准亮点

1）明确了既有建筑检查工作的责任主体

通过研讨统一确定了既有建筑检查与委托检查等的责任人为产权所有人或受托管理人。既有建筑的检查是房屋产权所有人或受托管理人对地基基础、主体结构、建筑装饰装修与防水、建筑构件的检查，通过检查发现建筑及其构件的变形与损伤，对不影响使用安全的损伤及时进行维修；设施设备的日常检查应由物业管理公司或设施设备维护保养单位进行，并应与设施设备的日常保养及个别零件的损坏更换相结合；损伤、损坏比较严重或不能确定原因及其危害性的，应委托专业机构进行检查评估；损伤（损坏）严重危及使用安全与使用功能的，除应立即采取应急措施外，还应立即委托专业机构进行检查及评定。

2）制定了维护活动的周期

既有建筑各部分由于建筑材料不同，其强度和性能各异，损坏有先后，有一定规律性。从英国、新加坡等国经验来看，发达国家既有建筑维护的管理机制和标准规范规定较为细致，维护项目和维护周期明确，体现了其既有建筑管理的先进性，值得借鉴。但是在我国现有的社会经济条件和房屋管理现状下，制定全面系统的维护周期强制性规定的条件还未成熟。该规范强调既有建筑的日常检查和及时修缮，建立完善的建筑管理和维护制度，加强实施维护的计划性，从而保障建筑的使用功能，维持建筑达到设计工作年限，因此，该规范只对涉及安全等问题的既有建筑使用环境以及损伤和运行情况日常检查周期作强制规定。

3）既有建筑物的维护流程设计

维护活动根据实施主体和活动的不同，划分为检查、评定与修缮三个环节。检查是定期对建筑物及其附属设施的检查。建筑物检查以影响使用性指标为检查项目，附属设施（电梯、水电设施、消防）的检查以设施零（部）件的养护周期为检查项目。

评定指在检查的基础上，对既有建筑现状进行判断的行为。部分检查内容可能会超出建筑产权所有人或受托管理人的能力范围，无法对检查的结果进行判断，也可委托专业机构进行评定。

修缮是对既有建筑进行养护和维修，使其保持、恢复原有完好程度、使用功能和结构安全的工程行为。对于达到养护期限的设施要及时进行养护；当检查发现建筑物存在影响使用性的项目时，应进行维修。由于修缮项目、类别、工程量不尽相同，因此参考建设工程做法，提出按修缮项目和规模的分类，可分为专项修缮和综合修缮。修缮工程从过程上分为查勘评定、查勘设计、修缮施工、修缮验收四个前后紧密衔接的阶段，其中修缮验收不但要对修缮施工质量验收，也要做到对下一维护周期内维护要求的检查修订。

4）既有建筑的改造流程设计

建筑物的改造活动，是根据改造要求和目标，对既有建筑的室外环境、建筑本体、设施设备进行全面、系统的更新，使其建筑空间、结构体系、使用功能得到明显改善的工程行为。因此，既有建筑物改造流程的设计可依据建设工程施工管理程序进行，遵守建筑施工管理的相关规定。该规范仅针对改造活动过程中必须严格遵守的，影响既有建筑的规划、勘察、测量、设计、施工、验收、使用维护和拆除等方面的条文予以规定。

改造活动前期应进行现场踏勘，针对建筑的具体特点进行改造设计。施工前应进行施工组织设计，施工过程中应进行质量控制，改造工程全部完成后，应进行验收。改造活动的责任主体为建筑法规定的建设方（产权所有人或受托管理人）、检测方、设计方、施工方以及监理方。改造活动完成后，应对下一维护周期的建筑物的维护和养护提出新的策略方案。

7.6.4　结束语

该规范贯彻执行国家和行业的有关法律、法规和方针政策，编制组在国家现行相关工程建设标准基础上，认真总结实践经验，参考了国外技术法规、国际标准和国外先进标准，并与国家法规政策相协调，经广泛调查研究和征求意见，编制了该规范。该规范作为强制性标准，旨在保障人民生命财产安全、人身健康、工程安全、生态环境安全、公众权益和公共利益，同时规定了促进能源资源节约利用、满足社会经济管理等方面的控制性底线要求，具有强制约束力。

7.7 《民用房屋修缮工程施工标准》JGJ/T 112—2019

7.7.1 编制概况

发布机构：住房和城乡建设部

主编单位：上海市房地产科学研究院、成都市第四建筑工程公司

编写目的：为了恢复改善既有建筑的使用功能，解决民用建筑因老化、年久失修、使用不当等原因造成损坏现象，制定《民用房屋修缮工程施工标准》JGJ/T 112—2019。

修编情况：JGJ/T 112 第一版于 1993 年发布。2019 年，上海市房地产科学研究院和成都市第四建筑工程公司组织专家对标准进行了修订。

适用范围：JGJ/T 112—2019 适用于高度不超过 100m 的民用建筑修缮工程的施工。

7.7.2 内容简介

JGJ/T 117—2019 共包含 15 个章节，分别为：1 总则；2 术语；3 基本规定；4 地基与基础；5 砌体结构；6 混凝土结构；7 钢结构；8 木结构；9 防水；10 装饰装修；11 门窗；12 楼面及地面；13 给水排水；14 供暖通风与空气调节；15 电气。

7.7.3 标准亮点

1）根据目前相关标准新规定，调整不同施工方法的要求

自规程实施以来，房屋修缮技术有着长足的发展，老的修缮施工技术已难以满足目前的实际施工需求。20 余年来，国家陆续发布实施了针对既有建筑的加固设计规范，如《混凝土结构加固设计规范》GB 50367、《砌体结构加固设计规范》GB 50702、《房屋渗漏修缮技术规程》JGJ/T 53 等。根据上述规范提出的设计方法，调整了该标准中的相关施工要求。

2）补充砌体修缮补强和防潮层（带）的修缮方法

提出外包钢筋混凝土或抹钢筋网水泥浆补强砖柱、外包钢筋混凝土或抹钢筋网水泥砂浆补强砖墙、外包型钢补强砖柱、外加预应力撑杆补强砖柱钢丝绳网-聚合物改性水泥砂浆面层补强砖砌体的施工要求。

补充化学注射修缮防潮层（带）的施工要求。施工前，应调查墙体的砌筑和防潮层（带）的损坏情况，编制施工方案，注射的防水材料应能在墙体中形成连续的防潮层（带），宜采用硅烷或硅氧烷等有机硅材料；采用施工前后墙体检测含水率变化程度或红外热像法确定防潮层修缮的效果。

3）增加置换混凝土施工技术要求

当采用整体置换混凝土法，对含有有害骨料的混凝土柱进行处理时，宜采用分

部、分段、分区间的施工方法，可将混凝土柱沿截面边中线等分为四块，采用先置换一个对角两块的混凝土、再置换另一对角混凝土两块混凝土的方式分四期进行置换；施工过程中应加强对相邻结构构件裂缝和变形的监测，并应进行置换构件及支撑结构应力的监测；置换用的混凝土宜采用加固型高强无收缩混凝土，混凝土应具有微膨胀性及较高的流动性；作为承载体系的临时支撑应具有足够的刚度及承载能力，支撑的两端应设置钢垫板，应通过钢垫板与梁底或楼板接触，且钢柱与结构构件间应采用钢楔子楔紧。

4）提出涂膜泛水屋面修缮施工技术要求

泛水部位修缮时，应先清除泛水部位的涂膜防水层，将基层清理干净、干燥后，再增设涂膜防水附加层，然后涂布防水涂料，涂膜防水层有效泛水高度不应小于250mm；天沟水落口修缮时，应先清理防水层及基层，再做水落口的密封防水处理及增强附加层，其直径应比水落口大 200mm，然后在面层涂布防水涂料；涂膜防水层起鼓、老化、腐烂等修缮时，应先铲除已破损的防水层并修整或重做找平层，找平层应抹光压平，再涂刷基层处理剂，然后涂布涂膜防水层，新旧防水层搭接宽度不应小于 100mm，外露边缘应用涂料多遍涂刷封严；涂膜防水层裂缝修缮时，应先将裂缝剔凿扩宽并清理干净，嵌填柔性密封材料，待干燥后再沿缝干铺或单边点粘宽度200～300mm 的卷材条做隔离层，然后在上面涂布涂膜防水层，涂料涂刷应均匀，新旧防水层搭接应严密，搭接宽度不应小于 100mm。

5）新增外墙保温的修缮施工方法

当对外墙外保温系统进行修缮时，应符合现行行业标准《建筑外墙外保温系统修缮标准》JGJ 376 的相关规定；外墙内保温系统的修缮宜结合室内装饰装修同步进行，且宜符合现行行业标准《外墙内保温工程技术规程》JGJ/T 261 的相关规定；当外墙增设外保温系统时，应符合现行行业标准《既有居住建筑节能改造技术规程》JGJ/T 129 和《公共建筑节能改造技术规范》JGJ 176 的相关规定。

6）提出门窗玻璃更换的施工要求

玻璃更换时，当窗玻璃距离踏面高度 900mm 以下、7 层及 7 层以上建筑外开窗、窗玻璃面积大于 $1.5m^2$、倾斜窗与水平面夹角不大于 75°，包括天窗、采光顶等在内的顶棚时，应采用安全玻璃。

7）调整给水排水及供暖通风、空调系统的材料及施工方法要求

管道穿过墙壁和楼板处均不得有接头和焊口，并应设置金属或塑料套管。安装在楼板内的套管，其顶部应高出装饰地面 20mm，底部应与楼板底面相平；安装在卫生间及厨房内的套管，其顶部应高出装饰地面 50mm，底部应与楼板底面相平；安装在墙壁内的套管，其两端与饰面相平。

给水管道的管材，根据使用场所的不同，应具有耐腐蚀、能承受相应地面荷载能

力和安装连接方便可靠等特点。可采用塑料给水管、塑料和金属复合管、铜管、有衬里的铸铁给水管、不锈钢管及经可靠腐蚀处理的钢管。高层建筑给水立管不宜采用塑料管。

修换供暖管道，可采用热镀锌钢管、焊接钢管、铜管、不锈钢管及各类塑料管等管材。户内明装采暖管道宜采用热镀锌钢管，埋地敷设管道应采用塑料管材或铜管。

修换后的通风管道系统应进行严密性检验，且风量平衡实测值与查勘设计值的偏差不宜大于10%。

多联机空调系统的冷媒管道最大长度及室内机与室外机间的最大高差，应满足国家现行相关节能标准的要求；分体式空调机组室内机的安装应水平，冷凝水排放应畅通；空调系统冷凝水管道穿外墙，应设有坡向室外的坡度；冷凝水排放应接入统一的管道，不得随意排放。

8）增加智能化系统修缮相关内容

室内智能化系统修换施工时，应设置信息配线箱，电视、电话和数据等通信管线应通过信息配线箱汇接和引出，当箱内安装集线器（HUB）或其他有源设备时，应提供交流电源；有线电视系统的设备和线路应满足双向有线电视传输的要求，在卧室、起居室、书房等房间应设置有线电视插座，电视插座应暗装，且电视插座距底边高度宜为0.3～1.0m；主卧室、起居室、书房等房间应采用双孔信息插座；电话插座应暗装，宜采用RJ45电话插座，且电话插座底边距地高度宜为0.3～0.5m，卫生间的电话插座底边距地高度宜为1.0～1.3m。

7.8 《民用建筑修缮工程查勘与设计标准》JGJ 117—2019

7.8.1 编制概况

发布机构：住房和城乡建设部

主编单位：上海市房地产科学研究院、成都市第四建筑工程公司

编写目的：为了适应房修行业中的新技术、新工艺、新方法，完善修缮的内涵和外延，补充修缮中绿色环保等要求，制定《民用建筑修缮工程查勘与设计标准》JGJ 117—2019。

修编情况：JGJ 117第一版于1999年发布。2019年，上海市房地产科学研究院和成都市第四建筑工程公司组织专家对标准进行了修订。

适用范围：JGJ 117—2019适用于高度不超过100m的民用建筑修缮工程的查勘与设计。

7.8.2 内容简介

JGJ/T 117—2019共包含14个章节，分别为：1总则；2术语和符号；3基本规

定；4 地基与基础；5 砌体结构；6 混凝土结构；7 钢结构；8 木结构；9 防水；10 屋面、外立面保温及饰面；11 房屋室内装饰；12 给水排水；13 供暖通风与空气调节；14 电气。

7.8.3 标准亮点

1）解决建筑结构规范在修缮工程中的计算方法转化问题

国家建筑设计、施工方面的标准在 2008 年后进行了大量的更新和修订，涉及荷载、抗震、地基基础、混凝土结构、钢结构、木结构、砌体结构等内容，在该标准中的相应设计、计算内容要依照新的规范进行相应调整。很多修缮、加固的计算并不能按照原文直接引用，而是根据修缮、加固、改造的实际情况进行适当调整。

2）增加房屋渗漏修缮工程新技术、新材料

屋面渗漏修缮防水层外露的，应选用环保无污染、高耐久性的防水材料；粘贴防水卷材应使用与卷材相容的胶黏材料；设置有保温层的屋面防水层，应设置排气孔；

外墙面大面积渗水，应根据饰面材料种类，采用有机硅防水剂、建筑外墙防水涂料等涂料涂刷，修后外墙色泽应与原外墙协调一致；外墙面局部渗水，可采用表面涂刷防水胶或合成高分子防水涂料修缮；新旧建筑物外墙接缝处渗水，可采用聚合物水泥柔性腻子等材料嵌缝修缮；砖砌体防潮层渗水，可采用化学注浆、重铺防潮层、置换混凝土避潮层或嵌入金属板等方法进行修缮。

增加高层民用建筑地下室渗漏修缮相关措施。大面积轻微渗漏水和漏水点，宜先采用漏点引水，再做防水层，最后采用速凝材料封堵漏点；渗漏水较大的裂缝，可采用注浆法修补；水压较大的裂缝，可采用埋管导引或灌浆堵漏，或用水泥胶浆等速凝材料直接（分段）堵漏；水压较小的裂缝，可采用速凝材料直接堵漏；混凝土蜂窝、麻面，孔洞较小，水压不大，可采用速凝材料堵漏；孔洞较大，水压较大，可采用埋管导引法堵漏；施工缝渗漏修缮，根据渗水情况，可先采用注浆、嵌填密封材料等方法处理，再做防水层；穿墙管和预埋件部位的渗漏修缮，可先采用快速堵漏材料止水，再采用嵌填密封材料、涂布防水涂料、抹压防水砂浆等措施处理。

3）增加屋面、外立面保温及饰面修缮查勘及设计要求

屋面和外立面修缮的设计，应先确定房屋相关部位结构的安全性。当无法确定结构安全性时，应对房屋相关部位结构进行检测鉴定，出具房屋结构安全性鉴定报告和加固建议，设计人员应根据检测鉴定报告进行后续修缮设计。

屋面和外立面修缮前，应先对建筑屋面和外立面的附加设施和附属设施进行查勘；对查勘中发现的安全和质量方面的问题应先进行处理，再进行后续修缮。

当外墙外保温系统修复部位为勒脚、门窗洞口、凸窗、变形缝、挑檐、女儿墙、外墙与架空或外挑楼板交接处等部位时，应进行节点设计。

外墙外保温系统的修复部位宜采用与原外保温系统相同的构造形式，新旧材料之

间应合理结合，且修复部位饰面层颜色、纹理宜与未修复部位一致。

建筑外墙外保温系统修缮可根据外保温系统的缺陷类型、缺陷面积和程度等，选择局部修缮或单元墙体修缮。

当外墙外保温系统或屋面保温需全部铲除并重新铺设时，或需新增外墙外保温系统或屋面保温系统时，其热工性能应符合国家现行标准《公共建筑节能设计标准》GB 50189、《夏热冬冷地区居住建筑节能设计标准》JGJ 134、《夏热冬暖地区居住建筑节能设计标准》JGJ 75 和《严寒和寒冷地区居住建筑节能设计标准》JGJ 26 的有关规定。

针对既有住宅建筑空调外机及相关设施安全性问题，提出相应的修缮措施。建筑立面在有条件的情况下，宜统一增设空调外机承台板；增设空调外机承台板的设计，应符合现行国家标准《混凝土结构设计规范》GB 50010 和《混凝土结构加固设计规范》GB 50367 的要求；空调外机支架、外立面附加设施的安装面应坚固结实，应具有足够的承载能力，并应采取防止攀爬等安全措施。

4）提出门窗修缮的节能要求

民用建筑外窗修缮，宜采用节能窗；更换为节能窗时，相关技术要求应按现行行业标准《既有居住建筑节能改造技术规程》JGJ/T 129 中的规定执行。

5）剔除给水排水系统中禁用的管材

拆换给水管应选用耐腐蚀和安装连接方便可靠的管材，宜采用工程塑料给水管、塑料和金属复合管、铜管、不锈钢管及经可靠防腐处理的钢管。用于给水系统的各类管材应符合国家现行有关卫生标准的要求。

给水系统中镀锌钢管已属于国家禁用淘汰管材，该类管材应予以全部拆除。

6）增加空调设备及管道修缮相关内容

当原有空调冷热源供冷供热量不能满足使用要求时，可进行扩容，原有空调冷热源损坏或超过使用年限时应更换；更换后空调冷热源设备应符合国家现行节能标准要求，空调冷热水系统的供回水温度应能基本满足原有管道和空调末端系统的配置要求。

当采用分体空调或多联机需要更换室外机时，应复核原有支架及固定支架的墙体承载力，必要时，应更换新的室外机支架或采取加固措施。

分体空调及多联机的室外机应设置在通风良好、安全可靠的地方，且应避免其噪声、气流对周围环境产生影响。

多联机空调系统室外机安装时，室外机的四周应留有足够的进排风和维护空间，进排风应通畅，必要时室外机应安装风帽及气流导向格栅。

7.9 《既有住宅建筑综合改造技术规程》DB13（J）/T 295—2019

7.9.1 编制概况

为了解决既有住宅建筑面临的突出性问题，该规程以“安全、宜居、适老、低能耗、功能提升”为改造目标，以提升防灾、能效、环境等方面的综合性能为导向，涵盖了加固改造、节能改造、设施改造和适老化改造等改造内容，以提高建筑居住的安全性和舒适性。

该规程适用于经诊断评估后适合进行综合改造的既有住宅建筑。既有住宅建筑是指未列入近五年旧城改造和棚户区（危旧房）、城中村改造计划的住宅建筑。具有历史风貌的住宅建筑综合改造可参考执行，既有住宅建筑的单项改造可参考执行。

《既有住宅建筑综合改造技术规程》DB13（J）/T 295—2019 由河北省建筑科学研究院会同有关单位编写，并于 2019 年 3 月 14 日由河北省住房和城乡建设厅发布，于 2019 年 6 月 1 日实施。

7.9.2　内容简介

DB13（J）/T 295—2019 编制组成员对河北省老旧小区住宅现状进行了调研，分析了目前老旧小区存在的主要问题，并结合科研成果和工程实践进行了归纳提升，针对目前公众对老旧小区改造的迫切需求，从诊断评估、结构加固改造、节能改造、适老化改造、设施改造、施工与验收六方面对老旧小区住宅改造提出了技术要求：

1）在诊断评估方面，该规程创造性地提出了既有住宅建筑综合改造诊断评估及评估报告编制的相关要求，为河北省既有住宅建筑综合改造分阶段、分类型改造提供了依据。

2）在结构加固改造方面，该规程提出既有住宅建筑加固改造应结合改扩建、节能改造、设施改造、适老化改造等进行一体化设计与施工；加固改造宜采用结构与装修一体化设计、施工，新增部分宜采用装配式建造方式进行综合改造，提高施工速度，减少对居民的影响。

3）在节能改造方面，该规程提出“既有住宅建筑节能改造时，有条件可进行超低能耗节能改造”，引导性地提升了节能改造的水平和目标；针对既有住宅建筑增设可再生能源设施，从安全性能角度进行相关的规定和要求。

4）在适老化改造方面，该规程针对套内空间和公共空间提出了标准化的可实施的技术措施，不同的住户可根据规程的要求选择适合自己的条款进行改造，有利于适老化改造的推广和应用，避免了一户一设计；针对老旧住宅建筑加装电梯，从建筑、结构和设备三方面提出了标准和要求。

5）在设施改造方面，该规程从室内设施、室外设施两方面提出了规定，针对增设电动汽车充电设施、安防设施、管线改造等相关内容进行要求。

6）在施工与验收方面，既有住宅建筑综合改造工程宜采用预制装配式施工方案。预制构件制作、运输与安装应编制施工专项方案。预制件吊装时应采取措施避免与既有结构发生碰撞；应复核预制件就位时的临时固定对主体结构承载的影响。

7.9.3　标准亮点

1）针对既有住宅建筑综合防灾性能有待提升、资源消耗水平高、环境负面影响大等方面存在的问题，基于更高性能目标，该规程从建筑安全、能效、环境等方面形成了成套技术标准体系，是一部系统性、综合性、可操作性较强的老旧小区既有住宅建筑综合改造技术规程，可达到提升能效水平、改善综合环境品质、提升综合防灾性能的整体目标。

2）该规程立足当前住宅建筑性能现状，面向现实改造需求，着眼未来发展趋势，创造性地提出了综合改造诊断评估的相关要求。

3）为了解决老旧住宅建筑室内热环境较差、单位面积能耗普遍较高的问题，该规程进行了节能改造的相关规定，并特别提出“既有住宅建筑节能改造时，有条件可进行超低能耗节能改造”，引导性地增加节能改造的水平和目标。

4）针对目前老旧住宅建筑适老化改造无标准可依的现状，该规程针对套内空间和公共空间提出了标准化的可实施的技术措施，避免了一户一设计的麻烦，有利于适老化改造的推广和应用。

5）该规程提出了既有住宅建筑加固改造应结合改扩建、节能改造、设施改造、适老化改造等进行一体化设计与施工，有效提升建筑综合性能，为民众提供优质高效的建筑产品。

7.9.4 结束语

随着社会的发展和经济水平的提高，人民群众对更优质、更舒适的建筑产品的需求也越来越迫切。然而，既有住宅建筑存在着综合防灾性能差、资源消耗水平高、室内外环境质量差等方面问题，与新时代人民美好生活需求相违背。对既有住宅建筑进行综合改造将成为解决我国当前所面临的问题的重要途径和关键环节。《既有住宅建筑综合改造技术规程》的实施，对既有建筑开展安全、能效、环境综合性能提升改造有重要意义，将极大程度地推动建筑领域供给侧改革，通过提供优质建筑产品，满足人民群众对美好生活的需求。

7.10 《城市旧居住区综合改造技术标准》T/CSUS 04—2019

7.10.1 编制概况

发布机构：中国城市科学研究会

主编单位：中国城市科学研究会

编写目的：为指导和规范城市旧居住区综合改造，科学合理确定旧居住区综合改造的内容与标准、制定经济技术可行的改造方案、提供全面系统规范的技术引导，改善旧居住区人居环境，提升宜居水平，特编制《城市旧居住区综合改造技术标准》T/CSUS 04—2019。

修编情况：发布时间为 2019 年 7 月 9 日，实施时间为 2019 年 8 月 1 日。

适用范围：该标准适用于城市建成区内实施综合改造的旧居住区。适用的居住区应位于城市建成区内，住宅为多层以上楼房，主体建筑基本完好（不含危旧房），未列入棚户区改造、征收拆迁、重大项目建设等计划的旧居住区。建制镇、工矿区、林区等建成区域的旧居住区综合改造可参照该标准执行。

使用情况：T/CSUS 04—2019 自发布以来，中国城市科学研究会通过举办团体标准发布会、举办多次老旧小区改造专业技术论坛、推动老旧小区改造专项标准编制等措施，推广使用该团体标准。在各地改造政策与技术规范制定、改造方案设计等方面有广泛的应用。

7.10.2　内容简介

T/CSUS 04—2019 分为 10 个章节，第 1～3 章分别明确了总则、术语和基本规定，第 4～9 章分别阐明了居住区室外环境、道路与停车、配套设施、房屋、建筑结构、建筑设备改造的具体内容及技术要求，第 10 章明确了施工与竣工验收的要求。具体章节内容编排如下：

第 1 章　总则。明确了标准制定的目的与意义、适用范围、应坚持的基本原则和与其他标准间的相互衔接关系，提出综合改造需坚持宜居便利、安全韧性、经济节约、绿色生态、智能共享、文脉传承六大原则。

第 2 章　术语。对“城市旧居住区”和“综合改造”进行了明确定义。

第 3 章　基本规定。明确了标准的基本要求，改造评估内容、评估要点与策划程序，并提出菜单式改造内容，明确了优选项目、拓展项目的类型划分。

第 4 章　室外环境。分别对公共空间、绿地植被、雨水控制利用、景观风貌提出改造要求。

第 5 章　道路与停车。分别对道路、停车设施、交通标识提出改造要求。

第 6 章　配套设施。分别对市政管线、公共服务设施、环卫设施、安防设施提出改造要求。

第 7 章　房屋。分别对屋面、立面、楼门楼道提出改造要求。

第 8 章　建筑结构。分别对结构加固、围护结构、加装电梯提出改造要求。

第 9 章　建筑设备。分别对暖通、给水排水、电气提出改造要求。

第 10 章　工与验收。分别对改造过程的绿色施工、竣工验收提出技术要求。

7.10.3　标准亮点

1）重综合系统全面改造，采用“优选＋拓展”菜单式改造项目

该标准将城市旧居住区定义为城市建成区范围内建成使用 20 年以上，或环境质量差、配套设施不足、建筑功能不完善、结构安全存在隐患、能耗水耗过高、建筑设备老旧破损的居住生活聚居地。该标准积极响应国家战略要求，体现宜居便利、安全韧性、经济集约、绿色生态、智能共享、文脉传承等要基本原则，突出以人为本、安

全优先、集约改造，倡导利用绿色生态智慧新技术，体现地方特色等要求。特别是在确定改造项目时，该标准创新性地将改造项目分为优选项目、拓展项目两类。优选项目是指有利于保障居民安全、满足居民基本需求、技术经济成本可承受、群众改造意愿强烈、需做到应改尽改的项目，而拓展项目是指在已实施优选项目基础上，可根据现实条件和改造主体意愿，选择确定的改造项目。菜单式改造内容选择为因地制宜确定改造项目提供了新思路。

2）以人为本、绿色生态、特色风貌的室外环境改造

按照以人为本原则，该标准明确提出应划定公共活动空间，配置游憩体育设施，满足老年人和儿童活动特殊要求，并对无障碍设施建设区域、应急避难场所改造布局与设施配置、室外引导指示标牌系统等改造提出具体要求。

按照绿色生态要求，该标准提出通过公共绿地、宅旁绿地、立体绿化等方式增加绿化面积和绿量，明确了不同的改造要求与面积。对公共绿地、宅旁绿地改造、绿化植被物种选择与植被配置、古树名木保护、植物自然教育标牌等提出明确要求。

该标准按照海绵城市建设要求，强调通过工程结合自然的技术方法加强旧居住区的雨水控制利用。综合通过雨水源头控制设施、路面与地面生态排水改造、透水铺装改造、设置雨水收集存储设施、景观水体改造等方法，提升防控内涝、节约利用水资源水平。

为保持当地文化特色，该标准提出通过出入口改造、围墙改造、景观构筑物设置、绿色景观照明等特色改造方式，对室外环境进行景观风貌改造和优化提升，提升旧居住区美丽宜居度。

3）安全便捷、绿色健康、管治有序的道路与停车系统改造

按照安全便捷要求，该标准提出在旧居住区道路改造时，通过打通断头路、瓶颈路等方式优化路网结构，通过内部机动车交通管治和建立交通微循环体系、增设非机动车出入口等方式，提高居民绿色出行便利性。通过提升应急疏散能力、设置减速静音装置、完善步行道和增设健身步道等形式，提高旧居住区交通出行安全水平。针对旧居住区停车难等突出问题，该标准提出通过机动车和非机动车停车设施综合改造、增设立体或地下停车库、配置充电设施等途径优化停车设施，并提出居住区与周边区域联动解决停车资源不足的问题。该标准也提出了完善旧居住区出入口、幼儿园、老年人服务点、公共服务设施出入口等位置的交通标志标线设置和安装转角反光镜等技术要求。

4）稳定可靠、优质共享、清洁卫生的配套设施改造

按照稳定可靠的要求，该标准明确了破损、老化、不满足使用要求的供水、供热、供气、供电等管线及配套设施，进行更新、加固、移址、重建等改造的措施要求，并提倡采用公共沟的方式来统筹综合改造，合理集中布局，避免反复开挖。该标准按照优质共享原则，明确了公共服务设施应根据居住人口规模、住宅建筑数量与各

级公共服务设施供需匹配关系和设置可行性进行配置。按照国家关于社区公共服务的新要求，该标准对幼儿园、老年人设施、健身设施、邮件与快递到达、卫生服务中心、社区办事服务点等设施改造或增设作出明确规定，提倡形成优质的社区服务生活圈。该标准对公共厕所设置与建设标准、生活垃圾分类收集和设施设置、污水处理设施等提出清洁卫生的改造要求，对完善和强化安防系统也提出了具体的改造要求。

5）节能绿色、协调美观、便利舒适的建筑系统改造

该标准注重建筑节能绿色技术的应用。在屋面改造方面，重点强调屋面保温、防水及一体化改造，倡导太阳能热水器和太阳能光伏统一设计、混合安装，鼓励增设屋顶花园和立体绿化。立面改造重点要求对外墙饰面、墙面线路、灯箱广告、空调室外机、阳台、窗体护栏进行安全、美观改造。楼门楼道要求在建筑出入口与室外地面之间增设无障碍坡道及扶手，并采取相应措施对单元门、公共楼梯扶手、楼道墙面等进行安全、舒适、美观化改造。

在建筑结构改造方面，该标准明确了对建筑结构的鉴定要求，提出了整体加固、地基基础加固、结构构件加固等加固工作的具体要求与标准。在维护结构改造方面，注重内外墙的节能保温技术应用，强调外窗改造在遮阳设施设置过程中的安全与保温要求，同时明确了宜采用的隔声措施以及隔声性能要求。在加装电梯改造方面，标准遵循功能合理、结构安全、对环境影响最小的原则，提出了加装电梯时需要符合的条件与要求，并对不同加装方式相应的结构改造技术、适应地方气候特点的电梯设备选用等内容，提出了明确的要求。

在建筑设备改造方面，该标准提出对建筑暖通系统进行改造时，应重点对供暖系统、供热计量、分体式房间空调器、供热空调系统、冷热源机电设备、可再生能源利用系统、通风系统、防排烟系统、厨房吸油烟机等进行系统改造，明确了各项改造应符合的标准与要求，强调绿色节能技术的应用。在建筑给排水系统改造方面，标准明确了用水计量装置、供水系统、热水供应系统、排水管道、卫生用水器具、户内中水利用、建筑雨落管等改造内容的技术标准与要求，重点加强节能与节水技术应用。在建筑电气系统改造方面，该标准重点对配电系统、计量设备、消防设施、电气火灾报警装置、应急照明装置、信息设施系统等改造作出规定，并重点强调设备安全，突出智慧、节能新技术的应用。

7.11 《老旧小区综合改造评价标准》

7.11.1 编制概况

1）背景和目的

当前的老旧小区改造缺少评价标准，改造的程度、质量的优劣、改善的程度只能

凭感性认识，无系统、科学判定依据。根据中国工程建设标准化协会《关于印发〈2019年第一批工程建设协会标准制定、修订计划〉的通知》（建协标〔2019〕012号）的要求，由全联房地产商会和中国中建设计集团有限公司会同有关单位共同编制《老旧小区综合改造评价标准》（以下简称《标准》）。《标准》审查会于2020年9月17日在北京召开。《标准》编制和实施可实现老旧小区综合改造性能认定从定性向定量的转换，对老旧小区综合改造进行科学评价和等级划分，有利于老旧小区综合改造健康有序地发展。

2）编制基础

编制团队在老旧小区改造方面开展了系列工作，其中承担了“十三五”国家重点研发计划项目“既有居住建筑宜居改造及功能提升关键技术”课题“既有居住建筑公共设施功能提升关键技术研究”（2017YFC0702907）。此外，编制团队在适老及无障碍改造领域进行长期研究，并形成了包括《北京无障碍城市设计导则》《北京市无障碍设施建设图集》《既有住区公共设施开放性改造技术导则》在内的一系列成果。

7.11.2　内容简介

《标准》共分7章，主要技术内容包括：1总则；2术语；3基本规定；4控制项要求；5基本级评价；6完善级评价；7宜居级评价。《标准》提出，老旧小区综合改造评价应结合不同地区的地域气候、环境资源、经济社会发展水平和文化习俗等因素，在保证居民居住安全和基本生活需求的基础上，按性能提升等级递增的方式进行评价。

1）总则和术语

第1章为总则，由4条条文组成，对《标准》的编制目的、适用范围、基本原则等内容进行了规定。在适用范围中指出，该标准适用于城镇老旧小区综合改造项目的评价。

第2章为术语，定义了与老旧小区改造相关的3个术语，具体为：老旧小区、综合改造、片区综合改造设计。

2）基本规定

第3章为基本规定，由一般规定、评价与等级划分两部分组成。

《标准》明确了老旧小区改造综合评价应采取“事前评估、事后评价”的方法，即在改造前对拟改造的老旧小区根据现状情况、改造内容和改造依据（政策文件、执行规范等）进行评估，以便确定需改造的内容项。同时在改造后进行后评价，以明确改造是否达标。

由于老旧小区在建造初期缺乏详细的规范引导和建设标准要求，往往造成社区工作用房和居民公益性服务设施分散或缺配，导致使用不便。因此老旧小区综合改造评价至少应以步行时间 5min，步行距离 300～500m，常住人口 0.5 万～1.2 万人的成片区域改造范围为评价单元，在对改造区域内的单幢房屋进行评价时，凡涉及系统性、整体性的指标，应结合片区改造的总体情况进行评价。

此外，《标准》明确了改造实施单位为改造全过程的责任主体，评价的责任主体为第三方评价机构。在改造过程中，改造实施单位需对改造进行全程跟进，并及时提交真实、完整、客观的分析报告、测试报告及其他相关资料，为评价机构在后评价工作中提供科学依据；第三方评价机构在出具后评价报告前需要通过书面审查及现场勘察两种形式对老旧小区改造进行等级确定，即审查申请评价方提交的各项资料及对老旧小区改造进行现场踏勘，从而帮助提升决策的合理性，确保达到结构安全、基本功能完善、传承历史风貌等要求，全面提高老旧小区综合改造水平，提升老旧小区综合改造品质和人居环境质量。

老旧小区综合改造的具体评价引入评分制评价体系，依次划分为基本级、完善级、宜居级三个等级。

其中控制项是老旧小区改造综合评价的基础条件。控制项指标为涉及居民安全需求和基本生活需求的指标，是必须全部满足的控制项要求，包括拆除违法建设、楼体结构安全工程、消防安全和防灾工程、市政配套设施工程 4 种类别。

基本级的项目指标为涉及满足居民改善型生活需求和生活便利性需求的指标，包括配套服务设施工程、环境美化工程、健康节能工程、运维管理工程 4 种类别。

完善级的项目指标为涉及满足居民更进一步的改善型生活需求、生活便利性需求和提升居民生活品质的指标，包括配套设施工程、环境美化工程、运维管理工程、功能空间提升工程 4 种类别。

宜居级的项目指标为涉及丰富社会服务供给、提升适老宜居生活品质和高性能居住环境增值工程的指标，包括适老宜居功能增值工程、配套设施功能增值工程、性能提升增值工程 3 种类别。

如表 7.7 所示，其等级划分全部满足控制项内容后，采用累加分值计算进行评价。具体要求如下：

① 在全部满足控制项内容要求后，每完成 1 项改造内容为 1 分值。以本项目完成改造内容项累加分值大于等于全部应改造内容项累加分值的百分比值进行评价。

② 基本级的已完成改造内容项累加分值大于等于基本级全部应改造内容项累加分值的 80%时，为基本级合格。

③ 完善级的已完成改造内容项累加分值大于等于完善级全部应改造内容项累加分值的 70%时，为完善级合格。

④ 宜居级的已完成改造内容项累加分值大于等于宜居级全部应改造内容项累加分值 60%时，为宜居级合格。

老旧小区综合改造评价等级和累加分值要求表　　表 7.7

评价等级	累加分值要求
基本级	已完成改造内容项累加分值≥全部应改造内容项累加分值 80%
完善级	已完成改造内容项累加分值≥全部应改造内容项累加分值 70%
宜居级	已完成改造内容项累加分值≥全部应改造内容项累加分值 60%

3）评价内容

第 4 章为控制项要求，共包括三部分：拆除违建、居住安全、市政设施。

“拆除违建”由 2 条条文组成，分别对小区内私自搭建的棚亭、围墙、围栏等构筑物和建筑物、占用公共空间设置地桩地锁及其他摆放障碍物等方面进行了规定；“居住安全”由 7 条条文组成，分别对小区建筑地基基础、上部主体结构和围护结构、小区建筑防火系统、防雷系统、小区出入口视频监控、救护通道、地势低洼的小区、小区地下车库、人防工程等各类地下空间出入口、窗井、风井处的防汛措施和排水泵等防汛设施、人防工程的防护和防火设施设备、小区建筑外墙饰面或地下室窗井盖板及护栏等方面的加固、修缮及改造进行了规定；“市政设施”由 7 条条文组成，分别对小区给水系统、排水配套设施、采暖地区小区供热管网设施、小区供电配套设施、小区城镇燃气设施、小区通信配套设施、小区市政道路设施、小区垃圾收集设施等方面进行了规定。

第 5 章为基本级评价，共包括四部分：基本级配套服务、基本级环境美化、基本级节能工程、基本级运维管理。

“基本级配套服务”由 2 条条文组成，分别对小区楼门牌标识、机动车和非机动车停车场所等基本配套设施、小区便民服务设施等方面进行了规定；“基本级环境美化”由 4 条条文组成，分别对小区室外活动场地、小区广告牌位、围墙、大门及建筑外立面、建筑本体设施或外挂设施、建筑楼道内部设施等方面进行了规定；“基本级节能工程”由 2 条条文组成，分别对小区建筑围护结构的保温、隔热、防火、防水性能、小区供暖系统的节能性能等方面进行了规定；“基本级运维管理”由 2 条条文组成，分别对小区物业运维管理、小区安全防范管理系统等方面进行了规定。

第 6 章为完善级评价，共包括四部分：完善级配套服务、完善级环境美化、完善级运维管理、完善级功能提升。

“完善级配套服务”由 2 条条文组成，分别对小区文体配套设施、老幼配套设施等方面进行了规定；“完善级环境美化”由 3 条条文组成，分别对小区人行流线和人行道路、小区车行道路车辆行驶引导标识及人车分流、小区公共绿地内以下绿化绿植等方面进行了规定；“完善级运维管理”由 4 条条文组成，分别对小区安全防范系统、小区公共空间信息网络使用要求、小区公共设施设备的安全运行、小区新能源机动车和非机动车使用要求等方面进行了规定。“完善级功能提升”由 2 条条文组成，分别对小区住宅楼套内功能和设施、小区无障碍及适老设施等方面进行了规定。

第7章为宜居级评价，共包括三部分：宜居级健康适老、宜居级配套服务、宜居级性能提升。

“宜居级健康适老”由4条条文组成，分别对户内适老求助安全报警功能、住宅户内适老设施、公共管道生活热水功能设施、社区内步行道和各类公共绿地改造成健身步道和小型运动场地等方面进行了规定；“宜居级配套服务”由3条条文组成，分别对小区绿地和公共空间、小区公共服务设施、小区建立社区公共服务信息平台等方面进行了规定；“宜居级性能提升”由4条条文组成，分别对太阳能利用功能设施、零能耗被动房改造、更新智能水表和电表和分项分类计量装置、海绵社区建设等方面进行了规定。

7.11.3 标准亮点

1）结合老旧小区改造特点和改造内容清单进行评价评分，易于项目实际操作，为老旧小区改造等级评价提供了技术支撑。

2）编制前评估，后评价的对比评价清单，为可持续改善社区居住条件、提高环境品质提供了社区体检依据。

标准规定在改造前对拟改造的老旧小区根据改造项目、改造内容和改造依据进行评估，以便确定需改造的内容项。同时在改造工程竣工验收后，给出综合评价结论，以明确改造是否达标。评价内容主要包括安全、卫生、方便、舒适、美观、和谐以及多样化的社区生活环境要求以及居住性能要求。

3）结合各地实际情况和地域气候特征建立了开放的评价方法，可根据任务内容进行调整。